中国电子教育学会高教分会推荐

高等学校电子信息类“十三五”规划教材

电工电子技能实训教程

主　编　李尊尊

副主编　邓周虎　唐　升　李　强

齐　锦　张少伟

西安电子科技大学出版社

内 容 简 介

本书内容分为电工技能篇、元器件与电子仪器技能篇、焊接与装配技能篇和现代电子技能篇四大部分。其中电工技能篇主要介绍电力输变、安全用电知识、常用电工仪表及常用低压电器，旨在让学生对强电有所了解，具有一定的电工技能；元器件与电子仪器技能篇主要介绍了无源电子元件的分类与参数、有源器件的分类与参数以及常用电子仪器的使用方法，旨在为学生进入实验室打好基础；焊接与装配技能篇主要介绍焊接与装配知识，并以收音机为例介绍电子产品的装配调试方法，旨在使学生熟悉电子产品的设计、开发流程，训练学生电子产品的开发能力；现代电子技能篇主要介绍新版的电子类专业常用的计算机应用软件 Multisim、Altium Designer、Altera Quartus II 以及单片及其开发流程，旨在让学生初步了解现代电子技术，使学生明白学习掌握现代技能是当代大学生必须具有的能力，从而努力学习和掌握这些技能。

本书可作为高等院校电子类本科生的入门技能培训教材，也可作为全国大学生电子设计竞赛培训的基础教材以及电子行业技术人员的入职培训教材。

图书在版编目(CIP)数据

电工电子技能实训教程 / 李尊尊主编. —西安：西安电子科技大学出版社，2019.5

ISBN 978-7-5606-5285-6

Ⅰ. ① 电…　Ⅱ. ① 李…　Ⅲ. ① 电工技术—高等学校—教材　② 电子技术—高等学校—教材　Ⅳ. ① TM　② TN

中国版本图书馆 CIP 数据核字(2019)第 043025 号

策划编辑　戚文艳
责任编辑　文瑞英　雷鸿俊
出版发行　西安电子科技大学出版社(西安市太白南路 2 号)
电　　话　(029)88242885　88201467　　邮　　编　710071
网　　址　www.xduph.com　　电子邮箱　xdupfxb001@163.com
经　　销　新华书店
印刷单位　陕西天意印务有限责任公司
版　　次　2019 年 5 月第 1 版　2019 年 5 月第 1 次印刷
开　　本　787 毫米×1092 毫米　1/16　印张 13
字　　数　304 千字
印　　数　1～3000 册
定　　价　34.00 元

ISBN 978－7－5606－5285－6 / TM

XDUP 5587001-1

前　言

电子和计算机技术不断地融合发展，新技能、新技术对现代大学生提出了更高的要求。近年来，各高校高度重视学科竞赛，竞赛的门类和难度也在逐步增加。全国大学生电子设计竞赛以及互联网+竞赛深受各高校的认同和重视。若要在竞赛中获得好的成绩，学生不仅要有扎实渊博的理论知识，更要有很强的动手能力和专业技能。目前，在学时有限的情况下，各高校教学活动中普遍偏重知识的讲授，使得技能训练不足的问题更加突显。本书便是为加强学生的技能训练而编写的。

本书编者长期工作在本科教学一线,从事实践教学、学科竞赛指导工作，是历届全国电子设计竞赛的指导老师，曾指导学生在各类学科竞赛中获奖，获得过全国大学生电子设计竞赛陕西赛区优秀指导老师和全国高校物联网应用创新大赛优秀指导老师等荣誉。他们从事竞赛指导多年，具有丰富的实践经验，本书正是根据编者多年的教学和竞赛实践经验编写而成的，希望能为各高校在各类竞赛中取得好成绩起到借鉴和指导作用。

本书由李尊尊主编，其中第一篇和第二篇由李尊尊编写，第三篇由邓周虎和唐升编写，第四篇由李强、齐锦和张少伟编写。本书在编写过程中还得到了张远、尚飞等多位老师的大力帮助，在此向他们表示感谢。

由于编者水平有限，加之时间仓促，书中难免会存在不足，敬请广大读者多多指正。

编　者

2019年1月于西北大学

目　录

第一篇　电工技能篇

第二篇　元器件与电子仪器技能篇

第三篇 焊接与装配技能篇

第四篇 现代电子技能篇

第一篇

电工技能篇

第 1 章　电 力 输 变

1.1　发配电概况

电能是由发电机产生的，可通过输电线进行远距离或近距离的输送。电力生产的过程，就是利用水能、煤能、核能、风能等一次能源转化为效率高、易传输、适用面广的电能的过程。由于电能是由一次能源经加工得到的，因此把电能称为二次能源。电能向外输送时必须经过升压和降压。输送电能需用不同电压等级的输配电设备，最后由用户接收和使用。

在电力生产中，发电厂把其他形式的能量转换为电能，电能经过变压器和不同等级的输电线路被输送并分配给用户，用户再通过各种用电设备将电能转换成用户需要的其他形式的能量。这种由生产、输送、分配和消费电能的各种电气设备连接在一起而组成的整体，称为电力系统。

一个完整的电力系统主要由发电机、变电所、电力线路和电能用户组成，如图 1-1 所示。发电机将一次能源转换成电能。变电所的功能是接受电能、变换电压和分配电能，由电力变压器、配电装置和二次装置等构成。电力线路将发电厂、变电所和电能用户连接起来，完成输送电能和分配电能的任务。电能用户又称电力负荷，所有消耗电能的设备和用电单位均称为电能用户。

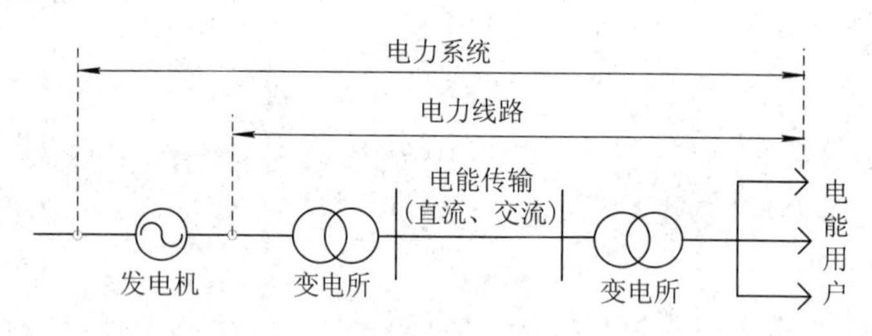

图 1-1　大型电力系统示意图

1.2　发　电　厂

发电厂(Power Plant)又称发电站，是将自然界蕴藏的各种一次能源转换为电能(二次能源)的工厂。19 世纪末，随着电力需求的增长，人们开始提出建立电力生产中心的设想。电机制造技术的发展，电能应用范围的扩大，以及生产对电的需要的迅速增长，使得发电厂应运而生。

根据一次能源的不同，可将发电厂分为火力、水力、核能、风力、潮汐等发电厂。

1. 火力发电厂

火力发电是指利用燃烧燃料(煤、石油及其制品、天然气等)所得到的热能进行的发电。火力发电的发电机组有两种主要形式：利用锅炉产生的高温高压蒸汽推动汽轮机旋转带动发电机发电的形式，称为汽轮发电机组；燃料进入燃气轮机将热能直接转换为机械能驱动发电机发电的形式，称为燃气轮机发电机组。火力发电厂通常是指以汽轮发电机组为主的发电厂。

2. 水力发电厂

水力发电是指将高处的河水(或湖水、江水)通过导流引到下游形成落差推动水轮机旋转带动发电机发电。利用水轮发电机组发电的发电厂，称为水力发电厂。水力发电厂按水库调节性能又可分以下几种：

(1) 径流式水电厂，即无水库，基本上来多少水发多少电的水电厂。

(2) 日调节式水电厂，即水库很小，水库的调节周期为一昼夜，将一昼夜天然径流通过水库调节发电的水电厂。

(3) 年调节式水电厂，即对一年内各月的天然径流进行优化分配、调节，将丰水期多余的水量存入水库，保证枯水期放水发电的水电厂。

(4) 多年调节式水电厂，即将不均匀的多年天然来水量进行优化分配、调节，多年调节的水库容量较大，将丰水年的多余水量存入水库，补充枯水年份的水量不足，以保证电厂的可调出力。

3. 核能发电厂

核能发电是指利用原子反应堆中核燃料(例如铀)的裂变所释放的热能产生蒸汽(代替了火力发电厂中的锅炉)，从而驱动汽轮机带动发电机旋转发电。以核能发电为主的发电厂称为核能发电厂，又称核电站。根据核反应堆的类型，核电站可分为压水堆式、沸水堆式、气冷堆式、重水堆式、快中子增殖堆式等。

4. 风力发电厂

利用风力的吹动作用使建造在塔顶上的大型桨叶旋转，从而带动发电机发电的形式称为风力发电。由数座风力发电机组成的发电场地，称为风力发电厂。

5. 潮汐发电厂

潮汐发电与水力发电的原理相似，它是利用潮水涨、落的水位差所具有的势能来发电的，也就是把海水涨潮、落潮的能量变为机械能，再把机械能转变为电能的发电过程。具体地说，潮汐发电就是在海湾或有潮汐的河口建一拦水堤坝，将海湾或河口与海洋隔开构成水库，再在坝内或坝房安装水轮发电机组，然后利用潮汐涨落时水位的升降，使水在通过轮机时转动水轮发电机组发电。

1.3 变 电 所

变电所是变换电压和接收、分配电能的场所。如果仅用以接收电能和分配电能，则称其为配电站，仅用以把交流电能变换成直流电能，则称其为变流所。变电所可分为升压变电所、降压变电所、区域变电所、终端变电所等。变电所的主要组成设备包括变压器、高压断路器、互感器、隔离开关、母线、消弧线圈。

1. 变压器

变压器是利用电磁感应的原理制成的一种电气设备。它把某一电压等级的交流电能转换成频率相同的另一种或几种电压等级的交流电能，是电力系统中的重要设备。

变压器可分为以下几类：

(1) 按用途分为电力变压器、特种变压器、仪用互感器；

(2) 按相数分为单相变压器、三相变压器；

(3) 按冷却方式分为油浸式变压器、干冷式变压器；

(4) 按分接开关的种类分为有载调压变压器、无载调压变压器。

2. 高压断路器

高压断路器本身具有强力消弧装置，在正常运行时它可以带负荷接通或分断各种电气设备和输配电线路的电流，在发生故障时它与保护装置配合，能迅速可靠地切除故障电流，防止事故范围扩大。

断路器的分类：少油断路器、多油断路器、SF6 断路器、真空断路器。

3. 互感器

互感器是一次系统和二次系统之间的联络元件，可分别向测量仪表、继电器的电压和电流线圈供电。它能正确反映电气设备的正常运行和故障情况，是一种专供测量仪表、控制及保护设备用的特殊变压器。

互感器的分类：电磁式电压互感器、电容式电压互感器。

4. 隔离开关

在检修设备和输电线路时，隔离开关用于断开有关的设备和线路点，在改变运行方式时则可用于倒换母线。

隔离开关的分类：单相隔离开关、三相隔离开关。

5. 母线

母线是指多个设备以并列分支的形式接在一条共用的通路。在电力系统中，母线将配电装置中的各个载流分支回路连接在一起，起着汇集、分配和传送电能的作用。

母线的分类：硬母线、软母线、封闭母线。

6. 消弧线圈

消弧线圈实际上是一个单台的铁芯式并联电抗器。其铁芯柱是由绝缘纸板构成的气隙和铁芯交错放置后，用拉紧螺杆轴拉紧而成的。因消弧线圈可根据系统的运行情况随时调节分接头的位置，故消弧线圈具有较多的分接位置，以适应系统变化的需要。它和变压器一样也分油浸式和干式两种，分有载励磁调节和无载励磁调节。

消弧线圈补偿的方式如下：

(1) 全补偿：全补偿运行时接地点电流为零，消弧线圈的感抗等于系统的容抗，是一个串联谐振的关系，而串联谐振的过电压会危害电网的绝缘，因此一般不采用全补偿方式。

(2) 欠补偿：一般情况下也不被采用，只有在消弧线圈容量不足时(或部分消弧线圈实验检修时，或故障情况下补偿电网的分区运行时)被临时使用。但消弧线圈欠补偿运行时，必须事先进行断线过电压的计算，最大中性点位移度不得超过 70%，因为欠补偿情况下，如果切除部分线路(对地电容减少)，就可能会使电网接近或者达到全补偿的方式，以致谐振过电压的出现机会增加。

(3) 过补偿：过补偿不会发生谐振过电压，因此得到广泛的采用。

1.4 高压输电

高压输电是指发电厂通过变压器将发电机输出的电压升压后传输的一种方式。之所以采用这种方式输电是因为在相同输电功率的情况下，电压越高电流就越小，这样高压输电就能减少输电时的电流，从而降低因电流产生的热损耗和远距离输电的材料成本。高压输电有两种方式：高压交流输电和高压直流输电。

1.4.1 高压交流输电

交流输电是指以交流的形式传输电能。从发电厂产生的交流电通过升压变压器转化为高压的交流电，从而进行传输，在到达电能用户端之前，再经过降压变压器实现降压，最终提供给电能用户。

高压交流输变电力系统组成示意图如图 1-2 所示。

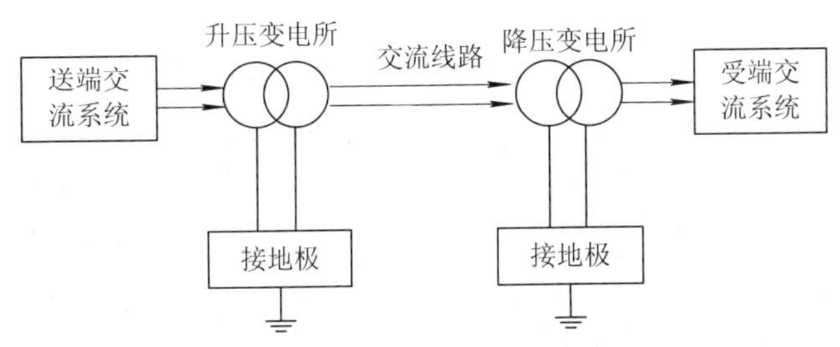

图 1-2 高压交流输变电力系统组成示意图

1.4.2 高压直流输电

直流输电是电力系统中近年来迅速发展的一项新技术。将其与交流输电相互配合，构成了现代电力传输系统。随着电力系统技术经济需求的不断增长和提高，直流输电受到用户广泛的关注并得到不断发展。高压直流输电具有明显的优势，与直流输电相关的技术，如电力电子、微电子、计算机控制、绝缘新材料、光纤、超导、仿真，以及电力系统运行、控制和规划等的发展为直流输电开辟了广阔的应用前景。

直流输电工程是以直流电的方式实现电能传输的工程。直流电必须经过换流(整流和逆变)才能实现直流电变交流电，然后与交流系统连接。

常规高压直流工程原理如图 1-3 所示。

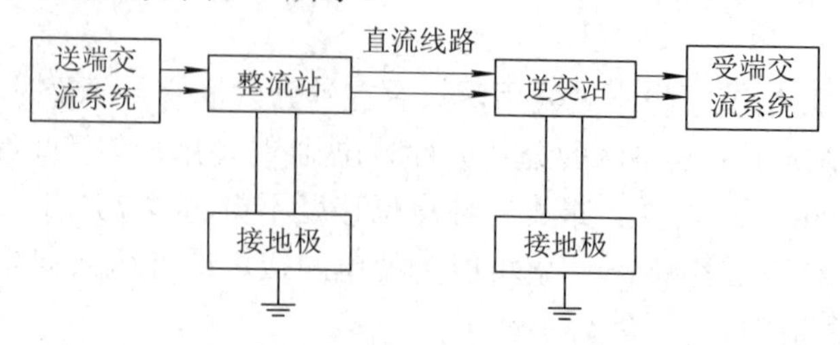

图 1-3　常规高压直流工程原理图

1.4.3　交直流输电方式的比较

1. 高压直流输电的优点

高压直流输电与交流输电相比，具有以下诸多优点：

(1) 高压直流输电具有明显的经济性。输送相同功率时，直流输电线路所用线材仅为交流输电的 1/2～2/3。直流输电采用两线制，与采用三线制三相交流输电相比，在输电线路导线截面和电流密度相同的条件下，若不考虑趋肤效应，输送相同的电功率，输电线和绝缘材料可节省约 1/3。如果考虑到趋肤效应和各种损耗，输送同样功率交流电所用导线截面积大于或等于直流输电所用导线截面积的 1.33 倍。因此，直流输电所用的线材几乎只有交流输电的一半。另外，直流输电线路的杆塔结构也比同容量的三相交流输电线路的简单，线路走廊占地面积也大幅减少。但是，直流输电系统中的换流站的造价和运行费用要比交流输电系统变电站的高。当输电距离增加到一定值后，直流输电线路所节省的费用刚好抵偿了换流站所增加的费用，此时这个输电距离被称为交流输电与直流输电的等价距离。

(2) 在电缆输电线路中，高压直流输电线路不产生电容电流，而交流输电线路存在电容电流，易引起损耗。在一些特殊场合，例如输电线路经过海峡时，必须采用电缆。由于电缆芯线与大地之间构成同轴电容器，在交流高压输电线路中，空载电容电流极为可观。而在直流输电线路中，由于电压波动很小，基本上没有电容电流加在电缆上。

(3) 采用直流输电时，线路两端的交流系统不需要同步运行，而交流输电必须同步运行。采用远距离交流输电时，交流输电系统两端电流的相位存在显著差异；电网的各子系统交流电的频率虽然规定为 50 Hz，但实际上常产生波动。这两种因素导致交流系统不同步，需要用复杂而庞大的补偿系统和综合性很强的技术加以调整，否则就可能在设备中形成强大的环流而损坏设备，或造成不同步运行以致引起停电事故。采用直流输电线路将两个交流系统互联时，其两端的交流电网可以按各自的频率和相位运行，不需要进行同步调整。

(4) 高压直流输电控制方便、速度快，发生故障的损失比交流输电要小。两个交流系统若用交流线路互连，则当一侧系统发生短路时，另一侧要向故障侧输送短路电流。因此，将使两侧系统原有断路器切断短路电流的能力受到威胁，时间一长就需要更换断路器。若用直流输电将两个交流系统互连，由于采用的是可控硅装置，电路功率能迅速、方便地进行调节，这就使得直流输电线路向发生短路的交流系统输送的短路电流不会太大，并且故障侧交流系统的短路电流也与没有互连时的大小几乎一样。因此不必更换两侧系统原有的开关及载流设备。

(5) 在高压直流输电工程中，各极是独立调节和工作的，彼此没有影响。所以，当一极发生故障时，只需停运故障极，另一极仍可输送至少50%的电能。但在交流输电线路中，任一相发生永久性故障，都必须全线停电。

2. 高压直流输电的缺点

高压直流输电的缺点如下：

(1) 直流换流站比交流变电站的设备多、结构复杂、造价高、损耗大、运行费用高；

(2) 谐波较大；

(3) 直流输电工程在单极大地回路方式下运行时，入地电流会对附近的地下金属体造成一定腐蚀，窜入交流变压器的直流电流会使变压器的噪声增加；

(4) 若要实现多端输电，技术比较复杂。

由上可见，高压直流输电，特别适合用于长距离点对点大功率输电，而交流输电系统便于向多端输电。交流与直流输电配合，将是现代电力传输系统的发展趋势。

1.5 低压配电系统

供配电系统是电力系统的电能用户，它是电力系统的重要组成部分。低压配电系统由总降压变电所、高压配电所、配电线路、车间变电所或建筑物变电所和用电设备组成，如图 1-4 所示。

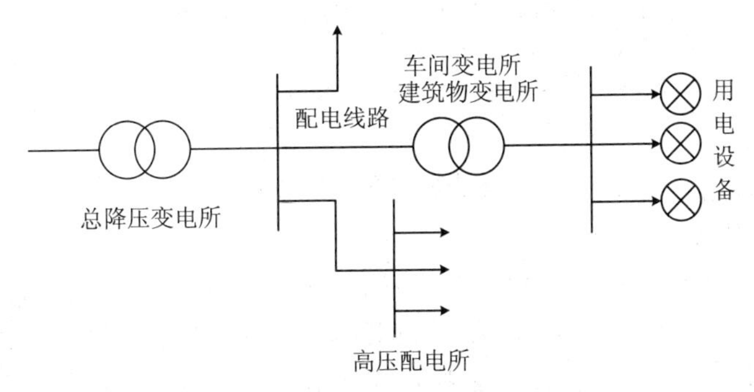

图 1-4　低压配电系统结构示意图

总降压变电所是用户电能的供应枢纽。它将 35～110 kV 的外部供电电源电压降为 6～10 kV 的高压配电电压，供给供应配电所、车间变电所或建筑物变电所和高压用电设备。

高压配电所集中接受 6～10 kV 电压。一般负荷分散、厂区大的大型企业需要设置高压配电所。

配电线路分为 6～10 kV 厂内高压配电线路和 380 / 220 V 厂内低压配电线路。高压配电线路将总降变电所与高压配电所、车间变电所或建筑物变电所和高压用电设备连接起来。低压配电线路将车间变电所或建筑物变电所 380 / 220 V 的电压送给各低压用电设备。

车间变电所或建筑物变电所将 6～10 kV 的电压降为 380 V / 220 V 电压，供低压用电设备使用。

根据现行的国家标准《低压配电设计规范(GB50054)》的定义，将低压配电系统分为三种，即TN、TT、IT。其中，第一个大写字母T表示电源变压器中性点直接接地；I则表示电源变压器中性点不接地(或通过高阻抗接地)。第二个大写字母T表示电气设备的外壳直接接地，但和电网的接地系统没有联系；N 表示电气设备的外壳与系统的接地中性线相连。

1.5.1 TN系统

TN系统即电源中性点直接接地，设备外露可导电部分与电源中性点直接电气连接的系统。在TN方式供电系统中，根据其保护零线是否与工作零线分开而将其分为TN-S系统、TN-C系统、TN-C-S系统三种形式。

1. TN-C系统

TN-C系统如图1-5所示，将PE线和N线的功能综合起来，由一根称为PEN线的导体同时承担两者的功能。在用电设备处，PEN线既连接到了负荷中性点上，又连接到了设备外露的可导电部分。由于它所固有的技术上的种种弊端，现在已很少被采用，尤其是在民用配电中已基本上不允许采用TN-C系统。

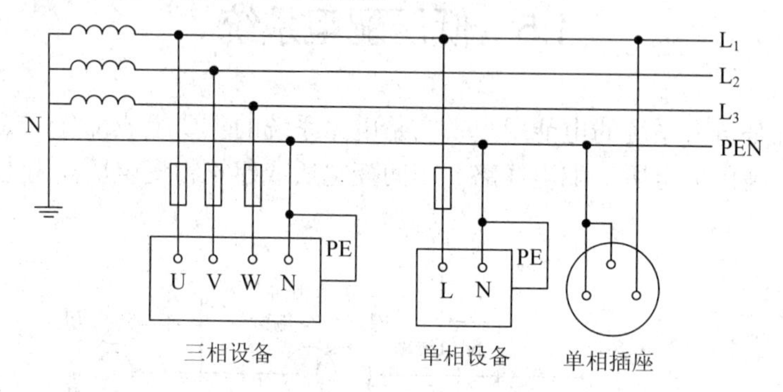

图1-5 TN-C系统

1) TN-C系统的特点

(1) 设备外壳带电时，接零保护系统能将漏电电流上升为短路电流，实际就是单相对地短路故障，熔丝会熔断或自动开关跳闸，使故障设备断电，比较安全。

(2) TN-C方式供电系统只适用于三相负载基本平衡的情况。若三相负载不平衡，则工作零线上有不平衡电流，对地有电压，所以与保护线所连接的电器设备的金属外壳就会有一定的电压。

(3) 如果工作零线断线，则保护接零的通电设备外壳也带电。

(4) 如果电源的相线接地，则设备的外壳电位升高，使中线上的危险电位蔓延。

(5) TN-C系统干线上使用漏电断路器时，工作零线后面的所有重复接地必须拆除，否则漏电开关合不上闸，而且工作零线在任何情况下不能断线。所以，在实际应用中工作零线只能在漏电断路器的上侧重复接地。

2) TN-C系统的应用范围

TN-C系统内的PEN线兼起PE线和N线的作用，可节省一根导线，比较经济。但从电气安全着眼，这个系统存在以下问题。

(1) 如果系统为一个单相回路，当 PEN 线中断时，那么设备金属外壳对地将带 220 V 的故障电压，电击死亡的危险很大。

(2) 如果 PEN 线穿过剩余电流动作保护器 RCD，那么因接地故障电流产生的磁场就在 RCD 内互相抵消从而使 RCD 拒动作，所以在 TN-C 系统内不能装用 RCD 防电击。

另外，由于 PEN 线通过电流时各点对地电位的不同，它也不得用于信息技术系统，以免各信息技术设备对地电位的不同而引起干扰。由于上述这些不安全因素，除维护管理水平较高的一般场所外，现时 TN-C 系统已很少被采用。

2. TN-S 系统

TN-S 系统中性线 N 与 TT 系统相同，如图 1-6 所示。TN-S 系统与 TT 系统不同的是，用电设备的外露可导电部分不是连接到自己专用的接地体，而是通过 PE 线连接到电源中性点，与系统中性点共用接地体。中性线(N 线)和保护线(PE 线)是分开的。TN-S 系统的最大特征是 N 线与 PE 线在系统中性点分开后，不能再有任何电气连接，这一条件一旦破坏，TN-S 系统便不再成立。

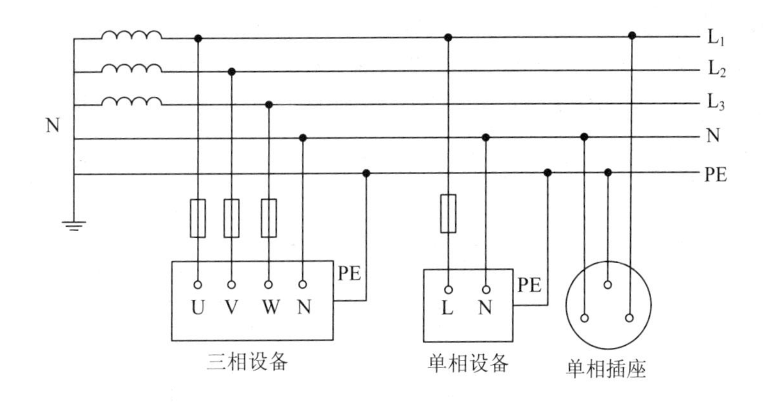

图 1-6 TN-S 系统

1) TN-S 供电系统的特点

(1) 系统正常运行时，专用保护线上没有电流，只是工作零线上有不平衡电流。PE 线对地没有电压，所以电气设备金属外壳接零保护是接在专用的保护线 PE 上，安全可靠。

(2) 工作零线只用作单相照明负载回路。

(3) 专用保护线 PE 不许断线，也不许进入漏电开关。

(4) 干线上使用漏电保护器，工作零线不得有重复接地，而 PE 线有重复接地，但是不经过漏电保护器，所以 TN-S 系统供电干线上也可以安装漏电保护器。

(5) TN-S 方式供电系统安全可靠，适用于工业与民用建筑等低压供电系统。

由于传统习惯的影响，现在还经常将 TN-S 系统称为三相五线制系统，严格地讲这一称呼是不正确的。按 IEC 标准，所谓“×相×线”系统的提法，是另外一种含义，它是指低压配电系统按导体分类的形式。所谓的“×相”是指电源的相数，而“×线”是指正常工作时通过电流的导体根数，包括相线和中性线，但不包括 PE 线。按照这一定义，TN-S 系统实际上是“三相四线制”系统或“单相二线制”系统。

2) TN-S 系统的应用范围

在整个 TN-S 系统内，PE 线和 N 线被分为两根线。除非施工安装有误，除微量对地泄漏电流外，PE 线平时不通过电流，也不带电位。它只在发生接地故障时通过故障电流，因此电气装置的外露导电部分对地平时几乎不带电位，比较安全，但它需在回路中多铺设一根导线。

TN-S 系统适用于内部设有变电所的建筑物。因为在有变电所的建筑物内为 TT 系统分开设置在电位上互不影响的系统接地和保护接地是比较麻烦的。即使将变电所中性线的系统接地，用绝缘导体引出另外单独的接地极，也难以满足它和保护接地 PE 线连通的户外地下金属管道间的距离要求。

若在建筑物内采用 TN-C-S 系统，其前段 PEN 线上中性线电流产生的电压降就会在建筑物内导致电位差而引起不良后果。例如对信息技术设备的干扰。因此在设有变电所的建筑物内接地系统的最佳系统是选择 TN-S 系统，特别是在爆炸危险场所，为避免电火花的发生，更宜采用 TN-S 系统。

3. TN-C-S 系统

TN-C-S 系统是 TN-C 系统和 TN-S 系统的结合形式，如图 1-7 所示。在 TN-C-S 系统中，从电源出来的那一段采用 TN-C 系统，因为在这一段中无用电设备，只起电能的传输作用。在用电负荷附近某一点处，EN 线将分开形成单独的 N 线和 PE 线，从这一点开始，系统相当于 TN-S 系统。

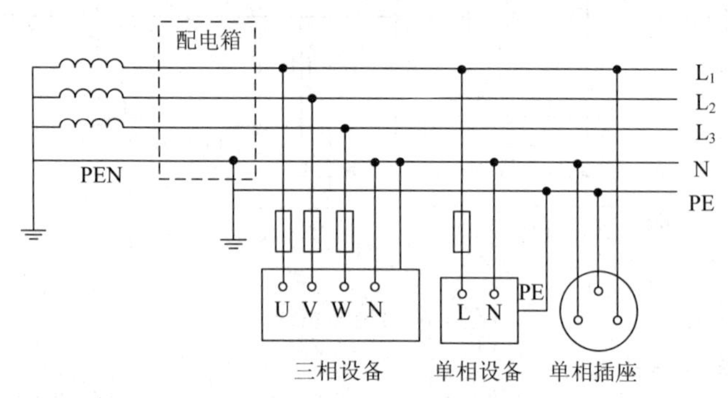

图 1-7　TN-C-S 系统

1) TN-C-S 系统的特点

(1) TN-C-S 系统可以降低电动机外壳对地的电压，然而又不能完全消除这个电压，这个电压的大小取决于负载不平衡的情况及线路的长度。要求负载不平衡电流不能太大，而且在 PE 线上应做重复接地。

(2) PE 线在任何情况下都不能进入漏电保护器，因为线路末端的漏电保护器动作会使前级漏电保护器跳闸，从而造成大范围停电。

(3) 对 PE 线除了在总箱处必须和 N 线相接以外，其他各分箱处均不得把 N 线和 PE 线相联，PE 线上不许安装开关和熔断器。

实际上，TN-C-S 系统是在 TN-C 系统上临时变通的做法。当三相电力变压器工作接地情况良好、三相负载比较平衡时，TN-C-S 系统在施工用电实践中的效果还是可行的。但是，在三相负载不平衡、有专用的电力变压器时，必须采用 TN-S 系统供电。

2) TN-C-S 系统的应用范围

TN-C-S 系统自电源到另一建筑物电气装置之间节省了一根专用的 PE 线。这一段 PEN 线上的电压降使整个电气装置对地升高 ΔU_{PEN} 的电压。但由于电气装置内设有总等电位联结，且在电源进线点后 PE 线就和 N 线分开了，而 PE 线并不产生电压降，整个电气装置对地电位都是 ΔU_{PEN}，在装置内并没有出现电位差，因此不会发生 TN-C 系统的种种电气不安全因素。

在建筑物电气装置内，它的安全水平和 TN-S 系统是相仿的。就信息技术设备的抗干扰而言，因为在采用 TN-C-S 系统的建筑物内同一信息系统内的信息技术设备的“地”(即其金属外壳)都是连接只通过正常泄漏电流的 PE 线的，PE 线上的电压降很小，所以 TN-C-S 系统和 TN-S 系统一样都能使各信息技术设备取得比较均等的参考电位而减少干扰。但就减少共模电压干扰而言，TN-C-S 系统内的中性线和 PE 线是在低压电源进线处才分开的，不像 TN-S 系统在变电所出线处就分开，所以在低压建筑物内 TN-C-S 系统的中性线对 PE 线的电位差或共模电压小于 TN-S 系统。因此对信息技术设备的抗共模电压干扰而言，TN-C-S 优于 TN-S 系统。

当建筑物以低压供电并采用 TN 系统时，宜采用 TN-C-S 系统，而不宜采用 TN-S 系统。一些发达国家就是这样做的。

1.5.2 TT 系统

TT 系统就是电源中性点直接接地、用电设备外露可导电部分直接接地的系统，如图 1-8 所示。通常将电源中性点的接地叫作工作接地，而设备外露可导电部分的接地叫作保护接地。

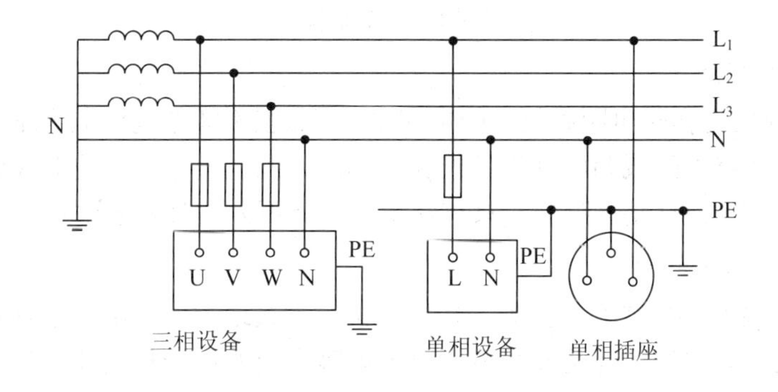

图 1-8 TT 系统

TT 系统中，这两个接地必须是相互独立的。设备接地可以是每一设备都有各自独立的接地装置，也可以是若干设备共用一个接地装置。

1) TT 系统的特点

(1) 当电气设备的金属外壳带电(相线碰壳或设备绝缘损坏而漏电)时，由于有接地保护，因此可以大大减少触电的危险性。但是，低压断路器(自动开关)不一定能跳闸，很可能造成漏电设备的外壳对地电压高于安全电压，此时电压就属于危险电压了。

(2) 当漏电电流比较小时，即使有熔断器也不一定能熔断，所以还需要漏电保护器作保护，因此 TT 系统难以被推广。

(3) TT 系统接地装置耗用钢材较多，而且难以回收，费工时、费料。

2) TT 系统的应用范围

TT 系统内各个电气设备或各组电气设备可各有自己的接地极和 PE 线。各 PE 线之间在电气上没有联系。这样在 TT 系统供电范围内的接地故障电压就不会像 TN 系统那样通过 PE 线的导通而传导蔓延，导致一处发生接地故障，多处发生电气事故，以致人们必须在各处设置等电位联结或采取其他措施来消除这种传导电压导致的事故。因此 TT 系统较适用于无等电位联结的户外场所，例如农场、施工场地、路灯、庭园灯、户外临时用电场所等。

1.5.3 IT 系统

IT 系统就是电源中性点不接地、用电设备外露可导电部分直接接地的系统，如图 1-9 所示。IT 系统可以有中性线，但 IEC 强烈建议不设置中性线(因为如果设置了中性线，那么在 IT 系统中 N 线的任何一点发生接地故障时，该系统就不再是 IT 系统了)。

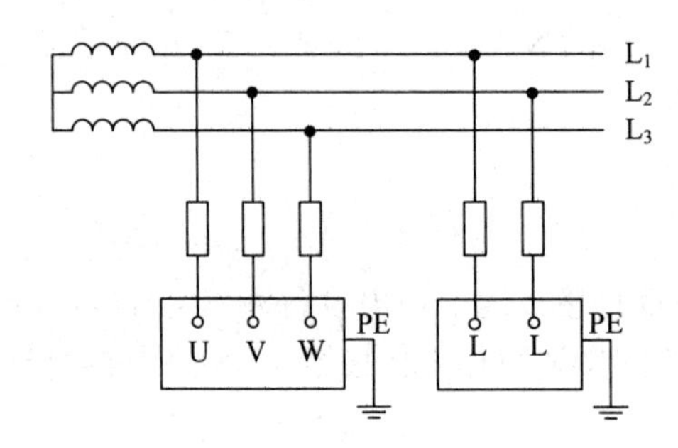

图 1-9 IT 系统

1) IT 系统的特点

如果将 IT 系统用在供电距离很长的电网中，那么就不能忽视供电线路对大地的分布电容。在负载发生短路故障或漏电使设备外壳带电时，漏电电流经大地形成架路，虽说保护设备不一定会动作，但这是危险的。只有在供电距离不太长时才会比较安全。

2) IT 系统的应用范围

IT 系统的电源端不用作系统接地，在发生第一次接地故障时由于不具备故障电流返回电源的通路，其故障电流仅为两非故障相对地电容电流的相量和，其值甚小，因此在保护接地的接地电阻上产生的对地故障电压很低，不致引发电击事故。所以发生第一次接地故障时不需切断电源而使供电中断。但它一般不引出中性线，不能提供照明、控制等需要的 220 V 电源，且其故障防护和维护管理较复杂，加上其他原因，使其应用受到限制。它适用于对供电不间断和防电击要求很高的场所。例如在我国，规定矿井、钢铁厂以及医院手术室等场所要采用 IT 系统。

发达国家对电气的安全要求高，诸如玻璃厂、发电厂的厂用电，钢铁厂、化工厂、爆炸危险场所、重要的会议大厅的安全照明，计标机中心以及高层建筑的消防应急电源、重要的控制回路等都采用 IT 系统。我国对 IT 系统不甚了解，还不习惯采用 IT 系统，因此很少有应用。当然这也从侧面说明了我国建筑电气与发达国家在水平上的差距。

思 考 题

1．电力系统都由哪些部分组成？每个部分的作用是什么？
2．为什么要用高压输电？目前我国的输电规格是什么？
3．高压直流输电原理是什么？高压直流输电有什么优点？
4．为什么我国低压配电是 380 V/220 V？低压配电还有其他规格吗？

第 2 章　安全用电知识

电是现代物质文明的基础，但如果未能正确、科学地用电就会对人们的安全产生危害，正如现代交通工具把速度和效率带给人们的同时，也让交通事故这个恶魔伴随着现代文明一样，电气事故是现代社会不可忽视的灾害之一。

从人类开始使用电能起，科技工作者就为减少、防止电气事故而不懈努力。在长期实践中，人们总结和积累了大量安全用电的经验。但是，人们不可能事事都去实践，我们应该汲取前人的经验教训，掌握必要的知识，防患于未然。

安全技术涉及广泛。本章安全用电的讨论，只针对一般生活、工作环境而言，特殊场合，如高压、矿井等的安全用电不在讨论之列。

2.1 人身安全

2.1.1 安全电压

安全电压是指在各种不同环境下，人体接触到带电体后人体的各部分组织(如皮肤、心脏、呼吸器官和神经系统)不发生损害或危害甚微的电压。我国的安全电压额定值分为 42 V、36 V、24 V、12 V 和 6 V。通常情况下物理学界将 36 V 以下的电压定为安全电压。但是安全电压也与人体电阻有关，一般认为人体电阻为 100 kΩ，皮肤潮湿时可降至 1 kΩ以下。在潮湿环境中，人体即便接触到 36 V 的电压也会有危险，所以在潮湿环境中，人们又将 12 V 以下的电压称为安全电压。

2.1.2 触电危害

触电对人体的危害主要有电伤和电击两种。

1. 电伤

电伤是由于电流的热效应、化学效应、机械效应造成的人体损伤在电流的作用下熔化或蒸发的金属微粒等会侵入人体皮肤，使皮肤局部发红、起泡、烧焦或组织破坏，严重时会危及性命。电伤多发生在 1 kV 及 1 kV 以上的高压带电体上。电伤是由于触电而导致的人体表面组织创伤，通常有以下三种。

(1) 灼伤：是由电的热效应对人体皮肤、皮下组织、肌肉甚至神经系统产生的伤害。灼伤是最常见，也是最严重的一种电伤。灼伤会引起人体皮肤发红、起泡、烧焦、坏死等。

(2) 电烙伤：是指由电流的化学效应和机械效应对人体触电部位造成的外部伤痕，触电部分的皮肤会变硬并形成肿块痕迹，如同烙印一般。

(3) 皮肤金属化：人体皮肤组织的金属化这种化学效应是由于带电体金属通过触电点蒸发而进入人体组织造成的，使局部皮肤变得粗糙、坚硬并呈青黑色或褐色。

2. 电击

所谓电击，是指电流触及人体而使人体内部器官受到损害，它是最危险的触电事故。当电流通过人体时，轻者使人体肌肉痉挛，产生麻电的感觉。重者会造成呼吸困难，心脏停搏，甚至导致死亡。电击多发生在对地电压为 220 V 的低压线路或带电设备上，因为这些带电体是人们日常工作和生活中易接触到的。

电击可以分为直接电击和间接电击两种。直接电击是指人体直接接触正常运行的带电体所发生的电击。间接电击是指电气设备发生故障时，人体触及正在运行的带电设备所发生的电击。直接电击多发生在误触相线、刀闸或其他设备的带电体的情况；间接电击一般发生在设备绝缘损坏、相线处及设备外壳、电器短路、保护接零及保护接地发生故障等情况。违反操作规则也是造成电击的最大隐患。

3. 影响触电危害的因素

按照人体对不同的电流的反应情况，通常将通过人体的电流划分为三个等级，见表 2-1。

表 2-1　人体不同反应的三个等级的电流

名称	定义	工频		直流
		男子	女子	
感知电流/mA	引起感觉的最小电流	1.1	0.7	5
摆脱电流/mA	能自主摆脱的最大电流	9	6	50
致命电流/mA	在较短时间内引起心室颤动、危及生命的电流	50/100		

工频电流超过 50 mA：心脏会停止跳动、发生昏迷并出现致命的电酌伤。

工频电流达到 100 mA：会使人很快致命。

1) 电流的影响

人体存在有生物电流，一定限度的电流不会对人体造成伤害。电疗仪器就是利用电流刺激人体穴位来达到治疗的目的。不同电流对人体的影响见表 2-2。

表 2-2　不同电流对人体的影响

电流强度/mA	对人体的影响	
	工频/50 Hz	直流
0.6～1.5	开始感觉，手指麻木	无感觉
2～3	手指强烈麻刺，颤抖	无感觉
5～7	手部痉挛	热感
8～10	手部剧痛，勉强可摆脱电源	热感增加
20～25	手部迅速麻木，不能自立，呼吸困难	手部轻微痉挛
50～80	呼吸麻痹，心室开始颤动	手部痉挛，呼吸困难
90～100	停止呼吸	呼吸麻痹

2) 频率的影响

50～60 Hz 工频对人体的危害最严重，频率偏离工频越远，其伤害越轻，但高频高压依然十分危险。在直流情况下，人体可耐受更大的电流值。直流电一般会引起电伤，而交流电时，电伤和电击会同时发生，特别是 40～100 Hz 交流电对人体最为危险。不幸的是我们日常使用的工频市电(我国为 50 Hz)正是在这个危险的频段。当交流电频率达到 2 kHz 时对人体危害较小，一些理疗仪器正是利用这个频段工作。不同频率触电事故所造成的死亡率见表 2-3。

表 2-3　不同频率触电事故所造成的死亡率

频率/Hz	10	25	50	60	80	100	120	200	500	1000
死亡率/%	21	70	95	91	43	34	31	22	14	11

3) 触电时间的影响

电流对人体的伤害与其作用时间密切相关。通常用电流与时间的乘积(也称电击强度)来表示电流对人体的危害。触电保护器的一个主要指标就是额定断开时间与电流乘积要小于 30 mA・s。小于 3 mA・s 可有效防止触电事故的发生。

4) 人体电阻的影响

人体电阻 = 体内电阻(固定不变) + 皮肤电阻。

一般情况下人体体内电阻为 500 Ω；完好、干燥的外层皮肤电阻在 10 kΩ～100 kΩ；潮湿皮肤电阻在 1 kΩ 以下；受损皮肤的电阻在 0.8 Ω～11 kΩ。一般认为人体电阻为 1 kΩ～2 kΩ。人体电阻是非线性的，随着电压的升高，人体电阻的阻值将减小。表 2-4 给出了人体电阻值随电压的变化情况。

表 2-4　人体电阻随电压的变化情况

电压/V	1.5	12	31	62	125	220	380	1000
电阻/kΩ	>100	16.5	11	6.24	3.5	2.2	1.47	0.64
电流/mA	忽略	0.8	2.8	10	35	100	268	1560

5) 不同电流路径的影响

电流经过人体的不同路径所造成危险程度不同。表 2-5 给出了电流流经人体不同路径时电流通过心脏的百分比。可以看出，电流经左手至双脚时的危害最大，因此不建议“左撇子”从事电工职业。

表 2-5　不同路径时电流通过人体心脏的百分比

电流途径	左手至双脚	右手至双脚	右手至左手	左脚至右脚
通过心脏电流百分比/%	6.7	3.7	3.3	0.4

2.1.3　触电形式

触电是指当人体接触到电源(或带电体)，电流经由接触点进入人体，然后由另一点(接触到的地面、墙壁或零线)而形成回路，造成人体肌肉、神经、血管等组织破坏。若电流经过心脏则会造成严重的心律不齐，甚至心跳暂停而死亡。同时两个接触点因电流而产生热能并对肌肉造成损伤。触电的形式可分为单相触电、两相触电和跨步触电三种。

1. 单相触电

单相触电是指人体在地面上或其他接地体上，其某一部位触及一相带电体的触电事故。单相触电时，作用在人体的电压为相电压。设备漏电造成的事故属于单相触电。绝大多数的触电事故属于这种形式，如图 2-1 所示。其中，图 2-1(a)为中性点接地的低压配电系统的单相触电，图 2-1(b)为中性点不接地的低压配电系统的单相触电情况。

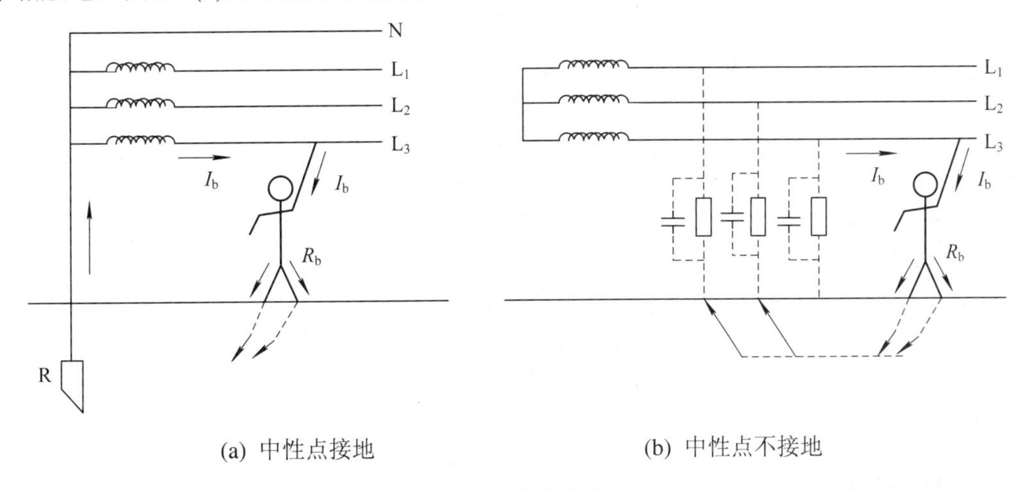

(a) 中性点接地　　(b) 中性点不接地

图 2-1　单相触电

2. 两相触电

两相触电是指人体两处同时触及两相带电体而发生的触电事故。此时，作用在人体的电压是线电压，电流从一相经人体到另一相，如图 2-2 所示。因此，两相触电的危险比单相触电大得多。

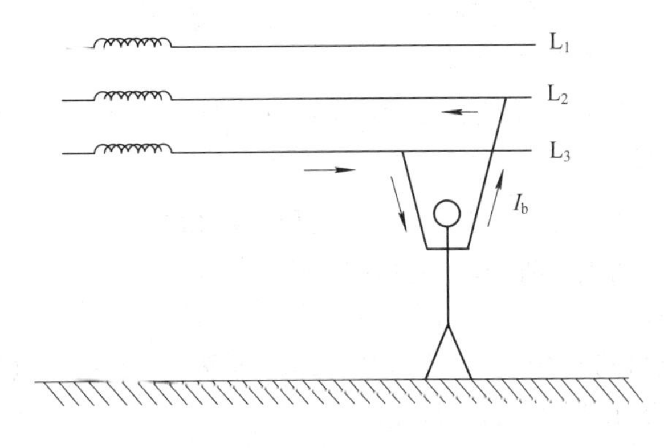

图 2-2　两相触电

3. 跨步触电

输电线路火线断线落地时，落地点的电位即导线电位，电流将从落地点流入大地。离落地点越远，电位越低。根据实际测量，在离导线落地点 20 m 以外的地方，由于入地电流非常小，地面的电位近似等于零。如果有人在导线落地点附近走动，由于人的两脚电位不同，则在两脚之间会出现电位差，这个电位差叫作跨步电压。距离电流入地点越近，人体承受的跨步电压越大；距离电流入地点越远，人体承受的跨步电压越小；在 20 m 以外，跨步电压比较小，可以看作为零。人体步入上述范围后，两脚之间会形成跨步电压，由此而引起的触电事故叫跨步触电。跨步触电如图 2-3 所示。

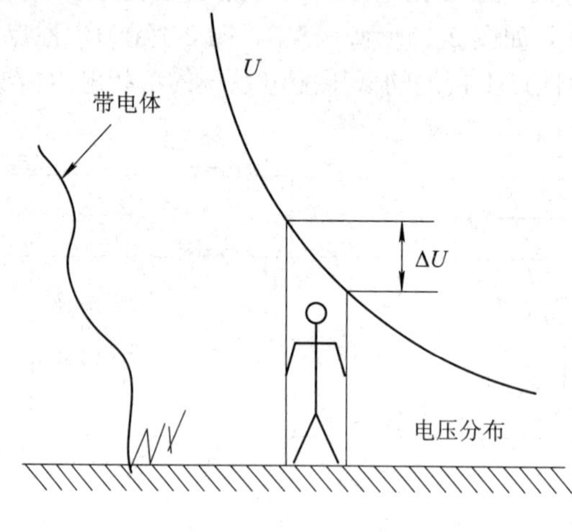

图 2-3　跨步触电

2.1.4　触电防止

防止触电是安全用电的关键。没有任何一种措施或一种保护器是万无一失的。保险的钥匙掌握在自己手中，即安全意识和警惕性。以下几点是最基本、最有效的安全措施。

1. 安全制度

工矿企业、科研院所、实验室等用电单位，几乎无一例外地制定了各种各样的安全用电制度。这些制度绝大多数是在科学基础上制定的，也有很多条文是实践中总结出的经验，有的制度条文甚至是用惨痛的教训换来的。

切记：当你走进车间、实验室等一切用电场所时，千万不能忽略安全用电制度。

2. 安全措施

预防触电的措施虽然很多，但以下几条是最基本的安全保障。

(1) 对带电部分加绝缘防护，并将其置于人体不易碰到的地方，如电线、配电盘、电源板等。

(2) 对使用金属外壳的用电器及配电装置，都应该设保护接地或保护接零。目前大多数工作生活用电系统采用的是保护接零。

(3) 在所有使用市电的场所装设漏电保护器。

(4) 随时检查电器插头、电线，发现破损老化应及时更换。

(5) 手持电动工具尽量使用安全电压工作。我国规定常用安全电压为 36 V，特别危险的场所安全电压为 12 V。

3. 安全操作

(1) 检修电路和电器时确保断开电源，仅仅断开设备上的开关是不够的，检修作业时务必拔下电源插头。

(2) 不湿手开/关、插/拔电器。

(3) 对不明情况的电线，先认为它是带电的。宁可信其有，不可信其无。万万不可以身试电。

(4) 养成单手操作的好习惯。

(5) 不在疲倦、带病状态下从事电工作业。

(6) 对于较大容量的电容器，在检修时要先行放电。

2.2 设 备 安 全

各行各业、各种不同设备都存在一个安全使用问题。这里讨论的，仅限于一般范围的用电仪器、设备及家用电器的安全使用。

2.2.1 电气设备基本安全防护

所有使用交流电源的电气设备均存在因绝缘老化、损坏而漏电的问题。按电工标准将电气设备分为四类，各类电气设备特征及基本安全防护见表 2-6。

表 2-6 各类电气设备特征及基本安全防护

类型	主要特征	基本安全防护	使用范围及说明
0 型	一层绝缘，二线插头，金属外壳，且没有接地(零)线	用电环境为电气绝缘(绝缘电阻大于 50 kΩ)或采用隔离变压器	0 型为淘汰电器类型
I 型	金属外壳接出一根线，采用三线插头	接零(地)保护三孔插座，保护零线可靠连接	较大型电器设备多为此类
II 型	金属外壳形成双重绝缘，采用二线插头	防止电线破损	小型电气设备
III型	采用 8 V、36 V、24 V、12 V 低压电源的电器	使用符合电气绝缘要求的变压器	在恶劣环境中使用的电器及某些工具

2.2.2 设备接电前检验

将用电设备接入电源，这个问题似乎很简单，其实不然。有的设备昂贵，接上电源的瞬间说不定它就会变报废；有的设备本身有故障，一旦接上电源就会引起整个供电网异常，造成难以挽回的损失。因此，建议设备接电前应进行“三查”。

(1) 查铭牌：按国家标准，设备应在醒目位置标示该设备工作要求的电源电压、频率、容量的铭牌或标志。

(2) 查电源：检查电源电压、容量是否与设备要求吻合。

(3) 查设备：检查电源线是否完好，外壳是否可能带电。用万能表欧姆挡进行检测。

2.3 安全技术简介

实践证明，应用安全技术可以有效防止电器事故的发生。已有的技术措施不断完善，新的技术不断涌现，我们只有了解并正确运用这些技术，才能不断提高安全用电的水平。

2.3.1 安全措施概念介绍

1. 低压配电系统几种安全措施

在低压配电系统中，采用的安全措施很多，常用的安全措施是接地保护和接零保护两种方式。各种措施概念介绍如下。

(1) 工作接地：为保障电气装置可靠运行，电力系统(电力网)某点必须接地，以保障设备安全。这种将电力系统(电力网)某点接地的连接称之为工作接地。例如，变压器线圈的中性点接地、避雷器的接地等。

(2) 保护接地：在中性点不接地系统，为保证人身安全，将与带电体相绝缘的电气装置金属外壳接地。这种接地称之为工作接地。例如，电机外壳接地等。

(3) 重复接地：为保障人身安全，在电力系统中，除了将变压器线圈、发电机线圈的中性点接地(工作接地)之外，再对中性线的多点再做接地连接，称之为重复接地。例如，低压架空线路终点的中性线接地等。

(4) 保护接零：中性点接地的系统(380 V/220 V)中，将与带电体绝缘的电器金属外壳与中性线连接，称之为保护接零。例如，电机外壳与中性线连接。此时不能采取保护接地。

特别提示：① 中性点接地系统中，采取保护接零而不采用保护接地，否则起不到安全作用(有约 110 V 电压)；② 中性点不接地的系统，采取保护接地，不采取保护接零，否则，中性线与漏电体等电位，不安全；③ 中性点接地系统(380 V/220 V)，除采取保护接零外还得采取重复接地，在设备附近对中性线重复接地。

2. 对接地电阻的要求

(1) 对于高压中性点不直接接地的电网，单相接地电流通常不超过 30 A，接地电阻 $R \leqslant 4\ \Omega$(接地短路电流系统，按规定，设备对地电压不超过 120 V，$R \leqslant 120\ \text{V}/30\ \text{A} = 4\ \Omega$)。

(2) 3 kV～10 kV 变电站，应有单独接地的防雷保护，进线保护段的架空地线，其接地电阻不应超过 10 Ω。

(3) 总容量在 100 kVA 以下的变压器接地电阻不允许超过 10 Ω。

(4) 配电线路零线，每处重复接地的接地电阻不应超过 10 Ω。在电气设备接地装置接地电阻阻值达到 10 Ω 的系统中，每处重复接地电阻不应超过 30 Ω，重复接地点不应少于三处。

2.3.2 漏电保护开关

漏电保护开关也叫触电保护开关，是一种保护切断型的安全装置，比保护接地或保护接零更灵敏，更有效。其原理如图 2-4 所示。

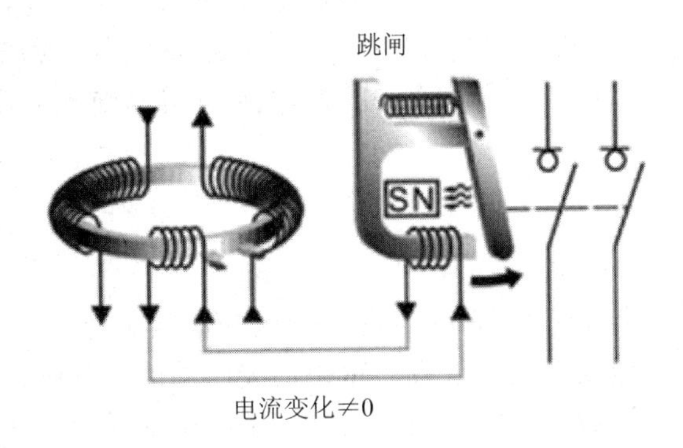

图 2-4　漏电保护开关原理

电压型漏电保护开关的安装比较复杂，目前使用广泛的是电流型漏电保护开关。电流型漏电保护开关不仅能防止人体触电而且能防止漏电造成的火灾。它既可用于中性点接地系统也可用于中性点不接地系统，既可单独使用，也可与保护接地、保护接零共同使用，而且安装方便，值得大力推广。

在电器正常工作时，电流型漏电保护开关中流经零序互感器的电流大小相等，方向相反，检测输出为零，开关闭合电路正常工作。当电器发生漏电时，漏电流不通过零线，零序互感器检测到不平衡电流且该电流达到一定数值时，经放大输出保护信号，切断开关。

在电流型漏电保护开关电路中，按钮与电阻组成检测电路，调节电阻使该支路电流为最小动作电流，即可测试开关。国家标准规定，电流型漏电保护开关的电流时间乘积应不小于 30 mA • s。一般额定动作电流为 30 mA，动作时间为 0.1 s。在潮湿等恶劣环境下，可选更小的动作电流。由于用电线路和电器不可避免地存在着微量漏电，因此，一般取 5 mA 作为额定不动作电流。漏电保护开关应经国家电工产品认证委员会认证。

电磁式电流动作型漏电保护断路器原理如图 2-5 所示。其结构是在一般的塑料壳外式断路器中增加了一个能检测漏电流的感受元件(零序电流互感器 2)和漏电脱扣器 3。

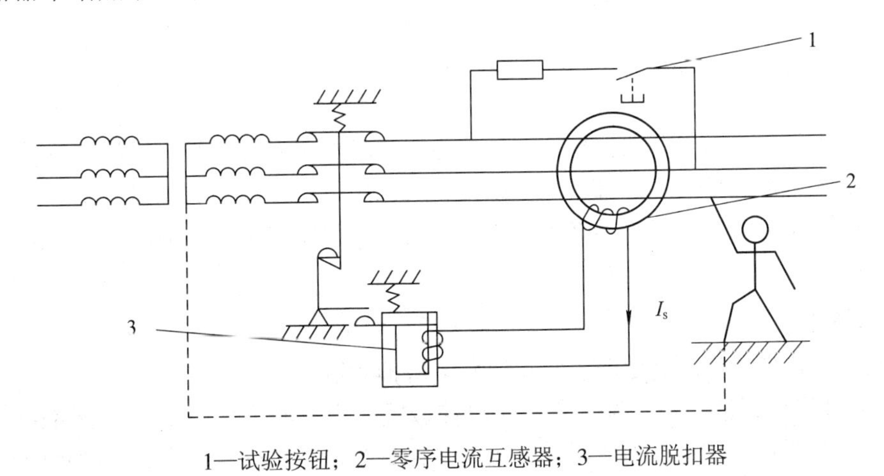

1—试验按钮；2—零序电流互感器；3—电流脱扣器

图 2-5　电磁式电流型漏电保护断路器原理

主电路的三相导线一起穿过零序电流互感器的环形铁芯，零序电流互感器的输出端和漏电脱扣线圈相接。当电路正常工作时，各相电流的相量和为零，零序电流互感器二次绕组无输出信号，漏电保护断路器不动作。当电路发生漏电和触电事故时，零序电流互感器二次线圈就会感应出剩余电流。于是电流脱扣器受此激励，使断路器脱扣而断开电路。

2.3.3 空气开关

空气开关也就是断路器，在电路中起接通、分段和承载额定工作电流的作用，如图 2-6 所示。断路器能在线路和电动机发生过载、短路、欠压的情况下进行可靠的保护。断路器的动、静触头及触杆被设计成平行状，利用短路产生的电动斥力使动、静触头断开。它的特点是分断能力高，限流特性强。

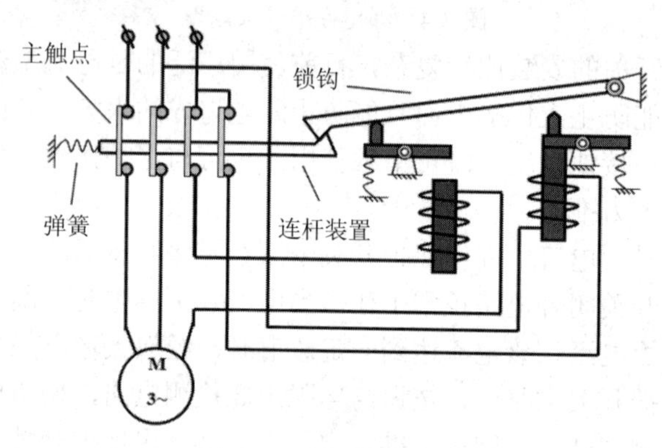

图 2-6 空气开关原理

短路时，静触头周围的芳香族绝缘物气化，起冷却灭弧作用，飞弧距离为零。断路器的灭弧室采用金属栅片结构，触头系统具有斥力限流机构，因此，断路器具有很高的分断能力和限流能力。断路器具有复式脱扣器。反时限动作时是双金属片受热弯曲使脱扣器动作，瞬间动作时是足铁芯衔铁机构带动脱扣器动作。脱扣器有热动、电磁和复式 3 种。

2.3.4 过限保护

接地、接零保护、漏电开关保护主要解决电器外壳漏电及意外触电事故。但对于电器并不漏电，由于电器内部元件、部件故障或由于电网电压升高而引起电器电流增大，温度升高超过一定限度，导致电器损坏甚至引起电气火灾等严重事故的故障，可采用以下自动保护装置。

1. 过压保护

过压保护装置包括集成过压保护器和瞬变电压抑制器。

(1) 集成过压保护器，是一种安全限压自控装置，当电源正常工作时，功率开关会断开。一旦设备电源异常且超过阈值，采样放大电路就会使功率开关闭合、电源短路，使熔断器断开，从而保护设备免受损失。

(2) 瞬间电压抑制器(TVP)，是一种类似稳压管的二端器件，但比稳压管响应快、功率大，能“吸收”数千瓦的浪涌功率。TVP 的正向特性类似二极管，反向时在电压 U_B 处发生“雪崩”效应，其响应时间可达 8^{-12} s。若将两只 TVP 管反向串接，可具有“双极”特性，可用于交流电路。选择合适的 TVP 可保护设备免受电网或意外事故产生的高压危害。

2. 温度保护

电器温度超标是造成绝缘失效，引起漏电、火灾的关键。温度保护装置除传统的温度继电器外，还有一种新型有效且经济实用的元件——热熔断器。其外形如同电阻器，可以串接在电路中，安装在任何需要控制温度的部位。正常工作时它相当于一只阻值很小的电阻，一旦电器温升超过阈值，热熔断器就会立即熔断，从而切断电源起到保护作用。

3. 过流保护

用于过电流保护的装置主要有熔断器、电子继电器及聚合开关。它们串接在电源回路中可以防止意外电流超限。其中，熔断器最普遍，其特点是简单、价廉。不足之处是熔断器反应速度慢且不能自动恢复。电子继电器过流开关，也称电子熔断器，反应速度快，可自行恢复，但其结构较复杂，成本较高。聚合开关实际上是一种阻值可以突变的正温度系数的热敏电阻。当电流正常时为低阻(一般为 0.05～0.5 Ω)，当电流超过阈值时，阻值急剧增加，使电路电流降低至数毫安。若温度恢复正常，则电阻又恢复到低阻，因此它有自锁和自恢复特性。由于其体积小，结构简单，工作可靠且价格低，聚合开关被广泛用于各种电气设备及家用电器中。

2.3.5 智能保护

随着信息技术的发展，传感器技术、计算机技术及自动化的日趋完善，这使得综合型智能保护成为可能。在智能保护中，检测传感器装置将采集到的信息通过接口送给计算机进行智能处理，它具有切断事故发生地点的电源、启动自动消防灭火系统、发出事故警报等功能。它还可根据事故情况自动通知消防或急救部门，从而保护系统将事故消灭在萌芽状态，使损失降至最小。

2.4 触电急救与电气消防

2.4.1 触电急救

发生触电事故时，千万不要惊慌失措，必须用最快的速度使触电者脱离电源。

切记：触电者脱离电源前本身就是带电体，若处理不当，同样会使抢救者触电。

脱离电源最有效的措施是拉闸或拔出电源插头，如果一时找不到拉闸或来不及拔出电源插头，可用绝缘物(如戴绝缘柄的工具、木棒、塑料管等)移开或切断电源线。关键是一要快，二要自保。一两秒的迟缓都有可能造成无可挽救的后果。

脱离电源后如果病人呼吸、心跳尚存，应尽快送医院抢救。若心跳停止则应采用心脏按压法来维持血液循环；若呼吸停止则应立即做人工呼吸。若心跳、呼吸全停，则应同时采用上述两种方法，并向医院告急、求救。

2.4.2 电气消防

当电气发生火灾时，应采取以下措施进行处理：

(1) 当发现电子装置、电气设备、电缆等冒烟、起火时，应尽快切断电源。

(2) 使用砂土、二氧化碳或四氯化碳等不导电的电灭火介质，忌用泡沫或水进行灭火。

(3) 灭火时不可将身体或灭火工具触及导线和电气设备。

思 考 题

1．什么叫安全电压？我国的安全电压是多少？

2．触电对人体的危害主要有哪些？影响触电危害的因素有哪些？

3．什么叫单相触电？什么叫两相触电？各有什么特点？

4．常见的触电原因有哪些？怎样预防触电？

第 3 章　常用电工仪表及常用低压电器

电工仪表是进行电气安装与维修工作的“武器”，正确使用工具是提高工作效率、保证施工质量的重要条件。

3.1　常用电工仪表

电工仪表在电气线路以及用电设备的安置、使用与维修中起着重要的作用，常用的电工仪表有电流表、电压表、万用表、钳形电流表、兆欧表、功率表、电度表等多种。本节将对常用的电工仪表(除万用表)的测量原理及使用方法给予分析和介绍。

3.1.1　电工仪表概述

1. 电工仪表的基本组成和工作原理

用来测量电流、电压、功率等电学量的指示仪表，称为电工测量仪表。电工测量仪表通常由测量线路和测量机构两大部分组成，如图 3-1 所示。一般来说，被测量不能直接加到测量机构上，通常要将被测量转换成测量机构可以测量的过渡量。将被测量转换为过渡量的组成部分，称之为“测量线路”。将过渡量按某一关系转换成偏转角的机构，称之为“测量机构”。测量机构由活动部分和固定部分组成，它是仪表的核心。测量机构其作用是产生一个使仪表指示器偏转的转动力矩、产生一个分别使指示器保持平衡和快速稳定的反作用力矩和阻尼力矩。

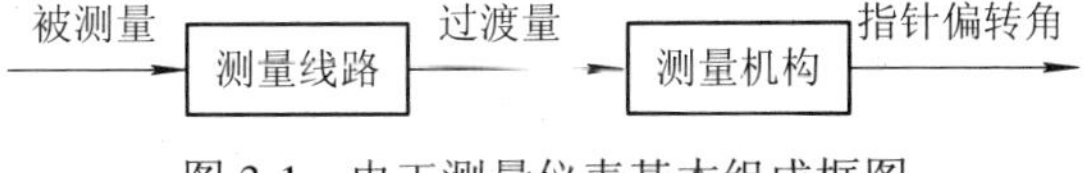

图 3-1　电工测量仪表基本组成框图

测量线路将被测电学量或非电学量转换成测量机构可直接测量的电量值，测量机构的活动部分在偏转力矩的作用下偏转。与此同时，测量机构产生的反作用力矩也作用在活动部分，当转动力矩和反作用力矩相等时，活动部分趋于稳定。由于活动部分的惯性，在达到平衡时不能迅速停止——仍会在平衡位置附近摆动，因此，在测量机构中需设置阻尼装置，依靠其阻尼作用，使指针迅速稳定在平衡位置上，从而指示被测量的大小。

2. 常用电工仪表的分类

电工仪表种类繁多，按工作原理的不同可分为磁电式、整流式、电磁式、电动式、感应式等，如表 3-1 所示；按测量对象的不同可分为电流表(安培表)、电压表(伏特表)、电功率表(瓦特表)、电度表(千瓦时表)、欧姆表及多用途的万用表等，如表 3-2 所示；按测量电流种类的不同可分为单相交流表、直流表、交直流两用表、三相交流表等；按使用性质和装置方法的不同可分为固定式、携带式；按测量准确度的不同可分为 0.1、0.2、0.5、1.0、1.5、2.5、5.0 共七个等级。在测量准确度的七个等级中，数字越小，仪表精确度越高，基本误差越小。电工仪表上的几种符号，如表 3-3 所示。

表 3-1　按照工作原理分类

类型	符号	被测量的种类	电流的种类与频率
磁电式		电流、电压、电阻	直流
整流式		电流、电压	工频和较高频率的交流
电磁式		电流、电压	直流和工频率交流
电动式		电流、电压、电功率、功率因数、电能量	直流及工频较高频率的交流

表 3-2　按照被测量的种类分类

电工仪表的分类			
次序	被测量的种类	仪表名称	符号
1	电流	电流表	A
		毫安表	mA
2	电压	电压表	V
		千伏表	kV
3	电功率	功率表	W
		千瓦表	kW
4	电能	电度表	kwh
5	相位差	相位表	ψ
6	频率	频率表	f
7	电阻	欧姆表	Ω
		兆欧表	MΩ

表 3-3　电工仪表上的几种符号

符号	意义	符号	意义
—	直流	ϟ 2 kV	仪表绝缘试验电压 2000 V
～	交流	↑ 或 ⊓	仪表直立放置
≂	交直流	→ 或 ⊥	仪表水平放置
3～ 或 ≋	三相交流	∠60°	仪表倾斜 60° 放置

3. 仪表的精确度

电工仪表的精确度是指在规定条件下使用时，可能产生的基本误差占满刻度的百分数。它表示该仪表基本误差的大小。在测量准确度的七个等级中，数字越小者，仪表精确度越高，基本误差越小。0.1 级～0.5 级的仪表精确度较高，常被用作实验室校检仪表；1.5 级以上的仪表，精确度较低，常被用作工程检测与计量。

3.1.2　电流表

电流表是串联在被测的电路中用来测量电流值的仪表。按所测电流性质电流表可分为直流电流表、交流电流表和交直两用电流表。按其测量范围电流表又有微安表、毫安表和安培表之分。按其动作原理电流表分为磁电式、电磁式和电动式等。

1. 电流表的选择

测量直流电流时，较为普遍的是选用磁电式仪表，也可使用电磁式或电动式仪表。测量交流电流时，较多使用的是电磁式仪表，也可使用电动式仪表，如图 3-2 所示。对测量准确度要求高、对灵敏度要求高的场合应采用磁电式仪表。对测量精度要求不严格、被测量较大的场合，常选择价格低、过载能力强的电磁式仪表。

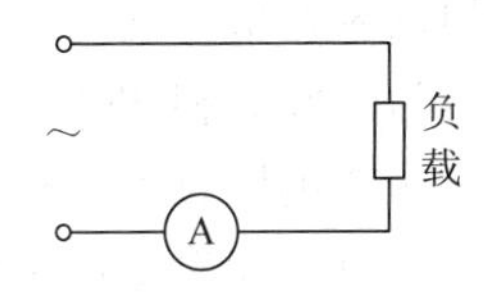

图 3-2　交流电流的测量

电表的量程选择应根据被测电流的大小来决定，应使被测电流值处于电流表的量程之内。在被测电流大小未知的情况时，应先使用较大量程的电流表试测，以免因过载而损坏仪表。

2. 电流表使用方法及注意事项

电流表使用方法及注意事项如下：

(1) 电流表串接在被测电路中使用。

(2) 测量直流电流时，电流表接线端的“+”、“−”极性不可接错，否则可能损坏电流表，如图 3-3 所示。磁电式电流表一般只用于测量直流电流。

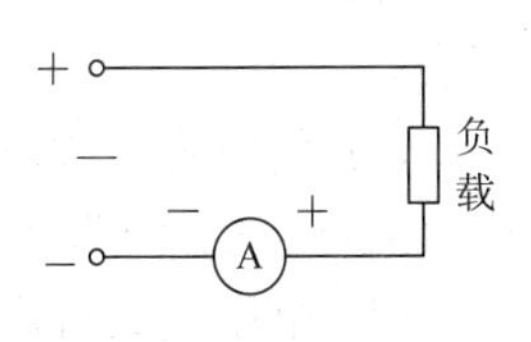

图 3-3　直流电流的测量

(3) 应根据被测电流的大小选择合适的量程。对于有两个量程的电流表，它具有三个接线端，使用时要看清接线端量程标志，通常将公共接线端和一个量程接线端串联在被测电路中。

(4) 选择合适的准确度以满足测量的需要。电流表具有内阻，内阻越小，测量的结果越接近真实值。为了提高测量的准确度，应尽量采用内阻较小的电流表。

(5) 在测量数值较大的交流电流时，常借助于电流互感器来扩大交流电流表的量程，如图 3-4 所示；也可使用分流器扩大量程，如图 3-5 所示。电流互感器次级线圈的额定电流一般设定在 5 A，与其配套使用的交流电流表量程也应为 5 A。电流表指示值乘以电流互感器的变流比，即为所测实际电流的数值。

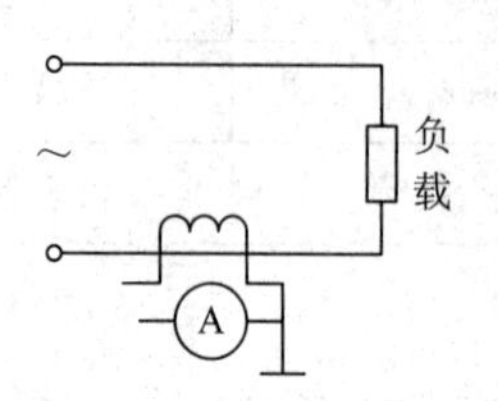

图 3-4　用互感器扩大交流电流表量程

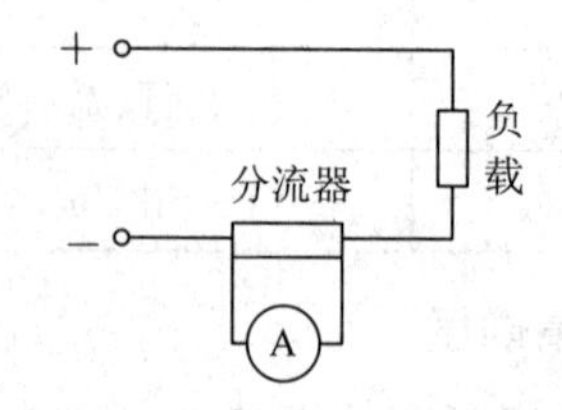

图 3-5　用分流器扩大量程

使用电流互感器时，应让互感器的次级线圈和铁芯可靠接地，次级线圈一端不得加装熔断器，严禁使用时开路。

3.1.3　电压表

电压表用来测量被测电路的电压值，使用时应并联在被测电路中。按所测电压的性质，电压表分为直流电压、交流电压表和交直两用电压表。按其测量范围，电压表又有毫伏表、伏特表之分。按动作原理，电压表分为磁电式、电磁式和电动式等。

1. 电压表的选择

电压表的选择原则和方法与电流表基本相同，主要从测量对象、测量范围、要求精度和仪表价格等几方面考虑。工厂内的低压配电线路，其电压多为 220 V 和 380 V，对测量精度要求不太高，所以一般用电磁式电压表，选择量程为 450 V 和 300 V。

测量和检查电子线路的电压时，因对测量精度和灵敏度高，故常采用磁电式多量程电压表，其中普遍使用的万用表的电压挡，其交流测量是通过整流后实现的，如图 3-6 所示。

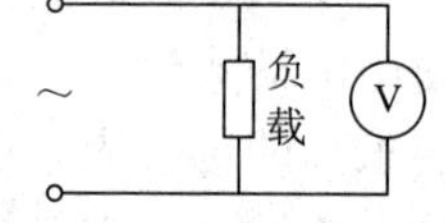

图 3-6　交流电压的测量

2. 使用方法及注意事项

(1) 电压表与被测电路的两端相并联。

(2) 电压表量程要大于被测电路的电压，以免损坏电压表。

(3) 使用磁电式电压表测量直流电压时，要注意电压表接线端上的“+”、“−”极性标记，如图 3-7 所示。

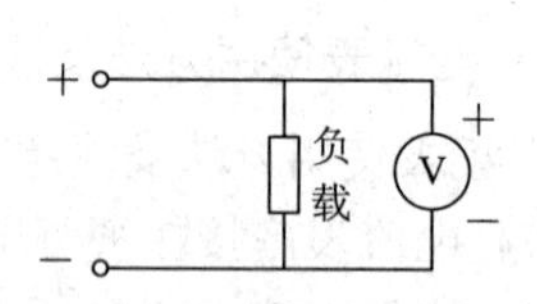

图 3-7　直流电压的测量

(4) 电压表具有内阻，内阻越大测量的结果越接近实际值。为了提高测量的准确度，应尽量采用内阻较大的电压表。

(5) 测量高电压时可使用电压互感器扩大交流电压表的量程，如图 3-8 所示，也可使用串分压电阻扩大量程，如图 3-9 所示。电压互感器的初级线圈并接在被测电路上，次级线圈额定电压为 100 V，与量程为 100 V 的电压表相接。电压表指示值乘以电压互感器的变压比，即为所测实际电压的数值。

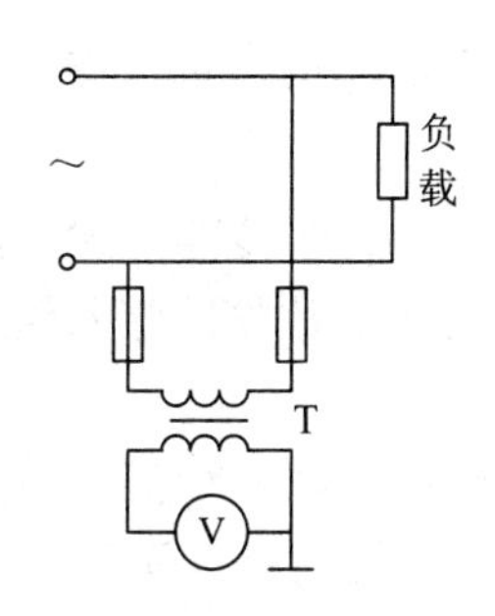

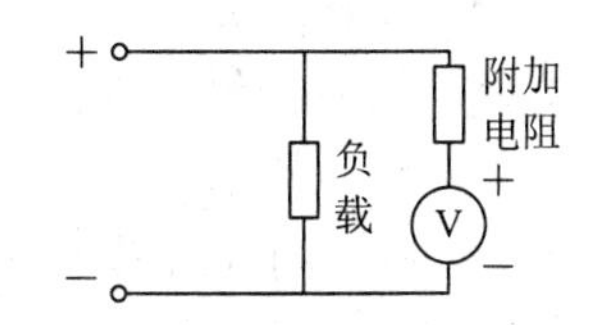

图 3-8　用互感器扩大交流电压表量程　　　　图 3-9　串分压电阻扩大量程

电压互感器在运行中要严防次级线圈发生短路，通常在次级线圈中设置熔断器作为保护。

3.1.4　钳形电流表

用普通电流表测量电流，必须将被测电路断开，把电流表串入被测电路，操作很不方便。采用钳形电流表，不需断开电路，就可直接测量交流电路的电流，使用非常方便。

1. 结构及工作原理

钳形电流表简称钳形表，其外形及结构如图 3-10 所示。测量部分主要由一只电磁式电流表和穿心式电流互感器组成。穿心式电流互感器的原边绕组为穿过互感器中心的被测导线，副边绕组则缠绕在铁芯上与电流表相连。旋钮实际上是一个量程选择开关，扳手用于控制穿心式电流互感器铁芯的开合，以便使其钳入被测导线。测量时，按动扳手，钳口打开，将被测载流导线置于穿心式电流互感器的中间，当被测载流导线中有交变电流通过时，交流电流的磁通在互感器副边绕组中感应出电流，使电磁式电流表的指针发生偏转，在表盘上可读出被测电流值。

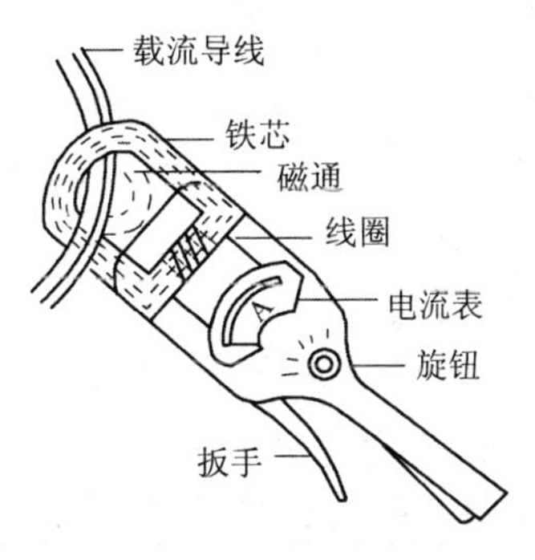

图 3-10　钳形电流表外形结构

2. 使用方法

为保证仪表安全和测量准确度，必须掌握钳形电流表的使用方法。

(1) 测量前，应检查电流表指针是否在零位，须进行机械调零。此外还应检查钳口的开合情况，要求活动部分开合自如、钳口结合面接触紧密。钳口上如有油污、杂物、锈斑，均会降低测量精度。

(2) 测量时，量程选择旋钮应置于适当位置，以便测量时指针处于刻度盘中间区域，这样可减少测量误差。如果不能估计出被测电路电流的大小，可先将量程选择旋钮置于高挡位，再根据指针偏转情况将量程调到合适位置。

(3) 如果被测电路电流太小，即使在最低量程挡，指针的偏转都不大，则可将被测载流导线在钳口部分的铁芯上缠绕几圈后再进行测量，然后将读数除以穿入钳口内导线的根数，所得结果即为实际电流值。

(4) 测量时，应将被测导线置于钳口内中心位置，这样可以减小测量误差。钳形表用完后，应将量程选择旋钮放置最高挡，这样可以防止下次使用时操作不慎而损坏仪表。

3.1.5 兆欧表

兆欧表又称摇表、高阻计、绝缘电阻测定仪等，主要用于电气设备及电路绝缘电阻的测量。它的计量单位是兆欧，故称兆欧表。兆欧表的种类有很多，作用大致相同，兆欧表的外形及工作原理，如图 3-11 所示。

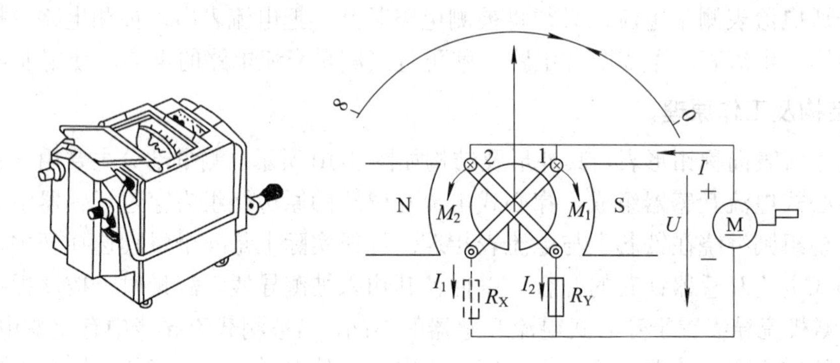

图 3-11 兆欧表的外形和工作原理

1. 兆欧表的选用

常用兆欧表的规格有 250 V、500 V、1000 V、2500 V、5000 V 等。选用兆欧表时，主要考虑的是它的输出电压及测量范围。一般高压电气设备和电路的检测使用电压高的兆欧表，低压电气设备和电路的检测使用电压低的兆欧表。测量 500 V 以下的电气设备和线路时，选用 500 V 或 1000 V 兆欧表；测量瓷瓶、母线、刀闸等时，选用 2000 V 以上的兆欧表。

选用兆欧表的测量范围时，要使测量范围适合被测绝缘电阻的数值，否则将发生较大的测量误差。表 3-4 所示是通常测量情况下选择兆欧表的示例。

表 3-4 兆欧表选择示例

被测对象	被测设备或线路额定电压/V	选用的兆欧表/V
线圈的绝缘电阻	500 以下	500
	500 以上	1000
电机绕组绝缘电阻	500 以下	1000
变压器、电机绕组绝缘电阻	500 以上	1000～2500
电器设备和电路绝缘	500 以下	500～1000
	500 以上	2500～5000

2. 测量前的检测

使用兆欧表测量前应做好以下检测工作：

(1) 使用前应做开路和短路试验，检查兆欧表是否正常。将兆欧表水平放置，使 *L*、*E* 两接线柱处在断开状态，摇动兆欧表，正常时，指针应指到“∞”处；再慢慢摇动手柄，将 *L* 和 *E* 两接线柱瞬时短接，指针应迅速指零。必须注意，*L* 和 *E* 短接时间不能过长，否则会损坏兆欧表。若这两项都满足要求，则说明兆欧表是好的。

(2) 检查被测电气设备和电路，看是否已切断电源。绝对不允许带电测量。

(3) 由于被测设备或电路中可能存在的电容放电情况会危及人身安全和兆欧表，所以测量前都应对设备和电路进行放电，这样可减少测量误差。

3. 绝缘电阻的测量方法

兆欧表有三个接线柱，上端两个较大的接线柱上分别标有“接地”(*E*)和“线路”(*L*)在下方较小的一个接线柱上标有“保护环”(或“屏蔽”)(*G*)。绝缘电阻的测量方法有以下几种：

1) 线路对地的绝缘电阻

将兆欧表的“接地”接线柱(即 *E* 接线柱)可靠接地(一般接到某一接地体上)，将“线路”接线柱(即 *L* 接线柱)接到被测电路上，如图 3-12(a)所示。连接好后，顺时针摇动兆欧表，转速逐渐加快，使其保持在 120 转/分钟后匀速摇动。当转速稳定，表的指针也稳定后，指针所使得数值即为被测物的绝缘电阻值。

在实际使用中，*E*、*L* 两个接线柱也可以任意连接，即 *E* 可以与被测物连接，*L* 可以与接地体连接(即接地)，但 *G* 接线柱决不能接错。

2) 测量电动机的绝缘电阻

将兆欧表的 *E* 接线柱接在电动机的机壳上(即接地)，*L* 接线柱接在电动机某一相的绕组上，如图 3-12(b)所示。连接好后，顺时针摇动兆欧表，转速逐渐加快，约保持在 120 转/分钟后匀速摇动。当转速稳定、表的指针也稳定后，指针所指的数值即为电动机某一相绕组对机壳的绝缘阻值。

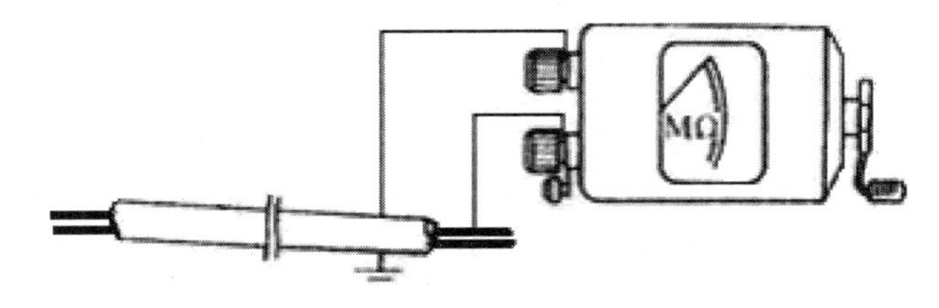

(a) 测量线路的绝缘电阻

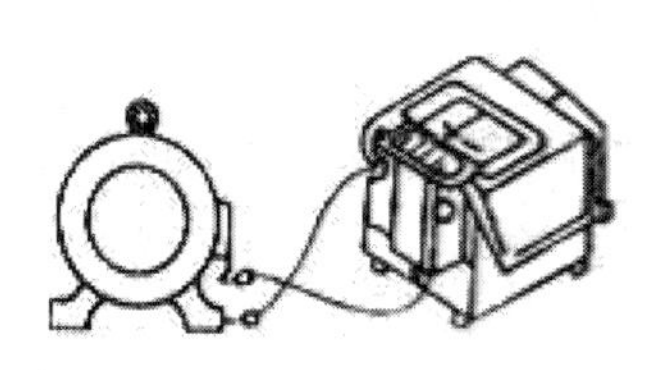

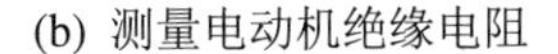

(b) 测量电动机绝缘电阻

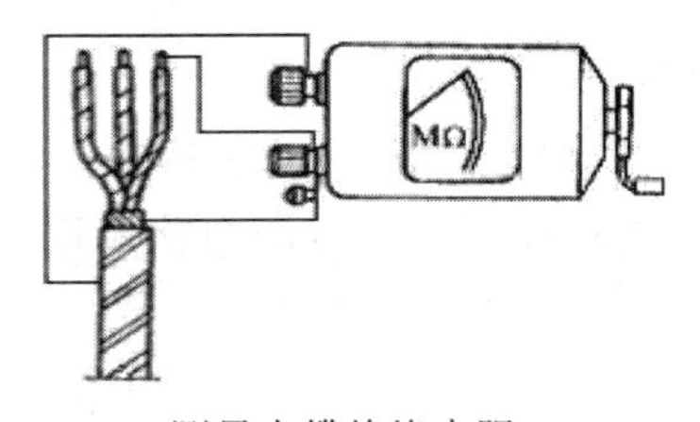

(c) 测量电缆绝缘电阻

图 3-12　兆欧表的接线方法

3) 测量电缆的绝缘电阻

测量电缆的导线芯与电缆的绝缘电阻时，将接线柱 E 与电缆外壳相连，接线柱 L 与线芯相连，同时将接线柱 G 与电缆壳-芯之间的绝缘层相连，如图 3-12(c)所示。匀速摇动兆欧表，测出电缆的绝缘电阻。

4. 兆欧表使用注意事项

使用兆欧表应注意以下事项：

(1) 测量连线必须用单根线，且绝缘良好，不得绞合，表面不得与被测物体接触。

(2) 兆欧表测量时应放在水平位置，并用力按住兆欧表，防止在摇动中晃动，摇动的转速为 120 转/分钟。如果被测电路中有电容，摇动时间就要长一些，待电容充电完成、指针稳定下来再读数。测量中，若发现指针归零，应立即停止摇动手柄。

(3) 测量完后应立即对被测物放电，在兆欧表的摇把未停止转动和被测物未放电之前，不可用手触及被测物的测量部分或拆除导线，以防触电。

(4) 禁止在雷电时或附近有高压导体的设备上测量绝缘电阻。

(5) 兆欧表应定期效验，检查其误差是否在允许范围以内。

3.1.6 功率表

功率表又叫瓦特表、电力表，常被用来测量直流电路和交流电路的功率。在交流电路中，根据测量电流的相数的不同，功率表可分为单相功率表和三相功率表。

因为功率测量与所测量的电流、电压有关，因此，功率表主要由固定的电流线圈和可动的电压线圈组成，电流线圈与负载串联，电压线圈与负载并联。在它的指示机构中，除表盘外，还有阻尼器、螺旋弹簧、转轴和指针等。功率表常采用电动式仪表的测量机构，其测量原理如图 3-13 所示。

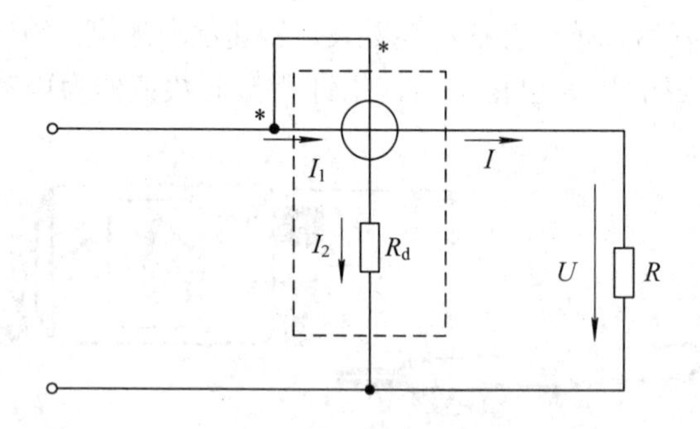

图 3-13 功率表测量原理图

1. 直流电路功率的测量

用功率表测量直流电路的功率时，负载电流 I 等于电流线圈中流过的电流 I_1。由电工学知识可知，电动仪表用于直流电路测量时，指针偏转角 α 正比于负载电压和电流的乘积。即

$$\alpha \propto UI = P$$

可见，功率表指针偏转角与直流电路负载的功率成正比，说明它可以量度直流功率。

2. 交流电路功率的测量

由于电压支路的附加电阻 R_d 在一定条件下比电压线圈的感抗大得多，因此，可以近似地认为流过电压线圈的电流 I_2 与负载电压 U 同相。与直流电路类似，负载电流 I 等于电流线圈中流过的电流 I_1，负载电压 U 正比于流过电压线圈的电流 I_2。由电工学知识可知，在交流电路中，电动式功率表指针的偏转角 α 与所测量的电压、电流，以及电压、电流之间的相位差 Φ 的余弦成正比，即

$$\alpha \propto UI\cos\Phi$$

可见，所测量的交流电路的功率为所测电路的有功功率。

3. 单相电路功率的测量

功率表的电流线圈、电压线圈各有一个端子标有“*”号，称为同名端。测量时，电流线圈标有“*”号的端子应接电源，另一端接负载；电压线圈标有“*”号的端子一定要接在电源线圈所接的那条导线上，但有前接和后接之分，如果不慎将两个线圈中的任何一个反接，指针就会反转，如图 3-14 所示。

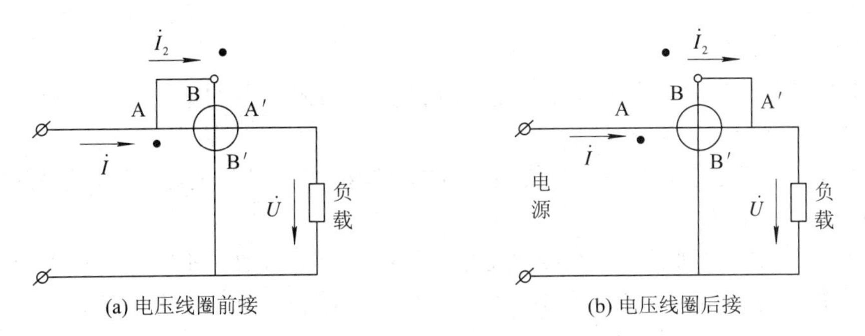

(a) 电压线圈前接　　(b) 电压线圈后接

图 3-14　单相电流功率的接线

4. 三相电路功率的测量

1) 用两只单相功率表测量三相三线制电路的功率

用两只单相功率表测量三相三线制电路功率的接线如图 3-15 所示。电路总功率为两只单相功率表读数之和，即 $P = P_1 + P_2$。

测量时，如果有一只功率表指针反转(读数为负)，则将显示负数的功率表的电流线圈接头反接即可，但万万不可将电压线圈反接。

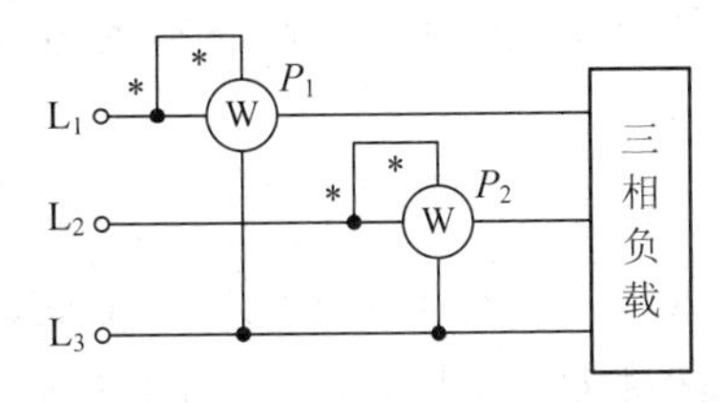

图 3-15　二功率表法有功功率测量

2) 用三只单相功率表测量三相四线制电路的功率

用三只单相功率表测量三相四线制电路功率的接线如图 3-16 所示。电路总功率为三只单相功率表读数之和，即 $P = P_1 + P_2 + P_3$。

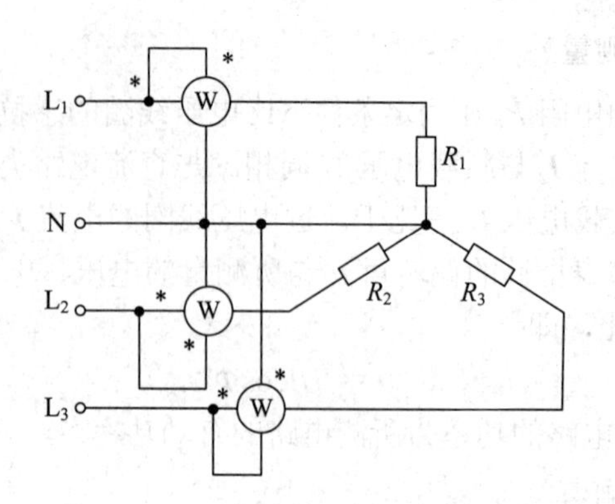

图 3-16　三功率表法有功功率测量

3) 用三相功率表测量三相电路的功率

这种三相功率表相当于两只单相功率表的组合，它有两只电流线圈和电压线圈，其内部与两只单相功率表测量三相三线制电路的功率表相同，可直接用于测量三相三线制和对称三相四线制电路。

4) 使用注意事项

(1) 选用功率表时，应使功率表的电流量程大于被测电路的最大工作电流，电压量程大于被测电路的最高工作电压。

(2) 接线时，应注意功率表电流线圈和电压线圈标有“*”号的同名端的连接是否正确，测量前要仔细检查核对。

(3) 功率表的表盘刻度一般不标明瓦数，只标明分格常数。不同电压量程和电流量程的功率表，每个分格所代表的瓦数不一样。读数时，应将指针所示分格数乘以分格常数，才是被测电路的实际功率值。

3.1.7　电度表

电度表又称电能表、火表、千瓦小时计，是用于计量电能的仪表，即用它能测量某一段时间内所消耗的电能。电度表种类很多，常用的有机械式电度表，电子式电度表等。按结构分，有单相表、三相三线表和三相四线表三种；按用途可分为有功电度表和无功电度表两种。用电量较大而又需要进行功率因数补偿的用户，必须安装无功电度表测量无功功率的应用情况。一般用户只安装有功电度表。电度表常用的规格有 3 A、5 A、10 A、25 A、50 A、75 A 和 100 A 等多种。

1. 机械式电度表

在机械表中，以交流感应式较多，它主要由励磁、阻尼、走字和基座等部分组成。其中励磁部分又分为电流和电压两部分。电压线圈产生磁势 φ_u，φ_u 的大小与电压成正比；电流线圈在有负载时才有电流产生磁势 φ，φ 与通过的电流大小成正比。因此，铝盘切割交变磁场产生力矩而转动，转动速度取决于合力的大小。阻尼部分由永磁组成，避免因惯性作用而使铝盘越转越快，以及在负荷消除后阻止铝盘继续旋转。走字系统除铝盘外，还有轴、齿轮和计数器等部分。基座部分由底座、罩盖和接线柱等组成。其工作原理如图 3-17(a)所示，铝盘受力情况如图 3-17(b)所示。单相电度表原理接线如图 3-18 所示。

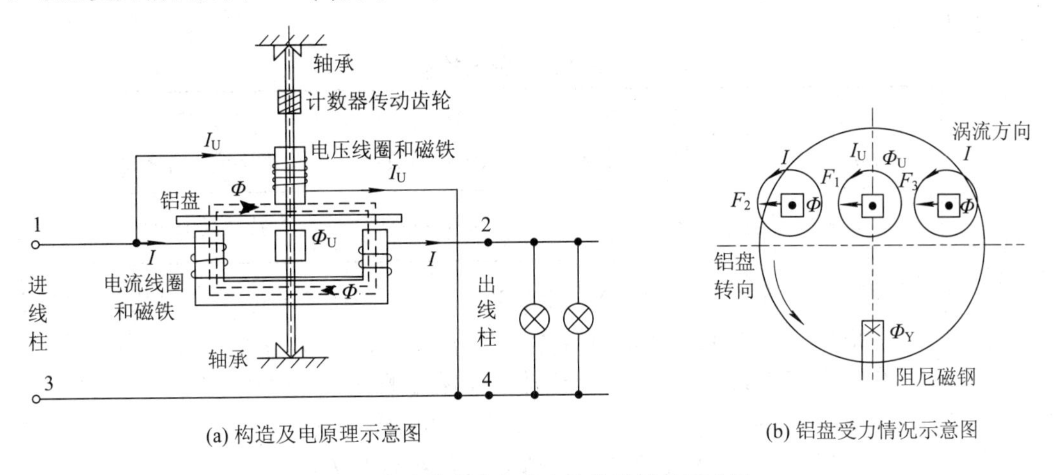

(a) 构造及电原理示意图　　(b) 铝盘受力情况示意图

图 3-17　交流感应式电度表结构及原理示意图

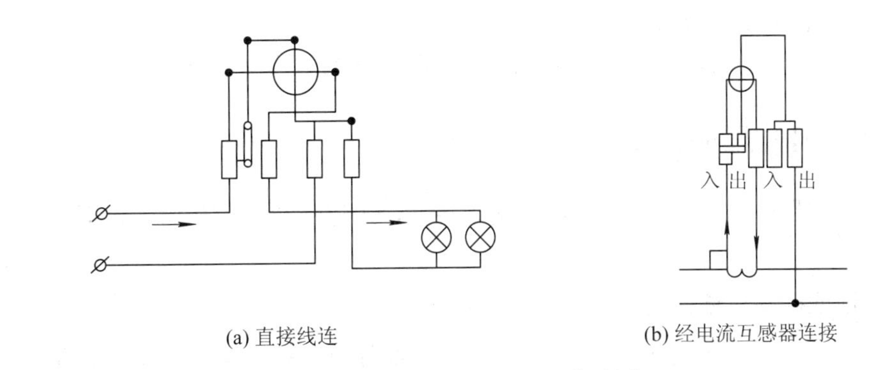

(a) 直接线连　　(b) 经电流互感器连接

图 3-18　单相电度表原理接线图

三相三线表、三相四线表的构造及工作原理与单相表基本相同。三相三线表由两组如同单相表的励磁系统集合而成，并由一组走字系统构成复合计数；三相四线表则由三组如同单相表的励磁系统集合而成，也由一组走字系统构成复合计数。

2. 电子式电度表

电子式电度表，又叫静止式电度表。与目前传统产品机械感应式电度表相比，电子式电度表具有准确度高、负载范围宽、功能扩展性强、能自动抄表、易于实现网络通信、防窃电等特点，便于大批量生产，在价格上也有较强的竞争优势，已逐步成为发展主流。

3.2　常用低压电器

低压电器通常是指工作在交流 50 Hz 或 60 Hz，额定电压交流 1200 V、直流 1500 V 以下电路中的各种电器元件的总称。其用途是对供电、用电系统进行开关控制、保护调节。

低压电器产品命名由汉语拼音字母和阿拉伯数字组成，包括类别、设计代号、特殊派生代号、基本规格代号、通用派生代号、辅助规格代号和特殊环境条件派生代号七个部分。

其中派生代号、通用派生代号、辅助规格代号和特殊环境条件派生代号可以省略。命名格式如表 3-5 所示。

表 3-5　命名格式

第一部分 (汉语拼音字母)	第二部分 (阿拉伯数字)	第三部分 (阿拉伯数字)	第四部分 (数字或拼音字母)
类别	设计代号	基本规格代号	特殊派生代号

例一：某低压电器的型号为“HD11-200/31”，其中“HD”表示单头刀开关，“11”表示设计序号，“200”表示额定电流 200A，“31”中“3”表示为三级，“1”表示带灭弧罩。

例二：“RL1-15/2”，其中“RL”为类别代号，表示螺旋式熔断器，“1”表示设计代号，“15”表示熔断器的额定电流为 15A，“2”表示熔体的额定电流 2A。

例三：“HZ8-10/3”表示额定电流为 10A 的三级组合开关。

“LA8-22H”表示按钮数为“2”的保护式按钮。

“CJ8-20”表示 20A 交流接触器。

“JR16-3/D”表示额定电流为 20A 的带电有断相结构的热继电器。

3.2.1　常用低压电器的分类

常用低压电器种类繁多，功能多样，构造各异，用途广泛，工作原理各不相同，其分类方法也很多。

1. 按用途或控制对象分类

(1) 配电电器：主要用于低压配电系统及动力设备中，系统发生故障时能准确动作、可靠工作。在规定条件下具有相应的动稳定性与热稳定性，使电器不被损坏。常用的低压配电电器有刀开关、转换开关、熔断器、断路器等。

(2) 控制电器：主要用于电气传动系统和自动控制设备中，要求寿命长、体积小、重量轻且动作迅速、准确、可靠。常用的低压控制电器有接触器、继电器、主令电器、电磁铁等。

2. 按动作方式分类

(1) 自动电器：依靠自身参数的变化或外来信号的作用，自动完成接通或分断等动作，如接触器、继电器等。

(2) 手动电器：用手动操作来进行切换的电器，如刀开关、转换开关、按钮等。

3. 按触点类型分类

(1) 有触点电器：利用触点的接通和分断来切换电路，如接触器、刀开关、按钮等。

(2) 无触点电器：无可分离的触点。主要利用电子元件的开关效应，即导通和截止来实现电路的通断控制，如接近开关、电子式时间继电器、固态继电器等。

4. 按工作原理分类

(1) 电磁式电器：根据电磁感应原理动作的电器，如接触器、继电器、电磁铁等。

(2) 非电量控制电器：依靠外力或非电量信号(如速度、压力、温度等)的变化而动作的电器，如转换开关、行程开关、速度继电器、温度继电器等。

3.2.2 接触器

接触器是一种通过电磁机构动作，频繁地接通和分断有负载主电路的远距离操作、切换的电器。其控制容量大，具有欠压保护的功能，在电力拖动系统中应用广泛。按主触头通过的电流种类的不同，接触器分为交流接触器和直流接触器两类。接触器的结构示意图如图 3-19 所示；图形与文字符如图 3-20 所示。

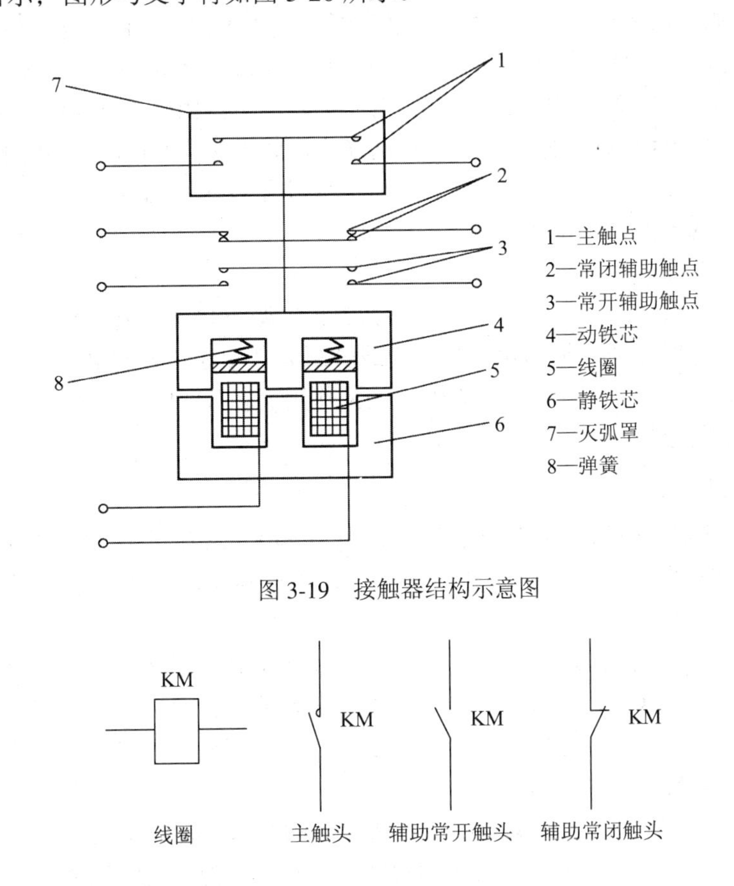

图 3-19　接触器结构示意图

图 3-20　接触器电路与文字符

1. 接触器工作原理

当电磁线圈通电时，线圈电流产生磁场，使静铁芯产生电磁吸力吸引衔铁，并带动触点动作，使常闭触点断开，常开触点闭合，两者是联动的。当线圈断电后，电磁力消失，衔铁在释放弹簧的作用下释放，使触点复原，即常开触点断开，常闭触点闭合。

接触器与继电器的区别：

(1) 继电器：用于控制电路、电流小，没有灭弧装置，可在电量或非电量的作用下动作，有调节装置。

(2) 接触器：用于主电路、电流大，有灭弧装置，一般只能在电压作用下动作。

2. 交流接触器

交流接触器主要由电磁系统、触头系统、灭弧装置等部分组成。

(1) 电磁系统。交流接触器的电磁系统由线圈、静铁芯、动铁芯(衔铁)及辅助部件组成，其作用是操纵触头的闭合与分断，实现接通或断开电流的目的。线圈由绝缘铜导线绕制成圆筒形，铁芯及衔铁形状均为E形，一般由硅钢片叠压后铆成，以减小交变磁场在铁芯中产生的涡流和磁滞损耗，防止铁芯过热。为了消除铁芯的震动和噪声，在铁芯端面的一部分套有短路环。

(2) 触头系统。触头用来接通或断开电路。根据用途不同，交流接触器的触头分主触头和辅助触头两种。主触头一般由三对常开触头组成，体积较大，接触电阻较小，用于接通或分断较大的电流，常接在主电路中。辅助触头由常开或常闭触头成对组成，体积较小，用于接通或分断较小的电流，常接在控制电路(或称辅助电路)中。接触器未工作时处于断开状态的触头称为常开(或动合)触头，处于接通状态的触头称为常闭(或动断)触头。

(3) 灭弧装置。为了接通和分断较大的电流，在主触头上装有灭弧装置，以熄灭由于主触头断开而产生的电弧，防止烧坏触头。

交流接触器的工作原理如下：

当交流接触器的线圈通电时产生电磁吸引力将衔铁吸下，使常开触头闭合、常闭触头断开，主触头将主电路接通，辅助触头则接通或分断与之相连的控制电路。当交流接触器的线圈断电后电磁吸引力消失，衔铁依靠弹簧的反作用而释放，使触头恢复到原来的状态，将主电路和控制电路分断。

3. 直流接触器

直流接触器主要用于远距离接通和分断额定电压440 V、额定电流600 A以下的直流电路或频繁地操作和控制直流电动机。其结构和工作原理与交流接触器基本相同，但也有区别。

(1) 电磁系统：直流接触器电磁系统由铁芯、线圈和衔铁等组成。因线圈中通的是直流电，铁芯中不会产生涡流，所以铁芯可以用整块铸铁或铸钢组成，也不需要装短路环。铁芯不发热，没有铁损耗。线圈匝数较多，电阻大，电流流过时发热，为了使线圈良好散热，通常将线圈制成长而薄的圆筒状。

(2) 触头系统：直流接触器触头系统多制成单极的，只有针对小电流电路时才制成双极的，触头也有主、辅之分。由于主触头的通断电流较大，故采用滚动接触的指形触头。辅助触头的通断电流较小，故常采用点接触的桥式触头。

(3) 灭弧装置：直流接触器一般采用磁吹式灭弧装置。

4. 接触器的选用

接触器是电力拖动系统中最重要的控制电器之一，选择接触器时，主要考虑以下因素。

(1) 主触头控制电源的种类(交流还是直流)。根据所控制的电动机或负载电流类型选择接触器的类型。通常交流负载选用交流接触器，直流负载选用直流接触器。

(2) 主触头的额定电压和额定电流。接触器主触头的额定电压应不小于所控制负载主电路的最高电压。由于在设计接触器的触头时已考虑到接通负荷时的启动电流问题，因此，选用接触器主触头的额定电流时主要根据负载的额定电流来确定。如果是电阻性负载，则主触头的额定电流应等于负载的额定电流；如果是电动机负载，则主触头的额定电流应大于或稍大于电动机的额定电流。

(3) 辅助触头的种类、数量及触头额定电流。接触器辅助触头的种类、数量及额定电流应满足控制线路的要求。

(4) 线圈的电源种类、频率和额定电压。线圈的电源种类、频率和额定电压应与被控制辅助电路中的其他电器一致。

3.2.3 继电器

继电器是一种根据特定输入信号(如电流、电压、时间、温度和速度等)而动作的自动控制电器。它一般不直接控制主电路，而是通过接触器或其他电器对主电路进行控制。常用的有中间继电器、热继电器、时间继电器和速度继电器等。

1. 中间继电器

中间继电器通常用来传递信号和同时控制多个电路，也可用来直接控制小容量电动机或其他电气执行元件。中间继电器的结构和工作原理与交流接触器基本相同，因此又称其为接触器式继电器。其与交流接触器的主要区别是触头数目多些，无主辅之分且触头容量小，只允许通过小电流(5～10 A)。在选用中间继电器时，主要是考虑电压等级和触头数目。

(1) 实质：中间继电器是一种电磁式电压继电器，结构和工作原理与接触器相同。

(2) 特点：中间继电器触点数量较多。

(3) 作用：中间继电器在电路中起增加触点数量和中间放大作用。

(4) 分类：中间继电器分直流中间继电器、交流中间继电器。

中间继电器的结构及图形符号如图 3-21 所示。

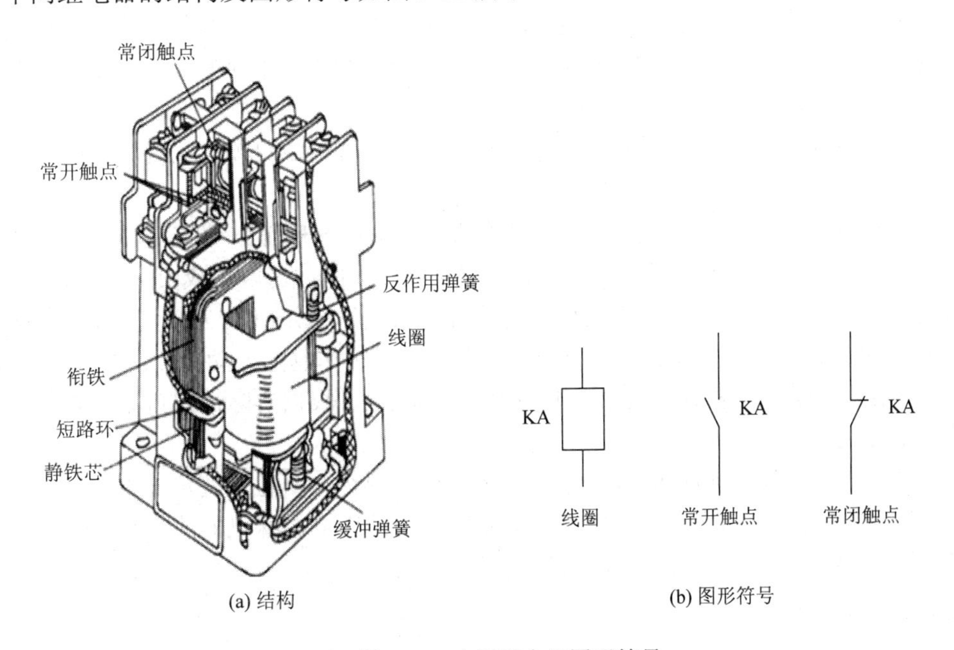

图 3-21 中间继电器图形符号

2. 热继电器

热继电器主要用于电动机的过载保护、断相保护、电流不平衡运行的保护及其他电气设备发热状态的控制。常用的热继电器有 JR0、JR1、JR16 等系列。

热继电器的外形、结构及图形符号如图 3-22 所示。热继电器主要由热元件、触头、动作机构、复位按钮、整定电流装置及温度补偿元件等组成。

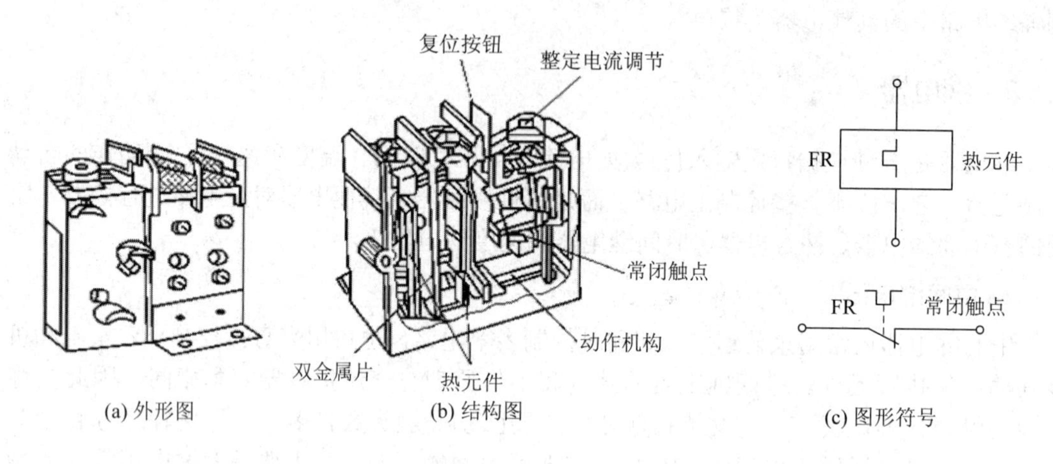

图 3-22　热继电器的外形、结构及图形符号

1) 热继电器工作原理

发热元件接入电机主电路，若长时间过载，双金属片被加热。因双金属片的下层膨胀系数大，使其向上弯曲，杠杆被弹簧拉回，常闭触点断开。

2) 选用热继电器应注意的事项

(1) 根据负载性质选择热继电器的类型。对于普通负载(或三相电压平衡)电路，一般选用两相结构的热继电器，如 JRO、JR10、JR16、JR20 等；对于工作环境恶劣、三相电源严重不平衡的控制系统，可选三相结构的热继电器；对于控制要求比较高的系统，可选择带断相保护装置的热继电器。

(2) 根据电动机或负载的额定电流选择热继电器和热元件的额定电流。一般热元件的额定电流应等于或稍大于电动机的额定电流。

(3) 根据负载的额定电流选择热继电器的整定电流。一般地，热继电器和热元件的整定电流应与负载的额定电流相等，但当负载电路存在较大的冲击电流或负载不允许停电时，热继电器和热元件的整定电流应为负载额定电流的 1.1 倍～1.15 倍。对于三角形(△)接法的电动机，可选用带断相保护装置的热继电器；对于短时工作制的电动机(如机床工作台快速进给电动机)及过载能力很小的电动机(如排风扇电动机)，根据实际情况可不用热继电器作过载保护装置。

(4) 热继电器在使用前应进行 2～3 次试验。先将热继电器通入整定电流，它应长期不动作；接入最低倍数的动作电流，它应在规定时间内动作。热继电器的安装方向必须与产品说明书的规定方向相同，误差不应超过 5°。

3. 时间继电器

时间继电器是一种利用电磁原理或机械动作原理来延迟触头闭合或分断的自动控制电

器。时间继电器是在感受外界信号后，其执行部分需要延迟一定时间才动作的一种继电器，分为通电延时型和断电延时型。

时间继电器的工作原理：线圈通电时，电磁力克服弹簧的反作用拉力而迅速将衔铁向下吸合，衔铁带动杠杆延时使常闭触点分断，常开触点闭合。

它的种类很多，按其工作原理可分为电磁式、空气阻尼式、晶体管式、电动式等。下面将对常用的空气阻尼式时间继电器和晶体管式时间继电器做简单介绍。JS5-A 电磁式时间继电器原理图如图 3-23 所示。

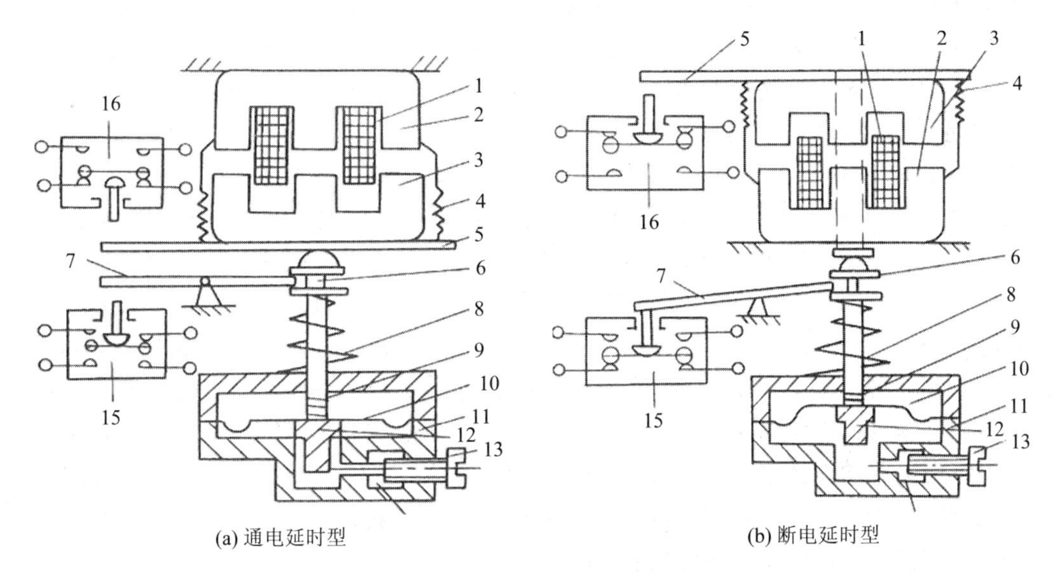

(a) 通电延时型　　(b) 断电延时型

1—线圈；2—铁芯；3—衔铁；4—反作用力弹簧；5—推板；6—活塞杆；7—杠杆；8—塔形弹簧；9—弱弹簧；10—橡皮膜；11—空气室壁；12—活塞；13—调节螺钉；14—进气孔；15、16—微动开关

图 3-23　JS5-A 系列时间继电器原理图

1) 空气阻尼式时间继电器

空气阻尼式时间继电器在机床中应用最多。当线圈通电时，产生磁场，使衔克客服反力弹簧阻力与铁芯吸合，与衔铁相连的推板向右移动，推杆再推板的作用下，压缩塔形弹簧，带动气室内的橡皮薄膜和活塞迅速向右移动，通过弹簧片瞬时触头动作，同时，通过杠杆使延时触头瞬时动作。当线圈断电后，衔铁在反力弹簧的作用下迅速释放，瞬时触头瞬时复位，而推杆在宝塔弹簧的作用下，带动橡皮薄膜和活塞向左移动，移动速度视气室内进气口的节流程度而定，可通过调节螺钉调节。经过一定延时后，推杆和活塞回到最左端，通过杆带动延时触头动作。

2) 晶体管式时间继电器

晶体管式时间继电器也称为半导体时间继电器或电子式时间继电器，适用于交流 50 Hz、电压 380 V 及以下的控制电路中。它具有体积小、质量轻、精度高、寿命长、耐震耐击和耗电少等特点，所以发展迅速，应用也越来越广泛。

晶体管式时间继电器按结构分为阻尼式和数字式两类。

按延时方式分为通电延时型、断电延时型及带瞬时触头的通电延时型。它的输出形式有两种：触点式和无触点式，前者采用晶体管驱动磁式继电器，后者采用晶体管或晶闸管输出。

4. 速度继电器

速度继电器(转速继电器)又称反接制动继电器。它的主要结构由转子、定子及触点三部分组成。

速度继电器主要用在三相异步电动机反接制动的控制电路中，它的任务是当三相电源的相序改变以后，将产生与实际转子转动方向相反的旋转磁场，从而产生制动力矩。因此，使电动机在制动状态下迅速降低速度。在电机转速接近零时立即发出信号，切断电源使之停机(否则电动机开始反方向起动)。

速度继电器与被控电动机同轴连接，当电动机制动时，由于惯性，还会继续旋转，从而带动速度继电器的转子一起转动。该转子的旋转磁场在速度继电器定子绕组中感应出电动势和电流，由左手定则可以确定。此时，定子受到与转子转向相同的电磁转矩的作用，使定子和转子沿着同一方向转动。定子上固定的胶木摆杆也随着转动，推动簧片(端部有动触头)与静触头闭合(按轴的转动方向而定)。静触头又起挡块作用，限制胶木摆杆继续转动。因此，转子转动时，定子只能转过一个不大的角度。当转子转速接近于零(低于 100 转/分)时，胶木摆杆恢复原来状态，触头断开，切断电动机的反接制动电路。

速度继电器的动作转速一般不低于 300 转/分，复位转速约在 100 转/分以下。使用时，应将速度继电器的转子与被控制电动机同轴连接，而将其触头(一般用常开触头)串联在控制电路中，通过控制接触器来实现反接制动。

选择速度继电器时主要根据是所需控制的转速大小、触头数目和电压、电流。

5. 固态继电器

固态继电器(Solid State Relays，简称 SSR)是一种全部由固态电子元件组成的新型无触点开关器件，它利用电子元器件的电、磁和光电特性完成输入和输出的可靠隔离，利用电子元件(如大功率三极管、功率场效应管、单向可控硅和双向可控硅等半导体器件)的开关特性，可达到无触点无火花的接通和断开电路的目的，因此又被称为“无触点开关”。

(1) 优点：工作可靠、寿命长，对外界干扰小，能与逻辑电路兼容，抗干扰能力强，开关速度快，无火花、无动作噪音和使用方便等。

(2) 应用：有逐步取代传统电磁继电器的趋势，还可应用于计算机的输入输出接口、外围和终端设备等传统电磁继电器无法应用的领域。

(3) 四端有源器件：两个输入控制端，两个输出受控端。施加输入信号后，其输出呈导通状态，无信号时输出呈阻断状态。

(4) 组成：输入电路、隔离(耦合)电路、输出电路。

(5) 耐高压的光电耦合：实现输入和输出之间的电气隔离。

(6) 直流固态继电器：输出采用晶体管或场效应管。直流固体继电器原理框图如图 3-24 所示。

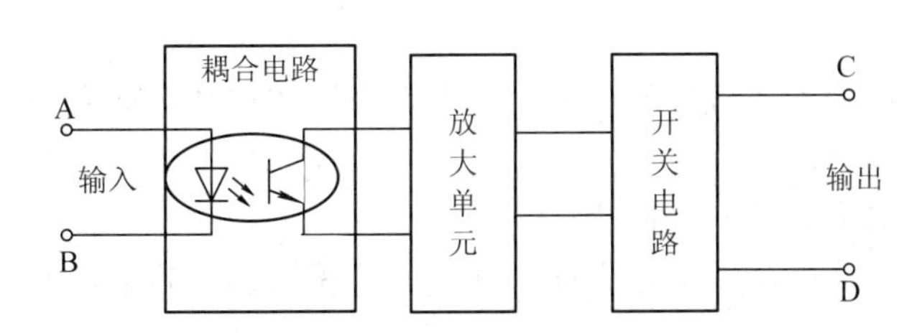

图 3-24　直流固体继电器

(7) 交流固态继电器：输出采用晶闸管(两个可控硅或一个双向可控硅)。交流固体继电器原理框图如图 3-25 所示。

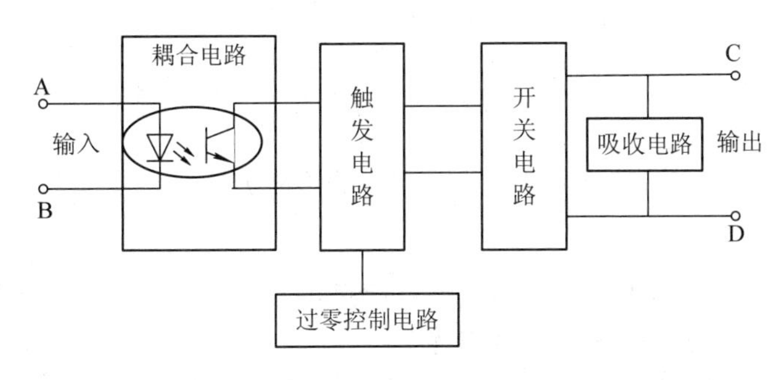

图 3-25　交流固体继电器

(8) 主要参数：输入电压、输入电流、输出电压、输出电流、输出漏电流等。

3.2.4　主令电器

用来发布命令、改变控制系统工作状态的控制电器。用于闭合或断开控制电路，从而控制电动机的启动、停机、制动以及调速等。主令电器可以直接作用于控制电路，也可以通过电磁式电器的转换对电路实现控制。

常用主令电器有控制按钮、行程开关、万能转换开关、主令控制器等。

1. 控制按钮

(1) 结构：由按钮帽，复位弹簧，桥式触点和外壳组成。

常态：常闭(动断)触点闭合，常开(动合)触点断开。

按下：常闭(动断)触点断开，常开(动合)触点闭合。

(2) 作用：用于远距离操作具有电磁线圈的电器，如接触器、继电器等。

(3) 颜色：红色—停止；绿色—启动。

(4) 型号：LA2、LA10、LA20 等。

(5) 控制按钮的图形符号如图 3-26 所示，用 SB 表示。

图 3-26　控制按钮图形符号

2. 行程开关

(1) 定义：用于检测工作机械的位置，发出命令以控制其运动方向或行程长短的控制电器。

(2) 结构：摆杆(操作机构)、触头系统和外壳。

(3) 用途：控制生产机械的运动方向、速度、行程远近，并且可实现行程控制以及限位保护的控制。

(4) 分类：接触式、非接触式，直动式、滚动式、微动式。

(5) 行程开关的图形符号如图 3-27 所示。

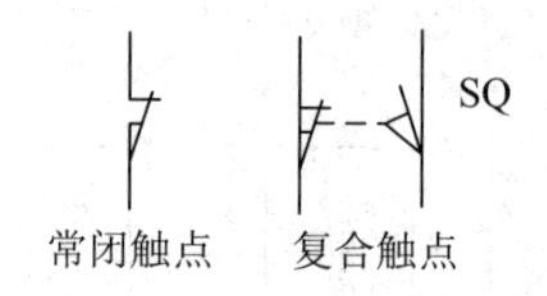

图 3-27　行程开关图形符号

3. 接近开关

(1) 定义：非接触式行程开关(也叫无触点行程开关)，当运动着的物体接近它到一定距离时，发出动作信号，从而进行相应的操作。

(2) 特点：工作可靠，寿命长，功耗低，复位、定位精度高等。

(3) 用途：行程控制，限位保护，尺寸检测，测速，液位控制等。

(4) 类型：高频振荡型、霍尔效应型、电容型、光电型、电磁感应型、超声波型等。

(5) 参数：动作距离、输出状态、检测方式、响应频率及输出形式等。

(6) 型号：LJ2、LJ6、LXJ18 等型号；其符号与行程开关相同，也用 SQ 表示。

(7) 接近开关的图形符号如图 3-28 所示。

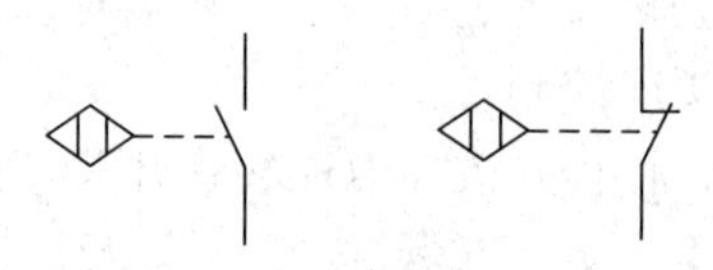

图 3-28　接近开关图形符号

4. 熔断器

(1) 定义：当流过其电流值超过规定值一定时间后，以它本身产生的热量使熔体熔化而分断电路的电器。

(2) 结构：缘底座、熔体、熔断管、填料及导电部件。

(3) 工作原理：熔体串接在电路中，负载电流流经熔体，当电路发生短路或过电流时，通过熔体的电流使其发热，从而自行熔断而切断电路。

(4) 作用：短路和过电流保护。

(5) 应用：串接于被保护电路的首端。

(6) 优点：结构简单，使用方便，价格便宜，体小量轻。

(7) 分类：瓷插式 RC、螺旋式 RL、有填料式 RT、无填料密封式 RM、快速熔断器 RS、自恢复熔断器。

(8) 熔断器图形和文字符号如图图 3-29 所示。

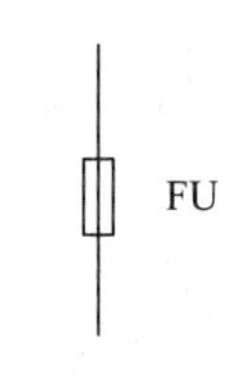

图 3-29　熔断器符号

5. 低压断路器

(1) 定义：又称自动空气开关，是一种不仅可以接通和分断正常负载电流、电动机工作电流和过载电流，而且可以接通和分断短路电流的开关电器。当机器发生严重的过载或短路及欠电压等故障时低压断路器能自动切断电路，具有过电流、过载、短路、断相、欠电压和漏电保护功能。

(2) 分类：

① 按结构分类：框架式(万能式)、塑壳式(装置式)。

② 按极数分类：单极、双极、三极、四极。

(3) 结构：触头系统、灭弧装置、脱扣机构、传动机构。

(4) 工作原理：低压断路器工作原理如图 3-30 所示。当手动合闸后，主触头闭合，自由脱扣机构将主触头锁在合闸位置上。短路脱扣器的线圈和热脱扣器的热元件串联在主电路中，欠电压脱扣器的线圈并联在电路中。当电路发生短路和严重过载时，过电流脱扣器线圈中电流急剧增加，衔铁吸合，使自由脱扣机构动作，主触头在弹簧作用下分开，从而切断主电路。当电路过载时，热脱扣器的热元件因发热而使双金属片向上弯曲，推动自由脱扣机构动作。当电路发生欠压故障时，电压线圈 6 中的磁通下降，电磁吸力下降或消失，衔铁在弹簧作用下向上移动，推动自由脱扣机构动作。分励脱扣器用作远距离分断电路。

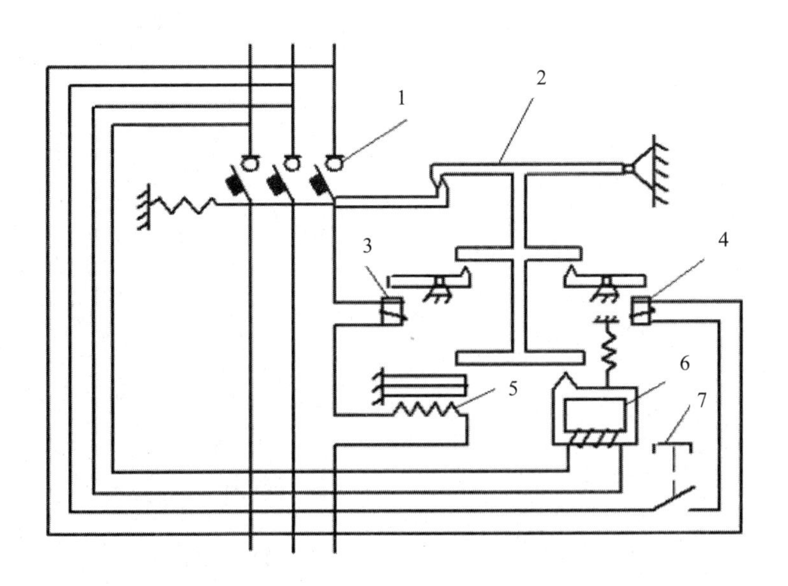

1— 主触头；
2—自由脱扣机构；
3—过电流脱扣器；
4—分励脱扣器；
5—热脱扣器；
6—失压脱扣器；
7—按钮

图 3-30　低压断路器机构原理图

思 考 题

1. 常用电工工具有哪些？它们各有什么用途？如何正确使用？
2. 如何用电流表、电压表测量电路中的电流、电压？使用时应注意什么？
3. 钳形电流表与一般电流表测电流有何异同？
4. 兆欧表主要用来测量什么？使用时应该注意哪些事项？
5. 功率表与电度表有何区别？如何使用它们？
6. 接触器与继电器有什么异同点？

第二篇

元器件与电子仪器技能篇

第 4 章　无源电子元件的分类与参数

4.1 电　阻　器

当电流通过导体时，导体对电流的阻碍作用称为电阻；在电路中起电阻作用的元件称为电阻器，简称电阻。电阻器是电子产品中最通用的电子元件。它是耗能元件，在电路中的主要作用是分流、限流、分压、用作负载电阻和阻抗匹配等。

4.1.1 电阻器的电路符号与电阻的单位

1. 电阻器的电路符号

电阻器在电路图中用字母 R 表示，其常用的电路符号如图 4-1 所示。

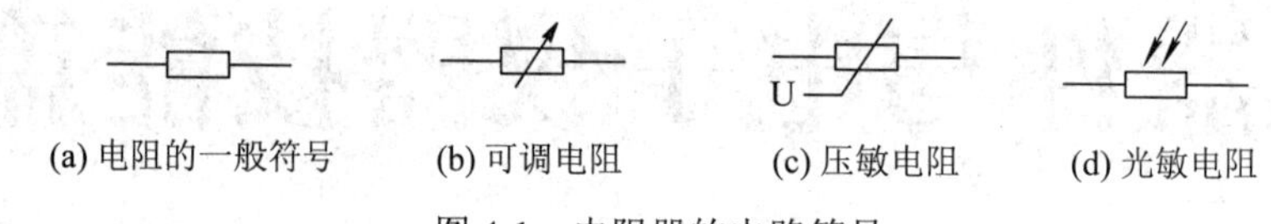

图 4-1　电阻器的电路符号

2. 电阻的单位

电阻的单位为欧姆(Ω)，其它单位还有千欧(kΩ)、兆欧(MΩ)等，换算方法是：

$$1\ \mathrm{M\Omega} = 1000\ \mathrm{k\Omega} = 1\ 000\ 000\ \Omega$$

4.1.2 电阻器的主要参数

1. 标称阻值

电阻器表面所标注的阻值叫标称阻值。不同精度等级的电阻器，其阻值系列不同。标称阻值是按国家标准 GB/T2471—1995 规定的电阻器标称阻值系列选定的。

2. 允许误差

电阻器的允许误差是指电阻器的实际阻值对于标称阻值的允许最大误差范围，它标志着电阻器的阻值精度。普通电阻器的允许误差有 ±5%、±10%、±20%三个等级，允许误差越小，电阻器的精度越高。精密电阻器的允许误差可分为 ±2%、±1%、±0.5%……±0.001%等十几个等级。

3. 额定功率

电阻器通电工作时，本身由于消耗能量而发热导致温度上升，如果温度过高就会将电阻器烧毁。在规定的环境温度下允许电阻器承受的最大耗散功率，必须保证在此功率限度以下电阻器可以长期稳定地工作，且不会显著改变其性能和造成损坏，这一最大耗散功率限度称为额定功率。

线绕电阻器额定功率系列规定如下(W)：

1/20、1/8、1/4、1/2、1、2、4、8、12、16、25、40、50、75、100、150、250、500。

非线绕电阻器额定功率系列规定如下(W)：

1/20、1/8、1/4、1/2、1、2、5、10、25、50、100。

4. 额定电压

电阻器正常工作时不会导致内部或表面绝缘层击穿损坏的最大电压值称为额定电压。

5. 温度系数

温度每变化 1℃所引起的电阻值的相对变化率即温度系数。温度系数越小，电阻的稳定性越好。阻值随温度升高而增大的为正温度系数，反之为负温度系数。

4.1.3 电阻器的分类

电阻器由于其使用条件的不同而种类繁多，形状各异，其电气特性也有很大差别。电阻器因应用环境的需要而有多个分类方法，常用的分类方法为按用途分类。

1. 按结构形式分类

电阻器按结构形式分类，有固定电阻器、可变电阻器两大类，这两类电阻器又根据焊接工艺的不同有插装式外形和表面贴装式外形两种。固定电阻器的种类比较多，主要有实心电阻器、薄膜电阻器、厚膜电阻器和线绕电阻器等。固定电阻器的电阻值不变，阻值的大小就是其标称值。可变电阻可以通过调节其动触点位置改变电阻的阻值。

2. 按制作材料分类

电阻器按材料分类，有线绕电阻器、碳膜电阻器、金属膜电阻器、水泥电阻器。

3. 按形状分类

电阻器按形状分类，有圆柱状、管状、片状、钮状、马蹄状、块状等。

4. 按用途分类

电阻器按用途分类，有普通电阻器、精密型电阻器、高频型电阻器、高压型电阻器、高阻型电阻器、敏感型电阻器。

4.1.4 常用的电阻器

常用的电阻器有许多，图 4-2 中仅列举了几种。

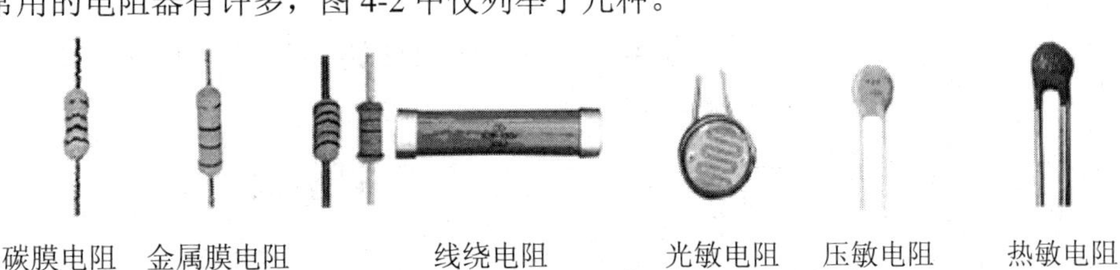

碳膜电阻　金属膜电阻　线绕电阻　光敏电阻　压敏电阻　热敏电阻

图 4-2　常用电阻

1. 碳膜电阻

碳膜电阻是使用最早、最广泛的电阻。它是将碳氢化合物浆料涂覆在瓷质基体上使其在高温、真空下分解形成一层结晶碳膜，通过改变碳膜的厚度或长度来确定阻值。其主要特点是耐高温、高频特性好，精度高、稳定性好、噪声低，常用于精密仪器等高档设备。

2. 金属膜电阻

金属膜电阻是在真空下，在瓷质基体上沉积一层合金薄膜，通过改变金属膜的厚度或长度来确定阻值的。金属膜电阻具有噪声低、耐高温、体积小、稳定性好和精密度高等特点，也常用于精密仪器等高档设备。

3. 绕线电阻

绕线电阻是用康铜丝、镍铬丝或锰铜丝等电阻率较大的金属丝在绝缘瓷管上绕制而成的，分为固定和可变两种形式，具有耐高温、精度高、耗散功率大等优点。但是其高频特性差，适用于大功率应用场合，额定耗散功率大都在 1 W 以上。

4. 光敏电阻

光敏电阻是一种电导率随吸收的光子数量而变化的敏感电阻。它利用半导体的光电导效应特性制成，其电阻值随光照的强弱而变化。光敏电阻主要用于各种自动控制、光电计数、光电跟踪等场合。

5. 热敏电阻

热敏电阻是一种具有温度系数变化的热敏元件。NTC 热敏电阻具有负温度系数，其阻值随温度升高而减小，可用于稳定电路的工作点。PTC 热敏电阻具有正温度系数，在达到某一特定温度前，其阻值随温度升高几乎不变，当超过该温度时，其阻值急剧增大。这个特定温度点称为居里点。PTC 热敏电阻在家电产品中被广泛应用，如彩电的消磁电阻、电饭煲的温控器、固定温度的电加热器等。

4.1.5 电阻器型号的命名方法

电阻器型号的命名方法的根据是 GB/T2470—1995，如表 4-1 所示。例如，RJ71 精密金属膜电阻器的型号如图 4-3 所示。

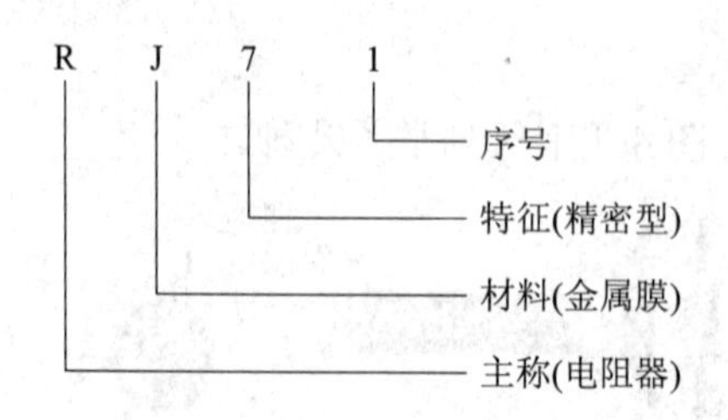

图 4-3 RJ71 精密金属膜电阻器的型号

表 4-1　电阻器型号的命名方法

第一部分：主称		第二部分：材料		第三部分：特征			第四部分：序号
符号	意义	符号	意义	符号	电阻	电位器	
R/W	电阻器/电位器	T	碳膜	1	普通	普通	
		H	合成膜	2	普通	普通	
		S	有机实芯	3	超高频		
		N	无机实芯	4	高阻		
		J	金属膜	5	高温		
		Y	氧化膜	6			
		C	沉积膜	7	精密	精密	
		I	玻璃釉膜	8	高压	特殊	
		P	硼酸膜	9	特殊	特殊	
		U	硅酸膜	G	高功率		
		X	线绕	T	可调		
		M	压敏	W		微调	
		G	光敏	D		多圈	
		R	热敏	B	温度补偿用		
				C	温度测量用		
				P	旁热式		
				W	稳压式		

4.1.6　电阻器的标注方法

由于受电阻器表面积的限制，通常只在电阻器外表面上标注电阻器的类别、标称阻值、精度等级、允许误差和额定功率等主要参数。电阻器常用的标注方法有以下几种。

1. 直接标注法(直接法)

直接法是将电阻器的主要参数直接印刷在电阻器表面上的一种方法，即用字母、数字和单位符号在电阻器表面上标出阻值。其允许误差直接用百分数表示，若电阻器上未标注允许误差，则默认允许误差均为 ±20%，如图 4-4 所示。

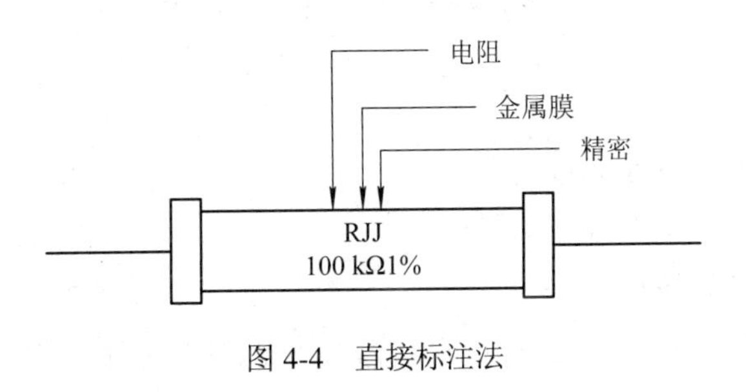

图 4-4　直接标注法

2. 文字符号法

文字符号法是将电阻器的主要参数用数字和文字符号有规律地组合起来印刷在电阻器表面上的一种方法，如图 4-5 所示。该标注法中电阻器的允许误差也用文字符号表示，如表 4-2 所示。

图 4-5　文字符号标注法

表 4-2　文字符号及其对应允许误差

文字符号	D	F	G	J	K	M
允许误差	±0.5%	±1%	±2%	±5%	±10%	±20%

其组合形式为

整数部分 + 阻值单位符号(R.k.m) + 小数部分 + 允许误差

示例；

R47K——0.47 ± 10%(K 是允许的误差)。

2K2J——2.2K ± 5%(J 是允许的误差)。

4M7K——4.7M ± 10%(K 是允许的误差)。

7M5M——7.5M ± 20%(M 是允许的误差)。

3. 数码法

数码法是用三位数字表示阻值大小的一种标示方法，通常用于体积较小的电阻器参数标注，如图 4-6 所示。标注方法为从左到右，第一、第二位数字为电阻器阻值的有效数字，第三位表示前两位数字后面应加上“0”的个数。单位为欧姆，允许误差通常采用文字符号表示。

图 4-6　数码标注法

示例：

101M——100±20%(M 是允许的误差)。

472J——4.7K±5%(J 是允许的误差)。

4. 色环标注法(色标法)

色环标注法是用不同颜色的色环把电阻器的参数(标称阻值和允许偏差)直接标在电阻

器表面上的一种方法，如图 4-7 所示。国外电阻器大部分采用色标法。

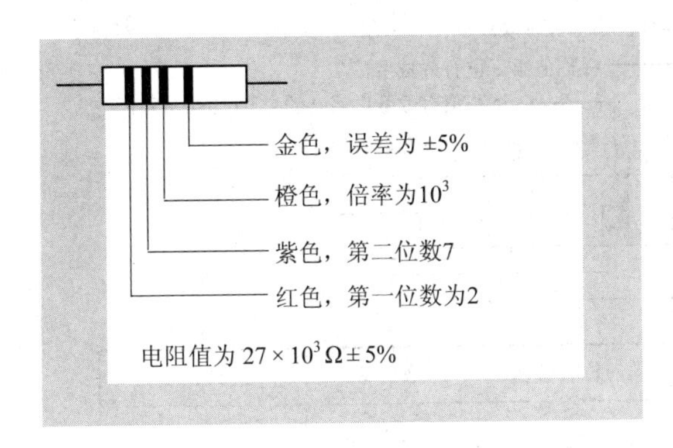

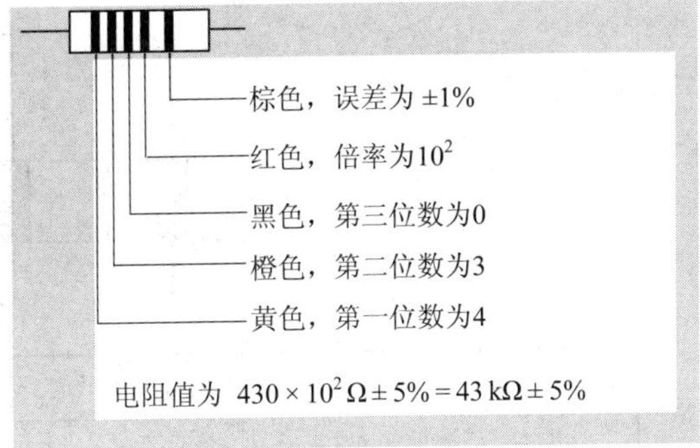

图 4-7　色环标注示意图

(1) 电阻器的色环标注法有两种形式：四环标注与五环标注。

四环标注：适用于通用电阻器，有两位有效数字，如图 4-8 所示。

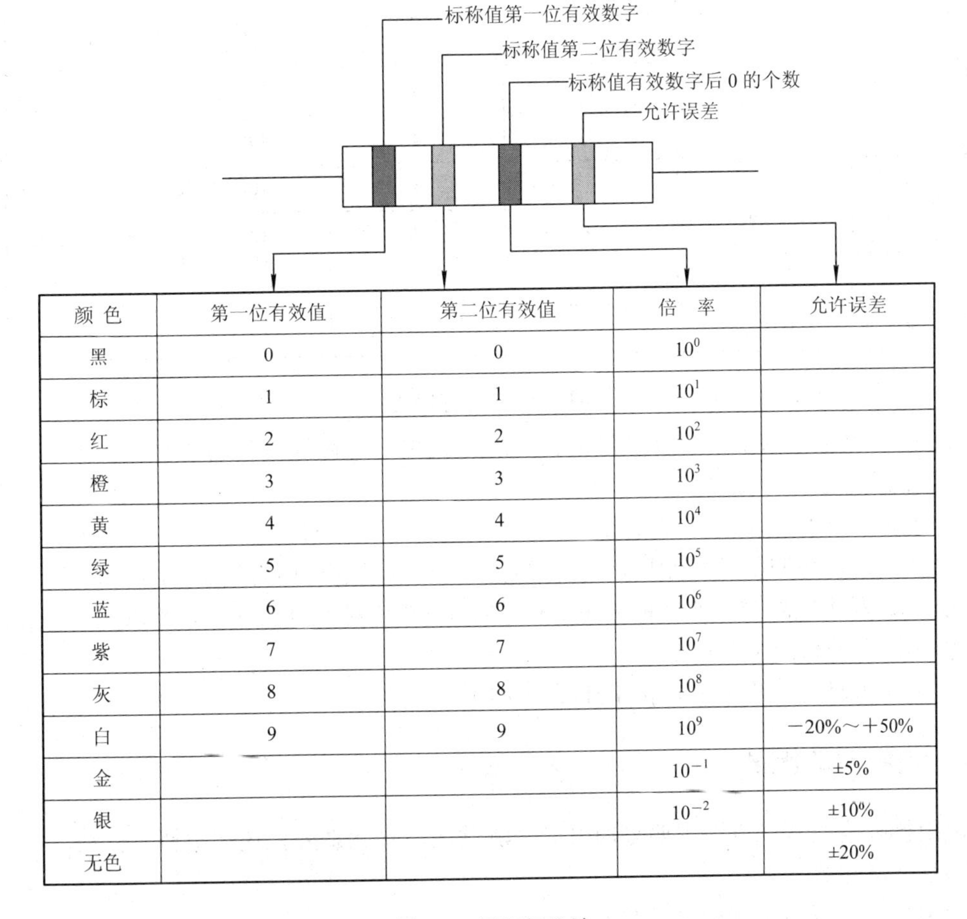

颜 色	第一位有效值	第二位有效值	倍　率	允许误差
黑	0	0	10^0	
棕	1	1	10^1	
红	2	2	10^2	
橙	3	3	10^3	
黄	4	4	10^4	
绿	5	5	10^5	
蓝	6	6	10^6	
紫	7	7	10^7	
灰	8	8	10^8	
白	9	9	10^9	－20%～＋50%
金			10^{-1}	±5%
银			10^{-2}	±10%
无色				±20%

图 4-8　四环标注法

五环标注：适用于精密电阻器，有三位有效数字，如图 4-9 所示。

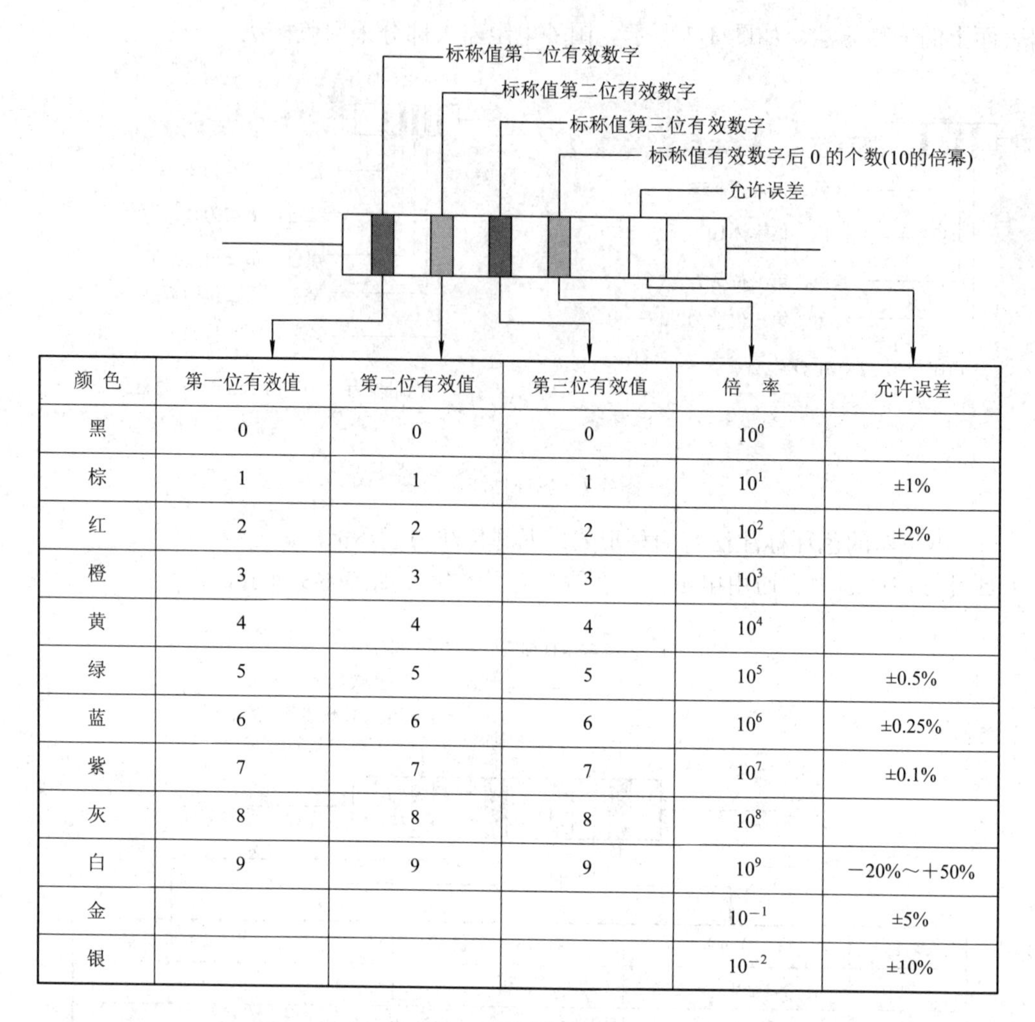

颜色	第一位有效值	第二位有效值	第三位有效值	倍率	允许误差
黑	0	0	0	10^0	
棕	1	1	1	10^1	±1%
红	2	2	2	10^2	±2%
橙	3	3	3	10^3	
黄	4	4	4	10^4	
绿	5	5	5	10^5	±0.5%
蓝	6	6	6	10^6	±0.25%
紫	7	7	7	10^7	±0.1%
灰	8	8	8	10^8	
白	9	9	9	10^9	−20%～+50%
金				10^{-1}	±5%
银				10^{-2}	±10%

图 4-9　五环标注法

(2) 色环电阻器的识别。要准确地、熟练地识别每个色环电阻器的阻值大小和允许误差大小，需要掌握以下要点：

① 熟记色环与数字的对应关系。

② 找出色环电阻器的起始环，色环靠近引出线端最近一环为起始环(第一环)。

③ 若是四环电阻器，则只有 ±5%、±10%、±20%三种允许的误差，所以凡是有金色或者银色环便是尾环(即第四环)。

④ 对于五环标注电阻器，按上述②识别即可。

4.1.7　电阻器的测试

电阻器阻值的测试方法主要采用万能表测试法。除此之外，还有电桥测试法、PLC 智能测试仪测试法等。

使用指针式万能表测量电阻的方法如下：

(1) 将万用表的挡位旋钮置于电阻挡，再将倍率挡置于 $R\times1$ 挡，然后两表笔短接，观察万用表的指针是否为零。如果调节欧姆调零旋钮后，指针仍然不能到零位，则表明万用表内的电池电压不足，应更换电池。

(2) 按万能表使用方法规定，万用表的指针应尽可能指示在标尺线的中心部分，这样读数才准确。然后根据电阻的阻值来选择合适的倍率挡，并重新调节欧姆调零旋钮，使指针指在零位后再测量。

(3) 左手拿万用表笔，右手拿电阻体的中间，切不可用手同时捏笔棒和电阻的两根引脚。因为这样测量的是原电阻与人体电阻并联的电阻，尤其是测量大电阻时，会使测量的误差增大。在测量电路中的电阻时要切断电路的电源，并要考虑电路中的其他元件对电阻值的影响。如果电路中接有电容器，还必须对电容器进行放电，以免烧坏万用表。

采用数字式万能表测量电阻值时需要将测量旋钮调到电阻挡，表笔插入万能表相应的插孔，表笔测量端搭接在电阻两端，选择合适的测量范围后再进行测量。

4.1.8 电阻器的使用

1. 如何选择电阻器

电阻是电路设计中最普通的元器件之一。在电路设计中，我们主要利用电阻来分压和限流，且它在所有地方都满足欧姆定律(常温)。选择电阻时，通常要考虑以下 3 个因素：

(1) 电阻的阻值，单位为欧姆(Ω)；

(2) 最大功率，单位为瓦特(W)；

(3) 阻值的精度，通常以 % 的形式表示。

在电路设计中，一般先利用欧姆定律计算出器件的阻值和误差，再根据实际值评估器件功率的消耗。

2. 电阻的串、并联

任何复杂的电路经过各种等效和简化后都可以归纳为两种电路：一种是串联电路，另外一种是并联电路。所以掌握串联电路和并联电路是分析各种电路工作原理的关键之一。

(1) 几个电阻器串联，阻值增大：

$$R_{串}=R_1+R_2+R_3+\cdots+R_n$$

电阻串联后的总阻值等于各参与串联电阻器的阻值之和，流过每个电阻器的电流大小相同。

(2) 几个电阻器并联：

$$\frac{1}{R_{并}}=\frac{1}{R_1}+\frac{1}{R_2}+\frac{1}{R_3}+\cdots+\frac{1}{R_n}$$

电阻并联后的总电阻的倒数等于各分电阻的倒数之和，各电阻两端的电压相等，且等于总电压。

3. 电阻分压电路

电子电路中大量地使用各种形式的分压电路，即由电阻、电容、二极管、三极管等元器件构成的分压电路，而其中的电阻分压电路是最基本的分压电路。

图 4-10 所示是典型的电阻分压电路(没有接入负载电路)，电阻分压电路由 R_1 和 R_2 两只电阻构成。电路中 U_i 为电压输入端，U_o 为电压输出端。

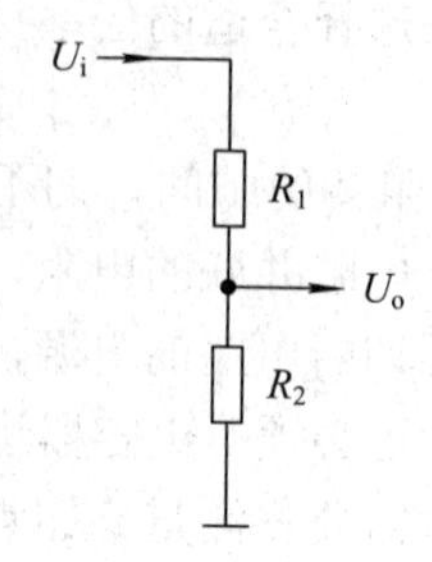

图 4-10 典型的电阻分压电路

电压输出端输出的电压值为

$$U_o = \frac{R_2}{R_1 + R_2} U_i$$

4.2 电 位 器

电位器是一种阻值可以连续调节的电子元件。在电子产品设备中，经常用它来进行阻值和电位的调节。例如，在收音机中用它来调节音量等，电位器对外有三个引出端，一个是滑动端，另两个是固定端。滑动端可以在两个固定端之间的电阻体上滑动，使其与固定端之间的电阻值发生变化。

4.2.1 电位器的电路符号

电位器在电路中用字母 R_P 表示，其常用的电路符号如图 4-11 所示。

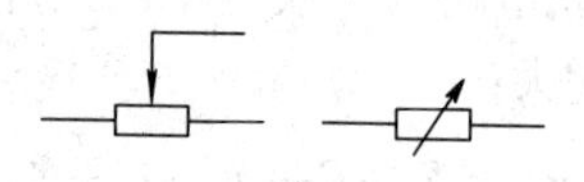

图 4-11 电位器符号图

4.2.2 电位器的主要参数

电位器的技术参数很多，最主要的参数有三项：标称阻值、额定功率和阻值变化规律。

1. 标称阻值

标称阻值是指在电位器产品上的名义阻值，其系列与电阻器的标称阻值系列相同。其允许误差范围为 ±20%、±10%、±5%、±2%、±1%，精密电位器的允许误差可达到 ±0.1%。

2. 额定功率

电位器的额定功率是指两个固定端之间允许耗散的最大功率，滑动头与固定端之间所承受的功率小于额定功率。额定功率系列值如表 4-3 所示。

表 4-3　电位器额定功率系列值

额定功率系列/W	线绕电位器/W	非线绕电位器/W
0.025	—	0.025
0.05	—	0.05
0.1	—	0.1
0.25	0.25	0.25
0.5	0.5	0.5
1.0	1.0	1.0
1.6	1.6	—
2	2	2
3	3	3
5	5	—
10	10	—
16	16	—
25	25	—
40	40	—
63	63	—
100	100	—

注：当系列值不能满足时，允许按表内的系列值向两头延伸。

3. 阻值变化规律

电位器的阻值变化规律是指其阻值与滑动片触点旋转角度(或滑动行程)之间的变化关系。这种关系理论上可以是任意函数形式，实用的有直线式(X)、对数式(D)和反转对数式(指数式 Z)，分别用 A、B、C 表示。

在使用中，直线式电位器适于作分压、偏流的调控；对数式电位器适于作音频控制和黑白电视机对比度调整；指数式电位器适于作音量控制。

4.2.3　电位器的分类

电位器的种类很多，用途各不相同，通常可按其制作材料、结构特点、调节方式等进行分类。常见的电位器如图 4-12 所示。

图 4-12　电位器的外形图

1. 按制作材料分类

根据所用材料不同，电位器可分为线绕电位器和非线绕电位器两大类。

线绕电位器额定功率大、噪声低、温度稳定性好、寿命长，其缺点是制作成本高、阻值范围小(100 Ω～100 kΩ)、分布电感和分布电容大。线绕电位器在电子仪器中应用较多。

非线绕电位器的种类很多，有碳膜电位器、合成碳膜电位器、金属膜电位器、玻璃釉膜电位器、有机实芯电位器等。它们的共同特点是阻值范围宽、制作工艺简单、分布电感和分布电容小，其缺点是噪声比线绕电位器大，额定功率较小，寿命较短。非线绕电位器广泛应用于收音机、电视机、收录机等家用电器中。

2. 按结构特点分类

根据结构不同，电位器又可分为单圈电位器、多圈电位器，单联、双联和多联电位器，以及带开关电位器、带锁和非带锁式电位器。

3. 按调节方式分类

根据调节方式不同，电位器还可分为旋转式电位器和直滑式电位器两种类型。旋转式电位器电阻呈圆弧形，调节时滑动片在电阻体上做旋转运动。直滑式电位器电阻体呈长条形，调整时滑动片在电阻体上做直线运动。

4.2.4 电位器的标注方法

电位器一般都采用直标法，其类型、阻值、额定功率、误差都直接标在电位器上。

另外，在旋转式电位器中，有使用 ZS-1 表示轴端没有经过特殊加工的圆轴，ZS-3 表示轴端带凹槽，ZS-5 表示轴端铣成平面。

4.2.5 电位器的测试

根据电位器的标称阻值的大小适当选择万用表“Ω”的挡位，可测量电位器两固定端的电阻值是否与标称值相符。如果万用表指针不动，则表明电阻体与其相应的引出端出现开路；如果万用表指示的阻值比标称阻值有较大偏离，则表明电位器已损坏。

测量滑动端与任一固定端之间阻值变化的情况时，慢慢移动滑动端，如果万用表指针移动平稳，没有跳动和跌落的现象，则表明电位器电阻体良好，滑动端接触可靠。

测量滑动端与固定端之间阻值的变化时，开始时的最小阻值越小越好，即零位电阻要小。对于 WH 型碳膜电位器，直线式的标称阻值小于 10 kΩ 的，零位电阻小于 10 Ω；标称阻值大于 10 kΩ 的，零位电阻小于 50 Ω；对数式和指数式电位器，其零电位电阻小于 50 Ω。当滑动端移动到极限位置时，电阻值为最大，该值与标称值一致，表明电位器的质量较好。旋转转轴或移动滑动端时，应感觉平滑且阻尼良好。电位器的引出端子和电阻体应接触牢靠，不能有松动现象。

对于带有开关的电位器，使用万用表 $R\times1$ 挡检测开关接通和断开的情况，阻值应分别为无穷大和零。

4.2.6 电位器的使用

1. 选择电位器

电位器规格种类很多，选用电位器时，不仅要根据电路的要求选择合适的阻值和额定功率，还要考虑到安装调节方便及价格低廉。应根据电路的不同要求选择适合的电位器，一般电位器的选择原则如下：

(1) 普通电子仪器：选择碳膜或合成实芯电位器。

(2) 大功率低频电路、高温电路：选用线绕或金属玻璃釉电位器。

(3) 高精度：选用线绕、导电塑料或精密合成碳膜电位器。

(4) 高分辨力：选用各类非线绕电位器或多圈式微调电位器。

(5) 高频高稳定性：选用薄膜电位器。

(6) 调定以后不再变动：选用轴端锁紧式电位器。

(7) 多个电路同步调节：选用多联电位器。

(8) 精密、微小量调节：选用有慢轴调节机构的微调电位器。

(9) 电压要求均匀变化：选用直线式电位器。

(10) 音调、音量控制电位器：选用对数、指数式电位器。

2. 安装电位器

电位器一定要安装牢靠，由于该元件在电路中需要经常调节，如果安装不牢靠造成松动，与电路中其他元件碰触，就有可能造成电路故障。

装配中焊接时间不能太长，防止引出端周围的电位器外壳受热变形。

轴端装旋钮的或轴端开槽用起子调节的电位器，注意终端位置，不可用力调节过头，防止损坏内部止挡装置。

电位器的三个引出端子连线时，要注意电位器旋钮旋转方向应符合使用要求。例如，音量电位器顺时针调节时，信号变大说明连线正确。

4.3 电 容 器

电容器是电子电路中常用的元件，由两个导电极板和中间所夹的一层绝缘材料(电介质)构成。电容器是一种储存电能的元件，在电路中具有隔断直流、通过交流的特性，通常可完成滤波、旁路、极间耦合，以及与电感线圈组成振荡回路等功能。

电容器储存电荷量的多少，取决于电容器的电容量。电容器在数值上等于一个导电极板上的电荷量与两块极板之间的电位差的比值：

$$C=\frac{Q}{U}$$

式中：C——电容量，单位为F(法拉第，简称法)；Q——电极板上的电荷量，单位为C(库伦，简称库)；U——两级板之间的电位差，单位为V(伏特，简称伏)。

4.3.1 电容器的电路符号与电容的单位

1. 电容器的电路符号

电容器在电路中用字母 C 表示，常用的电容器电路符号如图 4-13 所示。

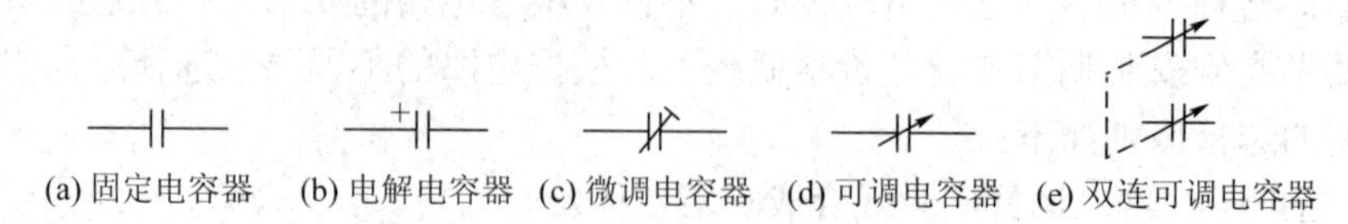

图 4-13 电容器电路符号

2. 电容器的单位

电容的基本单位为法拉(F)。但实际上，法拉是一个很不常用的单位，因为电容器的容量远远比一法拉小得多，常用毫法(mF)、微法(μF)、纳法(nF)和皮法(pF)。它们之间的换算关系是：

$$1\text{ 法拉} = 10^3\text{ 毫法} = 10^6\text{ 微法} = 10^9\text{ 纳法} = 10^{12}\text{ 皮法}$$

4.3.2 电容器的分类

电容器的种类很多，分类方法也各有不同，电子线路设计中常按照用途区分电容器的种类。

1. 按结构分类

电容器按结构分为三大类：固定电容器、可变电容器、半可变(又称微调)电容器。

2. 按介质材料分类

电容器按介质材料分为有机介质电容器、无机介质电容器、电解电容器和气体介质电容器等。

有机介质电容器：纸介电容器、聚苯乙烯电容器、聚丙烯电容器、涤纶电容器等。

无机介质电容器：云母电容器、玻璃釉电容器、陶瓷电容器、独石电容器等。

电解电容器：铝电解电容器、钽电解电容器等。

气体介质电容器：空气介质电容器、真空电容器。

3. 按用途分类

电容器按用途分为高频旁路、低频旁路、滤波、调谐、高频耦合、低频耦合、小型电容器。

高频旁路电容器：陶瓷电容器、云母电容器、玻璃膜电容器、涤纶电容器、玻璃釉电容器。

低频旁路电容器：纸介电容器、陶瓷电容器、铝电解电容器、涤纶电容器。

滤波电容器：铝电解电容器、纸介电容器、复合纸介电容器、液体钽电容器。

调谐电容器：陶瓷电容器、云母电容器、玻璃膜电容器、聚苯乙烯电容器。

高频耦合电容器：陶瓷电容器、云母电容器、聚苯乙烯电容器。

低频耦合电容器：纸介电容器、陶瓷电容器、铝电解电容器、涤纶电容器、固体钽电容器。

小型电容器：金属化纸介电容器、陶瓷电容器、独石电容器、铝电解电容器、聚苯乙烯电容器、固体钽电容器、玻璃釉电容器、金属化涤纶电容器、聚丙烯电容器、云母电容器。

4.3.3 电容器的主要参数

1. 标称容量与允许误差

电容量是电容器最基本的参数。标在电容器外壳上的电容量数值称为标称电容量，是标定过的电容值，其数值大小由GB/T2471—1995规定，常用的标称系列和电阻器的相同。不同类别的电容器，其标称容量系列也不一样。当标称容量范围在0.1～1μF时，标称系列采用E6系列。对于有机薄膜、瓷介、玻璃釉、云母电容器的标称容量采用E24、E12、E6系列。对于电解电容器采用E6系列。

标称容量与实际电容量有一定的允许误差，允许误差用百分数或误差等级表示。允许误差分为五级：±1%(00级)、±2%(0级)、±5%(Ⅰ级)、±10%(Ⅱ级)和±20%(Ⅲ级)。有的电解电容器的容量误差范围大，为−20%～+100%。

2. 额定工作电压(耐压)

电容器的额定工作电压是指电容器长期连续可靠工作时，极间电压不允许超过的电压值，否则电容器就会被击穿损坏。额定工作电压值以直流电压在电容器上标出。

一般无极电容的耐压值比较高有63 V、100 V、160 V、250 V、400 V、600 V、1000 V等。带极性电容的耐压相对比较低，标称耐压值一般有 4 V、6.3 V、10 V、16 V、25 V、35 V、50 V、63 V、80 V、100 V、220 V、400 V等。

3. 绝缘电阻

电容器的绝缘电阻是指电容器两级之间的电阻值，或叫漏电电阻。电容器由于制造工艺和绝缘介质的缺陷在两极之间会形成漏电，从而使电容器极板间的电阻值无法实现无穷大，呈现一定的阻值，一般绝缘电阻在1000 MΩ以上。除电解电容器外，一般电容器漏电流都极小。电容器的漏电流越大，绝缘电阻越小。当漏电流较大时，电容器发热可能会导致电容器的损坏。因此在使用中应选择绝缘电阻大的电容器。

4.3.4 常用的电容器

常用的电容器有多种，如图4-14所示。

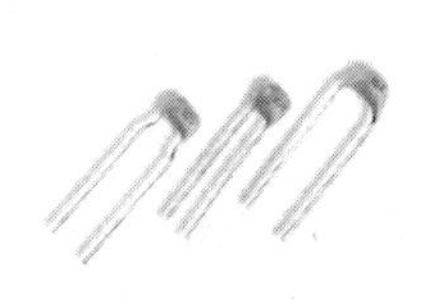

(a) 独石电容器

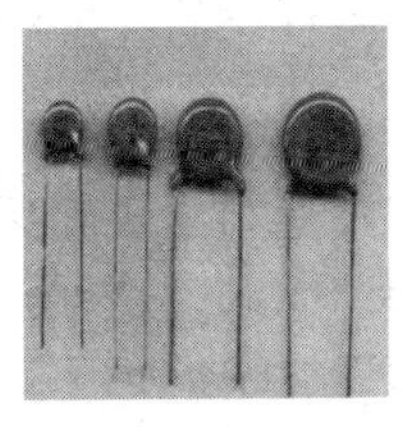

(b) 陶瓷电容器

(c) 电解电容器

图4-14　电容器外形

1. 纸介电容器

纸介电容器由极薄的电容器纸夹着的两层金属箔作为电极，卷成圆柱芯子，然后放在模子里浇灌上火漆制成；也有装在铝壳或瓷管内加以密封的。其价格低，损耗低，体积也较大，宜用于低频电路。

2. 云母电容器

云母电容器是金属箔(锡箔)，或喷涂银层和云母一层层叠合后，用金属膜压铸在胶木粉中制成的。其特点是耐高压、高温，性能稳定，体积小，漏电小，但电容量小。云母电容器宜用于高频电路。

3. 陶瓷电容器

陶瓷电容器以陶瓷作介质，在两面喷涂银粉层，烧成银质薄膜做导体，引线后外表涂漆制成。其特点是耐高温，体积小，性能稳定，漏电小，但电容量小。该电容器可用在高频电路中。

4. 铝电解电容器

铝电解电容器以金属铝为正极，以稀硫酸等配液为负极，以铝表面生成的氧化膜作为介质而制成。它具有体积小、容量大、性能稳定、寿命长、绝缘电阻大、温度特性好等优点，用在要求较高的电子设备中。

5. 半可变电容器(微调电容器)

半可变电容器由两片或两组小型金属弹片、中间夹云母介质组成，也有的是在两个瓷片上镀一层银制成。其特点是用螺钉调节两组金属片间的距离来改变电容器。该电容器一般用在收音机的振荡或补偿电路中。

6. 可变电容器

该电容器由一组(多片)定片和一组多片动片构成。根据动片与定片之间所用介质的不同，通常分为空气可变电容器和聚苯乙烯薄膜可变电容器两种。把两组(动、定)电极互相插入而且不相碰触，定片组一般与支架一起固定，动片组装旋柄可自由旋动，它们的容量随动片组转动角度的不同而改变。空气可变电容器多用在电子管收音机中，聚苯乙烯薄膜密封可变电容器由于体积小，故多用在半导体收音机中。

4.3.5 电容器的标注方法

电容器的标注方法有直标法、文字符号法、数码法和色标法。

1. 直标法

直标法是将电容器的容量、耐压、误差等主要参数值直接标注在电容器外壳表面上，其中误差一般用字母来表示。常见的字母误差有 J(±5%)、K(±10%)和 M(±20%)。

示例：47nJ100 表示容量为 47 nF 或 0.047 nF，误差为 ±47 nF×5%，耐压为 100 V。当电容器所标容量没有单位时，容量值有小数且整数部位为零的单位表示为 μF，其余的单位表示为 pF。例如：0.22 表示容量为 0.22 μF；470 表示为 470 pF。

2．文字符号法

文字符号法是将需要标出的电容器参数用文字和数字符号按一定规律标注，其规则为

整数 + 单位符号(p、n、m、μ) + 小数部分

示例：p33 表示容量为 0.33 pF；2p2 表示容量为 2.2 pF；6n8 表示 6800 pF 容量为；4μ7 表示容量为 4.7 μF；4m7 表示容量为 4700 μF。

3．数码法

数码法是用三位数字表示容量的大小，从左到右，第一、第二位数字是电容量的有效数字，第三位表示前两位后面应加“0”的个数(此处若为数字 9 则是特例，表示 10^{-11})，单位均为 pF。

示例：103 表示容量为 10 000 pF；　　332M 表示容量为 3300 pF ± 20%；
479K 表示容量为 4.7 pF ± 10%；　　685J 表示容量为 6.8 μF ± 5%。

4．色标法

电容器色标法与电阻器色标法相似。

色标通常有三种颜色，沿着引线方向，前两个色标表示有效数字，第三个色标表示有效数字后面零的个数，单位为 pF。有时一、二色标为同色，就涂成一道宽的色标，如橙橙红，两个橙色标就涂成一道宽的色标，表示 3300 pF，如图 4-15 所示。

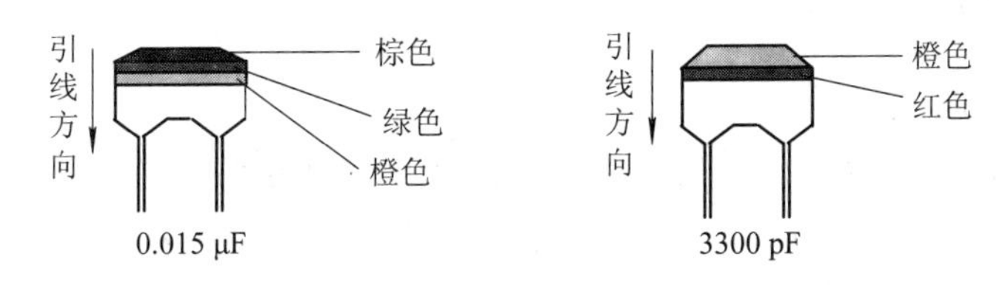

图 4-15　电容器色标

4.3.6　电容器的测试

在使用电容器之前要对其性能进行检查，检查电容器是否短路、断路、漏电、或失效等。

1．漏电测量

用万用表的 $R\times1\ \text{k}\Omega$ 或 $R\times10\ \text{k}\Omega$ 挡测量电容器时除空气电容器外，指针一般会从较小阻值回到无穷大位置附近，指针稳定时的读数为电容器的绝缘电阻，阻值越大，表明漏电越小。如果指针距零欧姆近，则表明漏电太大不能使用。有的电容器漏电阻达到无穷大位置后，又向零欧姆方向摆动，则表明漏电严重不能使用。

2．短路和断路测量

根据被测电容器的容量选择万用表适当的欧姆挡来测量电容器是否断路。对于 0.01 μF 以下的电容，指针偏转极小，不易看出，需用专门仪器测量。如果万用表指针一点都不偏转，调转表笔以后仍不偏转，则表明被测电容器已经断路。

如果万用表指针偏转到零欧姆处(注意选择适当的欧姆挡，不要将充电现象误认为是短路)不再返回，则表明电容器已击穿短路。对于可变电容器可将表笔分别接到动片和定片上，然后慢慢转动动片，如发现电阻为零，说明有碰片现象，可用工具消除碰片，恢复正常，即阻值为无穷大。

3．电容量的估测

用万用表欧姆挡 $R\times 1\ \text{k}\Omega$ 或 $R\times 10\ \text{k}\Omega$ 挡估测电容器的容量，开始时指针快速正偏一个角度，然后逐渐向无穷大位置方向退回。再互换表笔测量，指针偏转角度比上次更大，这表明电容器的充放电过程正常。指针开始时偏转角越大，回无穷大位置的速度越慢，表明电容量越大。与已知容量的电容器做测量比较，可以大概估计被测电容器的大小。

注意：当对电容器的容量做第二次检测时，要先对电容器放电。对于 1000 μF 以下的电容器，可直接短路放电。电容器容量越大，放电时间也要求越长。

4．判别电解电容器的极性

给电解电容器电极之间施加不同极性的电压时，其绝缘电阻值相差较大，所以可通过万用表欧姆挡测量电解电容器漏电电阻的方式判断其极性。具体做法是：通过调换万用表电阻挡表笔极性记录两次漏电阻值，漏电阻大的时候，黑表笔所接电极为电解电容器的正极。

4.3.7 电容器的使用

1．选用适当的型号

根据电路要求，一般低频耦合、旁路去耦等电气要求的场合，可使用纸介电容器、电解电容器等；级间耦合选用 1～22 μF 的电解电容器；射极旁路采用 10～220 μF 的电解电容器。在中频电路中，可选用 0.01～0.1 μF 的纸介质、金属化介质、有机薄膜电容器等；在高频电路中，则应选用云母和瓷介质电容器。

在电源滤波和退耦电路中，可选用电解电容器，一般只要容量、耐压、体积和成本满足要求就可以。可变电容器，应根据电容统调的级数，确定采用单联或多联可变电容器。如不需要经常调整，可选用微调电容器。

2．合理选用标称容量及允许误差等级

在很多情况下，对电容器的容量要求不严格，容量偏差可以很大。例如在旁路、退耦电路及低频耦合电路中，可根据设计值选用相近容量或容量大些的电容器。

但在振荡回路、延时电路、音调控制电路中，电容量应尽量与设计值一致，电容器的偏差允许等级要高。在滤波器和各种网络中，对电容量的允许误差等级有更高的要求。

3．电容器额定电压的选择

如果电容器的额定工作电压低于电路中的实际电压，电容器就会击穿损坏，一般应高于实际电压的 1～2 倍，使其留有足够的余量才可以保证电路的正常工作。对于电解电容器，实际电压应是电解电容器额定工作电压的 50%～70%。如果实际电压低于额定工作电压一半以下，则反而会使电解电容器的损耗增大。

4. 选用绝缘电阻值高的电容器

在高温、高压条件下更要选择绝缘电阻值高的电容器。

5. 电容器的串联、并联

(1) 多个电容器并联，容量加大：

$$C_{并} = C_1 + C_2 + C_3 + \cdots + C_n$$

并联后的各个电容器，如果耐压不同，就必须把其中耐压最低的作为并联后的耐压值。

(2) 多个电容器串联：

$$C_{串} = \frac{1}{1/C_1 + 1/C_2 + 1/C_3 + \cdots + 1/C_n}$$

电容量减小，耐压增加。如果两个容量相同的电容器串联，则其总耐压可增加一倍。但如果两个电容器容量不等，则容量小的那个电容器所承受的电压要高于容量大的那个电容器。

6. 注意电解电容器引脚极性

在使用电解电容器时应注意极性，严格禁止将极性接反。常见的电解电容器，为了标识其极性，制造时使其引脚长短不一，长的引脚为正极，短的引脚为负极。同时电解电容器外壳上还标有“–”或“⊖”的符号，用于标识负极。

7. 其他注意事项

在电子产品设计和装配过程中，应使电容器的标志易于可见，以便核对。同时将电烙铁等高温发热装置与电解电容器保持适当的距离，以防止过热造成电解电容器爆裂。

4.4 电 感 器

电感器是依据电磁感应原理把电能转化为磁能而存储起来的元件，一般是用漆包线在绝缘骨架上绕制而成的。电感器在电路中具有通直流电、阻交流电的作用。电感器被广泛应用于调谐、振荡、滤波、耦合、补偿、变压等电路中。

4.4.1 电感器的电路符号

在电路图中电感器用字母 L 表示，常用的电感器电路符号如图 4-16 所示。

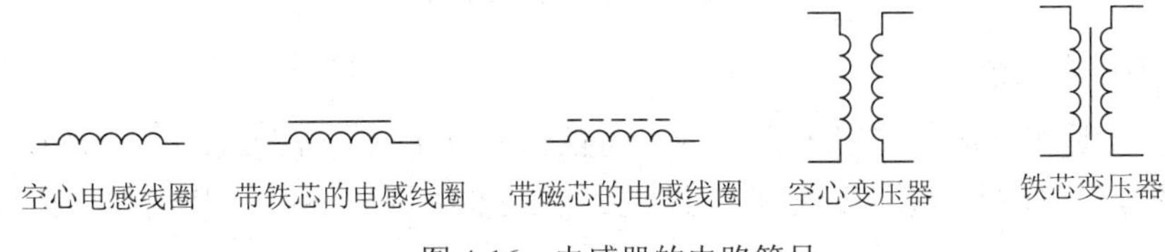

图 4-16 电感器的电路符号

4.4.2 电感器的分类

电感器通常分为两大类：一类是应用于自感作用的电感线圈，另一类是应用于互感作用的变压器。每一大类又有不同的小类。

1. 电感线圈的分类

电感线圈的用途极为广泛，例如 LC 滤波器、调谐放大器或振荡器中的谐振回路、均衡电路、去耦电路等均有应用。

(1) 按电感线圈圈芯材质分类：空芯电感和带磁芯电感。

(2) 按绕制方式分类：单层电感、多层电感、蜂房绕制电感等。

(3) 按电感量变化情况分类：固定电感和微调电感。

2. 变压器的分类

变压器是利用两个绕组的互感原理来传递交流电信号和电能的，同时具有变换前后级阻抗的作用。

(1) 按变压器的铁芯和线圈结构分类：芯式变压器和壳式变压器。大功率变压器以芯式结构为多，小功率变压器常采用壳式结构。

(2) 按变压器的工作频率分类：高频变压器、中频变压器、低频变压器。

4.4.3 常用的电感器

常用的电感器有许多，图 4-17 中所列的是常用的电感器。

图 4-17 常用的电感器

1. 小型固定电感器

这种电感器是在棒形、工字形或王字形的磁芯上用漆包线绕制成的。它体积小、质量轻、安装方便，常被用于滤波、陷波、扼流、延迟及去耦电路中。其结构有卧式和立式两种。

2. 中频变压器

中频变压器是超外差式无线电接收设备中的主要元器件之一，被广泛应用于调幅收音、调频收音机和电视机等电子产品中。调幅收音机中的中频变压器谐振频率为 465 kHz；调频收音机中的中频变压器谐振频率为 8.7 MHz。其主要功能是选频及阻抗匹配。

3. 电源变压器

电源变压器由铁芯、绕组和绝缘物等组成。

(1) 铁芯。变压器的铁芯有“E”形、“口”形、“C”形和等腰三角形。“E”形铁芯使用较多，用这种铁芯制成的变压器，铁芯对绕组形成保护外壳。“口”形铁芯用在大功率变压器中。“C”形铁芯采用新型材料，具有体积小、质量轻、品质好等优点，但制作要求高。

(2) 绕组。绕组是用不同规格的漆包线绕制而成的。绕组由一个一次绕组和多个二次绕组组成，并在一次、二次绕组之间加有静电屏蔽层。

(3) 特性。变压器的一次、二次绕组的匝数与电压之间有以下关系：

$$n = \frac{N_1}{N_2} = \frac{u_1}{u_2}$$

式中，u_1 和 N_1 分别代表一次绕组的电压和线圈匝数；u_2 和 N_2 分别代表二次绕组的电压和线圈匝数；n 称为电压比或匝数比。

$n < 1$ 的变压器为升压变压器，$n > 1$ 的变压器为降压变压器，$n = 1$ 的变压器为隔离变压器。

4.4.4 电感器的主要参数

1. 电感量

电感量的单位为亨利，简称亨，用 H 表示。常用的单位有毫亨(mH)、微亨(μH)、毫微亨(nH)。它们之间的换算关系如下：

$$1\ \text{H} = 10^3\ \text{mH} = 10^6\ \mu\text{H} = 10^9\ \text{nH}$$

电感量的大小与线圈匝数、直径、内部有无铁芯、绕制方式等有直接关系。线圈匝数越多，电感量越大；线圈内有铁芯、磁芯的，比无铁芯、磁芯的电感量大。

2. 品质因数(Q 值)

品质因数是表示线圈质量高低的一个参数，用字母 Q 表示。Q 值高，线圈损耗小。

3. 分布电容

线圈的匝与匝之间具有电容，这一电容被称为“分布电容”。此外，屏蔽罩之间、多层绕组的层与层之间、绕组与底板间也存在着分布电容。分布电容的存在使线圈的 Q 值下降。为减小分布电容，可减小线圈骨架的直径，用细导线绕制线圈。绕制线圈可采用间绕法、蜂房式绕法。

4.4.5 电感器的标注方法

电感器的标注方法和电阻器、电容器一样有直标法、数码法和色标法三种。

1. 直标法

直标法是指在小型固定电感器的外壳上直接用文字标出电感器的主要参数，如电感量、允许误差值、最大直流工作电流等。其中最大直流工作电流常用字母 A、B、C、D、E 等标注，字母和电流的对应关系，如表 4-4 所示。电感量的允许误差用Ⅰ、Ⅱ、Ⅲ，即 ±5%、

±10%、±20%表示。

表 4-4　小型固定电感器的工作电流和字母的对应关系

字母	A	B	C	D	E
最大工作电流/mA	50	150	300	700	1600

示例：电感器的外壳上标有 3.9 mH、A、II 等字样，表示其电感量为 3.9 mH，误差为±10%，最大工作电流为 A 挡(50 mA)。

2．数码法

数码表示法是指用三位数字表示电感量的大小，从左到右，第一、第二位数字是电感量的有效数字，第三位表示前两位有效数字后面应加“0”的个数，小数点用 R 表示，单位为 μH。

示例：222 表示电感量为 2200 μH；100 表示电感量为 10 μH；R68 表示电感量为 0.68 μH。

3．色标法

色标法是指在电感器的外壳涂上各种不同的颜色的环，用来标注其主要参数：第一、第二条色环表示电感器电感量的第一、第二位有效数字；第三条色环表示倍乘数(10^n)；第四条色环表示允许误差。数字与颜色的对应关系和色环电阻表示法相同。

示例：某电感器的色环分别为：

红红银黑，表示其电感量为 0.22 μH ± 20%；

黄紫金银，表示其电感量为 4.7 μH ± 10%。

4.4.6　电感器的测量

要准确测量电感线圈的电感量 L 和品质因数 Q，必须要用专门的测量仪器，而且测试步骤较为复杂。一般用万用表欧姆挡 $R\times1$ 或 R × 10 挡，通过测电感器的阻值判断电感器的好坏，若为无穷大，则表明电感器断路；若电阻为零，则说明电感器内部绕组有短路故障。但是，由于有许多电感器的电阻值很小，只有零点几欧姆，因此只能采用专门的测试仪来测量。在电感量相同的多个电感器中，如果电阻值小，则表明 Q 值高。

4.4.7　电感器的使用

电感器的用途很广，使用电感线圈时应注意其性能是否符合电路要求，并应正确使用，防止接错线和损坏。在使用电感线圈时，应注意以下几点。

(1) 每一只线圈都具有一定的电感量。如果将两只或两只以上的线圈串联起来，总的电感量是增大的，串联后的总电感量为

$$L_{串} = L_1 + L_2 + L_3 + \cdots + L_n$$

线圈并联以后总电感量是减小的，并联以后的总电感量为

$$L_{并} = \frac{1}{1/L_1 + 1/L_2 + 1/L_3 + \cdots + 1/L_n}$$

上述算式是针对每只线圈的磁场各自隔离而不接触的情况，如果磁场彼此耦合，就需另

做考虑了。

(2) 在使用线圈时应注意不要随便改变线圈的形状、大小和线圈间的距离，否则会影响线圈原来的电感量，尤其是频率越高，即圈数越少的线圈。所以电视机中的高频线圈，一般用高频蜡或其他介质材料进行密封固定。

(3) 线圈在装配时互相之间的位置和其他元件的位置要特别注意，应符合规定要求，以免互相影响而导致整机不能正常工作。可调线圈应安装在机器易于调节的地方，以便调节线圈的电感量达到最理想的工作状态。

思 考 题

1. 电阻器有哪些主要参数？请简述电阻器的几种标注方法。
2. 四环电阻器与五环电阻器的各环代表什么含义？
3. 电容器有哪几种标注方法？请简述各标注方法的含义。
4. 怎样判别电解电容器的极性？
5. 电感器的标注方法有哪几种？

第 5 章　有源器件的分类与参数

5.1　半导体分立元件

半导体是一种导电性能介于导体与绝缘体之间，或者说电阻率介于导体与绝缘体之间的物质。常用的半导体材料有硅、锗、砷化镓等。半导体中存在两种载流子：带负电荷的电子和带正电荷的空穴。半导体的这两种载流子在常温下数量极少，导电能力很差。如果在其中掺入微量杂质元素，就能增强其导电性能。根据掺入杂质的不同，半导体分为 N 型半导体(在半导体材料中掺入少量五价元素，如磷元素)和 P 型半导体(在半导体材料中掺入少量三价元素，如硼元素)两类。当这两种不同导电类型的半导体材料相结合以后就可以在结合界面处形成 PN 结，利用 PN 结的电气特性可以制造出不同特性的半导体器件，人们把具有不同特性的半导体器件称为半导体分立元件。常见的半导体分立元件主要有半导体二极管、三极管、场效应管、晶闸管(可控硅)等几种。

5.1.1　半导体分立元件的命名规则

半导体分立元件由于其结构和特性的多样性，在使用时若需要准确地选择满足要求的器件就必须直观地掌握其参数特点，为此国际相关组织和各个国家都制定了相应的器件命名规则。掌握分立元件命名规则对于半导体器件的识别和选用有极大的帮助，以下是中国对分立元件命名规则简述(其他国家或相关国际组织对半导体分立元器件的命名规则请自行查阅有关资料)。

中国对半导体器件的命名由五部分(场效应器件、半导体特殊器件、复合管、PIN 型管、激光器件的型号命名只有第三、四、五部分)组成。各部分含义如下：

第一部分：用数字表示半导体器件有效电极数目。2 表示二极管、3 表示三极管。

第二部分：用汉语拼音字母表示半导体器件的材料和极性。表示二极管时：A 表示 N 型锗材料、B 表示 P 型锗材料、C 表示 N 型硅材料、D 表示 P 型硅材料。表示三极管时：A 表示 PNP 型锗材料、B 表示 NPN 型锗材料、C 表示 PNP 型硅材料、D 表示 NPN 型硅材料。

第三部分：用汉语拼音字母表示半导体器件的类型。P 表示普通管、V 表示微波管、W 表示稳压管、C 表示参量管、Z 表示整流管、L 表示整流堆、S 表示隧道管、N 表示阻尼管、U 表示光电器件、K 表示开关管、X 表示低频小功率管、A 表示高频大功率管、T 表示半导体晶闸管(可控整流器)、Y 表示体效应器件、B 表示雪崩管、J 表示阶跃恢复管、CS 表示场效应管、BT 表示半导体特殊器件、FH 表示复合管、PIN 表示 PIN 型管、JG 表示激光器件。

第四部分：用数字表示序号。

第五部分：用汉语拼音字母表示规格号。

例如：3DG18 表示 NPN 型硅材料高频三极管。

5.1.2 半导体二极管

半导体二极管也称晶体二极管，简称二极管。

1. 半导体二极管的结构

用一定的工艺方法把 P 型半导体和 N 型半导体紧密地结合在一起，就会在其界面处形成空间电荷区，该区域被称为 PN 结。

当 PN 结两端加上正向电压时，即外加电压的正极接 P 区、负极接 N 区，此时 PN 结呈导通状态，形成较大的电流，对外呈现的电阻很小(称正向电阻)。

当 PN 结两端加上反向电压时，即外加电压的正极接 N 区、负极接 P 区，此时 PN 结呈截止状态，几乎没有电流通过，对外呈现的电阻很大(称反向电阻)，其阻值远远大于正向电阻。

当 PN 结两端加上不同极性的直流电压时，其导电性能将产生很大的差异，这就是 PN 结的单向导电性，它是 PN 结最重要的电特性。

在一个 PN 结上，由 P 区和 N 区各引出一个电极，用金属、塑料或玻璃管壳封装后，即构成一个半导体二极管。由 P 型半导体上引出的电极叫正极；由 N 型半导体上引出的电极叫负极，如图 5-1 所示。

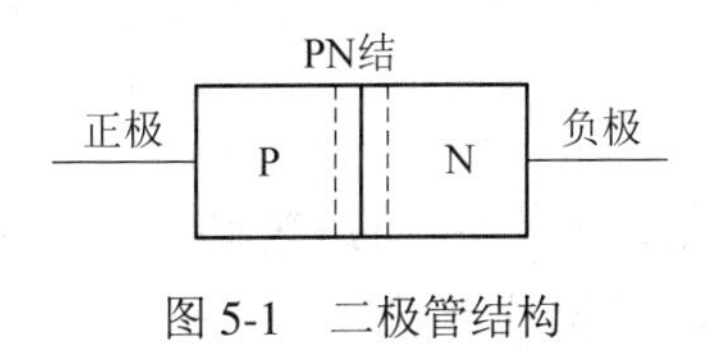

图 5-1　二极管结构

2. 半导体二极管的分类

(1) 按材料分类：锗二极管、硅二极管等。

锗二极管与硅二极管性能的主要区别在于：锗管正向压降比硅管小(锗管为 0.2～0.3 V，硅管为 0.6～0.7 V)，锗管的反向电流比硅管大(锗管为几百毫安，硅管小于一毫安)。

(2) 按制作工艺不同分类：面接触二极管和点接触二极管。

(3) 按用途分类：整流二极管、检波二极管、稳压二极管、变容二极管、光电二极管、发光二极管、开关二极管等。

3. 半导体二极管的特性

1) 正向特性

在二极管两端加正向电压时，二极管导通。当正向电压很低时，电流很小，二极管呈现较大电阻，这一区域称为死区。锗管的死区电压约为 0.1 V，导通电压约为 0.3 V；硅管的死区电压为 0.5 V，导通电压约为 0.7 V。当外加电压超过死区电压后，二极管内阻变小，电流随着电压增加而迅速上升，这就是二极管的正常工作区。在正常工作区内，当电流增加时，管压降稍有增大，但压降很小。

2) 反向特性

二极管两端加反向电压时，通过二极管的电流很小，且该电流不随反向电压的增大而变大，这个电流称为反向饱和电流。反向饱和电流受温度影响较大，温度每升高 10℃，电流增加约一倍。在反向电压作用下，二极管呈现较大电阻(反向电阻)。当反向电压增加到一定数值时，反向电流将急剧增大，这种现象称为反向击穿，这时的电压称为反向击穿电压。

4. 半导体二极管的主要参数

1) 最大整流电流

最大整流电流是指二极管长期工作时，允许通过的最大正向电流。使用时不能超过此值，否则二极管会因发热而烧坏。

2) 最高反向工作电压

最高反向工作电压是指二极管会出现反向击穿的电压值，正常使用时反向电压不允许超过此电压值。

5.1.3 半导体三极管

半导体三极管，又称晶体三极管(以下简称三极管)，是内部含有两个 PN 结，外部具有三个电极的半导体器件。两个 PN 结共用的一个电极为三极管的基极(用字母 b 表示)，其他的两个电极为集电极(用字母 c 表示)和发射极(用字母 e 表示)。半导体三极管在一定条件下具有“放大”作用,被广泛应用于收音机、录音机、电视机、扩音机及需要进行信号放大的电子设备中。

1. 半导体三极管的结构

在一块半导体晶片上制造两个符合要求的 PN 结，就构成了一个晶体三极管。按 PN 结的组合方式的不同，三极管有 PNP 型和 NPN 型两种，如图 5-2 所示。

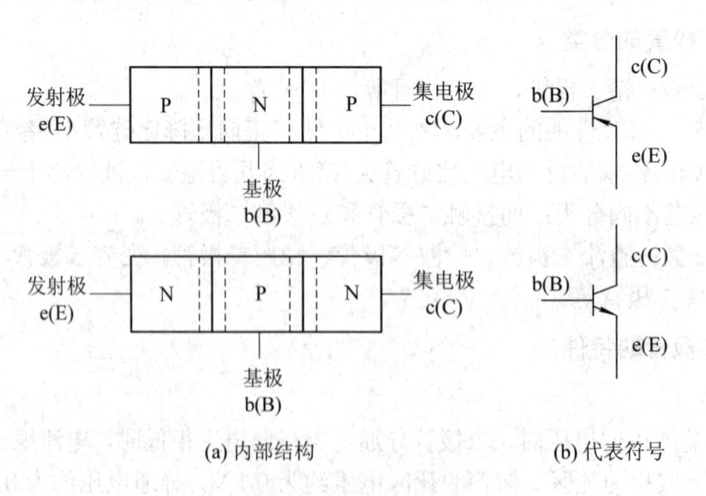

图 5-2 三极管基本结构

不论是 PNP 型三极管还是 NPN 型三极管，都有三个不同的导电区域：中间部分称为基区；两端部分一个称为发射区，另一个称为集电区。每个导电区上都有一个电极，分别为基极、发射极和集电极。发射区和基区交界面处形成的 PN 结称为发射结；集电区与基区交界面处形成的 PN 结称为集电结。

2. 半导体三极管的分类

(1) 按制造所用的半导体材料分类：锗三极管和硅三极管两类。国产锗三极管多为 PNP 型，硅三极管多为 NPN 型。

(2) 按制作工艺不同分类：扩散管、合金管等。

(3) 按功率分类：小功率管、中功率管和大功率管。

(4) 按工作频率分类：低频管、高频管和超高频管。

(5) 按用途分类：放大管和开关管等。

(6) 按结构分类：点接触型管和面接触型管。

另外，每一种三极管中又有多种型号，以区别其性能。在电子设备中，比较常用的是小功率的硅管。

常用三极管的外形如图 5-3 所示。

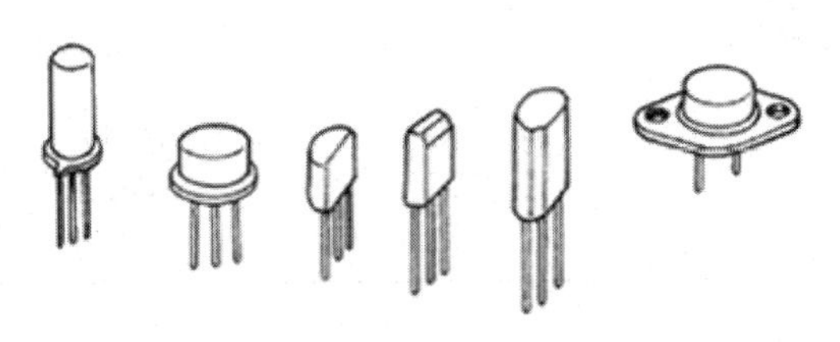

图 5-3 常用三极管的外形

3. 半导体三极管的放大作用

半导体三极管最基本的作用是放大作用。它可以把微弱的电信号变成一定强度的信号，当然这种转换仍然遵循能量守恒，它只是把电源的能量转换成信号的能量罢了。三极管有一个重要参数就是电流放大系数 β。当三极管的基极上加上一个微小的电流时，在集电极可以得到一个是注入电流 β 倍的电流，即集电极电流。集电极电流随基极电流的变化而变化，并且基极电流很小的变化可以引起集电极很大的变化，这就是三极管的放大作用。

要使半导体三极管具有放大作用，必须在各电极间加上极性正确、数值合适的电压，否则三极管就不能正常工作，甚至会损坏。在 NPN 型三极管的发射极和基极之间，加上一个较小的正向电压 U_{be}，称为基极电压。$U_b > U_e$，$U_c > U_b$，所以发射结上加的是正向偏压，集电结上加的是反向偏压。调节电阻 R_b 可以改变基极电流 I_b，则集电极电流 I_c 有很大变化。通常 $\beta = I_c/I_b$。

5.1.4 场效应管

场效应三极管简称场效应管，也是由半导体材料制成的。与普通双极型三极管相比，场效应管具有很多特点。普通双极型三极管是电流控制器件，通过控制基极电流可达到控制集电极电流或发射极电流的目的。而场效应管是电压控制器件，其输出电流决定于输入信号电压的大小，源漏之间的电流受控于栅源之间的电压。场效应管栅极的输入电阻很高，

可达 $10^9 \sim 10^{15}\ \Omega$，对栅极施加电压时，基本上不产生电流，这是普通双极型三极管无法与之相比的。场效应管还具有噪声低、热稳定性好、抗辐射能力强、动态范围大等特点，这使其应用范围十分广泛。

场效应管的三个电极为漏极(D)、源极(S)和栅极(G)，分别相当于双极型三极管的 e、c、b 三极。场效应管的漏极和源极能够互换使用。

场效应管可分为结型场效应管和绝缘栅型场效应管两大类，如图 5-4 所示。

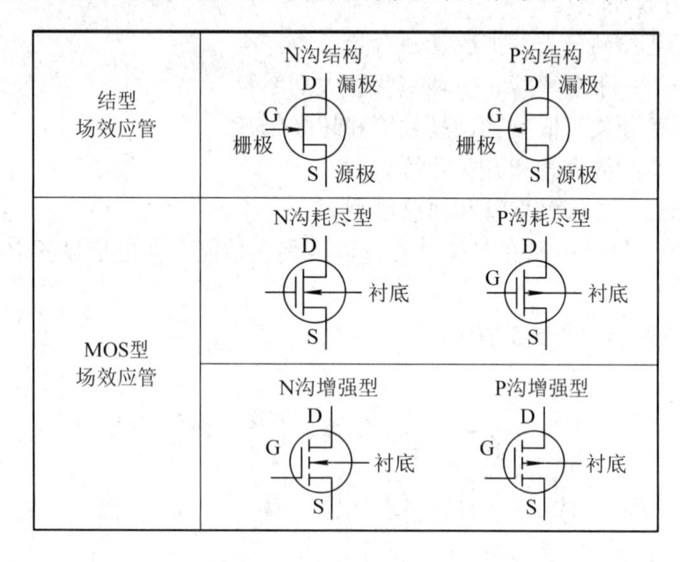

图 5-4　场效应管的分类

5.1.5　晶闸管

晶体闸流管简称晶闸管，又称可控硅整流元件(SCR)，是由三个 PN 结构成的一种大功率半导体器件。在性能上，晶闸管不仅具有单向导电性，而且还具有比硅整流元件更为可贵的可控性，它只有导通和关断两种状态。

晶闸管的优点很多，例如：以小功率控制大功率，功率放大倍数高达几十万倍；反应极快，在微秒级内导通、关断；无触点运行，无电火花、无噪声；效率高，成本低等。特别是在大功率开关电源供电系统中，晶闸管在整流电路、静态旁路开关、无触点输出开关等电路中得到了广泛的应用。晶闸管也有一定的弱点，静态及动态的过载能力较差，容易受干扰而误导通。

1. 晶闸管的结构

将 P 型半导体和 N 型半导体交替叠合成四层，形成三个 PN 结，再引出三个电极，这就是晶闸管的管芯结构，如图 5-5 所示。晶闸管的三个电极为阳极(A)、阴极(K)、控制极(G)。

2. 晶闸管的分类

根据工作特性的不同，晶闸管可分为普通晶闸管、可关断晶闸管、双向晶闸管等。晶闸管主要有螺栓式、平板式、塑封式和三极管式，通过的电流可达上千安培。晶闸管实物及电路符号如图 5-6 所示。

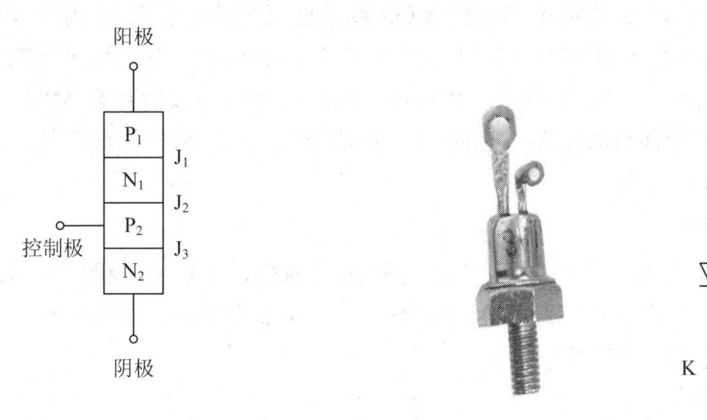

图 5-5　晶闸管的管芯结构　　　　图 5-6　晶闸管的实物及电路符号

5.2 集 成 电 路

集成电路是采用半导体工艺、厚膜工艺、薄膜工艺，将无源元件(电阻、电容、电感)和有源器件(如二极管、三极管、场效应管等)按照设计电路要求连接起来，制作在同一硅片(或绝缘基片)上，然后封装成为具有特定功能的独立器件，英文缩写为 IC，俗称芯片。集成电路打破了传统的概念，实现了材料、元件、电路的三位一体。与分立元件相比，集成电路具有体积小、质量轻、功耗低、性能好、可靠性高、电路性能稳定、成本低、适合大批量生产等优点。几十年来，集成电路的生产技术取得了迅速的发展，同时也得到了极其广泛的应用。

5.2.1 集成电路的型号与命名

集成电路的发展十分迅速，特别是大规模、超大规模集成电路的发展，使各种功能的通用、专用集成电路大量涌现。国外各大公司生产的集成电路在推出时已经自成体系；但除了表示公司标志的电路型号字头有所不同外，其他部分基本一致。大部分数字序号相同的器件，功能差别不大，可以相互替换。因此，在使用国外集成电路时，应该查阅手册或有关产品型号对照表，以便正确选用器件。

5.2.2 集成电路的分类

1. 按制作工艺分类

根据不同的制作工艺，集成电路有半导体集成电路、厚膜集成电路、薄膜集成电路和混合集成电路。

1) 半导体集成电路

用平面工艺在半导体晶片上制成的电路称半导体集成电路。根据采用的晶体管的不同，半导体集成电路分为双极型集成电路和 CMOS 集成电路。双极型集成电路中的代表类别以 TTL 电路为主，其中的晶体管和常用的二极管、三极管一样属于电子和空穴两种载流子同时参与导电的器件。CMOS 集成电路采用 MOS 场效应管构成，分为 N 沟道 MOS 电路(简称 NMOS 集成电路)和 P 沟道 MOS 电路(简称 PMOS 集成电路)，每一种沟道的场效应管参与导电的只有一种载流子。由 N 沟道、P 沟道 MOS 管互补构成的互补 MOS 电路，简称 CMOS 集成电路。半导体集成电路工艺简单，集成度高，是目前应用最广泛、品种最多、发展最迅速的一种集成电路。

2) 厚膜集成电路

在陶瓷等绝缘基片上，用厚膜工艺制作厚膜无源网络，然后将二极管、三极管或半导体芯片集成在一起，构成具有特定功能的电路称为厚膜集成电路，主要应用于收音机、电视机以及有较大功率要求的电路中。

3) 薄膜集成电路

在绝缘基片上，采用薄膜工艺形成无源元件和互连线，再集成有源元件而构成的电路称为薄膜集成电路，目前已被大规模集成电路替代。

4) 混合集成电路

采用半导体工艺、薄膜工艺混合制作而成的电路，称为混合集成电路。

2. 按集成规模分类

根据集成规模大小，集成电路分为小规模集成电路、中规模集成电路、大规模集成电路和超大规模集成电路。

1) 小规模集成电路(SSI)

芯片上的集成度(即集成规模)：不超过 10 个门电路或 10～100 个元件。

2) 中规模集成电路(MSI)

芯片上的集成度：10～100 门电路或 100～1000 个元件。

3) 大规模集成电路(LSI)

芯片上的集成度：100 个以上门电路或 1000 个以上元器件。

4) 超大规模集成电路(VLSI)

芯片上的集成度：10 000 个以上门电路或十万个以上元器件。

5) 甚大规模集成电路(ULSI)

芯片上的集成度：1 000 000 个以上门电路或千万个以上元器件。

3. 按功能分类

集成电路按功能分类，有数字集成电路、模拟集成电路和微波集成电路。

微波集成电路是工作频率在 100 MHz 以上的微波频段的集成电路，多用于卫星通信、导航、雷达等方面。其实它也是模拟集成电路，只是由于频率高，许多工艺、元件等都有特殊要求，所以将其单独归为一类。

5.2.3 数字集成电路的特点

半导体数字集成电路广泛应用于计算机、自动控制、数字通信、数字雷达、卫星电视、仪表仪器、宇航等许多技术领域。数字集成电路具有以下特点：

(1) 使用的信号只有“0”、“1”两种状态，即电路的“导通”或“截止”状态，亦称“低电平”或“高电平”状态；适应“0”和“1”二进制数，并能进行数的运算、存储、传输与转换功能。

(2) 内部电路结构简单，最基本的是“与”、“或”、“非”逻辑门。其他各种数字电路一般由“与”、“或”、“非”门电路组成。

(3) 常用电路有TTL集成电路(TTL)和COMS集成电路(CMOS)，前者对电源要求严格，为5 V ± 10%，高于5.5 V会损坏器件；低于4.5 V，器件功能将失常。而COMS集成电路对电源要求不严格，可在5～15 V内正常工作，但是U_{dd}、U_{ss}不能接反，否则损坏器件。

5.2.4 模拟集成电路的特点

模拟集成电路具有以下特点：

(1) 模拟集成电路处理的信号是连续变化的模拟量电信号，除输出级外，电路中的信号电平值较小，所以内部器件多工作在小信号状态，数字集成电路一般工作在大信号的开关状态。

(2) 信号的频率范围往往从直流一直可延伸到很高的上限频率。

(3) 模拟集成电路中的元器件种类较多，如NPN管、PNP管、CMOS管、膜电阻器、膜电容器等，故其制造工艺较数字集成电路复杂。

(4) 模拟集成电路往往具有内繁外简的电路形式，尽管制造工艺复杂，但电路功能完善，使用方便。

5.2.5 集成电路的引脚排列识别

半导体集成电路种类繁多，引脚的排列也有多种形式，下面主要介绍国际、部标或进口产品中常见的IC引脚识别方法。

1. 金属圆壳封装IC

多引脚的金属圆壳封装IC面向引脚正视，由定位标(常为锁口或小圆孔)所对应的引脚按顺时针方向数。如果是IC国际、部标或进口产品，则对小金属圆壳封装器件而言，1号引脚应是定位标记所对应的那个引脚，即定位标记所对应的引脚为最末一个引脚。

2. 扁平单立封装IC

这种集成电路一般在端面左侧有一个定位标记。IC引脚向下，识别者面对定位标记口，从标记对应一侧的第一个引脚起数，依次计为1、2、3、4……。

这些标记有的是缺角，有的是凹坑色点，有的是缺口或短垂线条。

3. 扁平双立封装IC

一般在端面左侧有一个类似引脚的小金属片，或者在封装表面有一个小圆点(或色点)作为标记，然后逆时针数，引脚分别为1、2、3……。

4. 四列型扁平封装IC

四列型扁平集成电路，其引脚排列识别方法是正视IC的型号面，从正上方特型引脚(长脚或短脚)或凹口的左侧起数位 1 脚，然后逆时针方向依次为第 1、2、3……。

思 考 题

1. 怎样判别二极管的极性及其性能？
2. 如何使用模拟式(指针式)万用表判别三极管的管型及电极？
3. 场效应管与晶体三极管相比有何特点？
4. 查阅相关资料并简述集成电路的使用注意事项。

第6章　常用电子仪器简介及其操作与使用

示波器、函数信号发生器、直流稳压电源、万用表和交流毫伏表是电子技术人员最常使用的电子仪器仪表。数字技术的引入和集成电路的出现，使大多数的电子仪器仪表由模拟式逐渐演化为数字式。数字式仪器仪表的特点是将模拟信号测量转化为数字信号测量，或者以数字合成的方式产生信号，适用于快速响应和较高准确度的测量或信号产生。在接口方面，数字化的电子仪器仪表接口也很丰富。例如 USB、LAN、GPIB 接口等，有利于实现仪器仪表的远程测控或数据传输，进而构建网络化的测量系统或现代化的智能实验室。

本章结合现代电子测量技术简要介绍数字化电子仪器仪表的基本操作和使用方法。尽管本章仅介绍了部分产品型号，但其他型号产品大同小异，读者不难掌握它们的使用方法。

6.1　数字示波器

6.1.1　数字示波器简介

示波器是最重要、最常用的电子测量领域测试仪器之一。它能把肉眼看不见的电信号变换成看得见的图像，便于人们研究各种电现象的变化过程。示波器可分为模拟示波器和数字示波器。模拟示波器采用的是模拟电路，示波管(其基础是电子枪)的电子枪向屏幕发射电子，发射的电子经聚焦形成电子束，并打到屏幕上。屏幕的内表面涂有荧光物质，这样电子束打中的点就会发光。数字示波器则是通过数据采集、A/D 转换、软件编程等一系列技术制造出来的高性能示波器。数字示波器的工作方式是通过模拟转换器把被测电压转换为数字信息。数字示波器捕获的是波形的一系列样值，并对样值进行存储，存储限度是判断累计的样值是否能描绘出波形，且直到描绘出波形为止，随后数字示波器重构波形。

传统的观点认为模拟示波器具有熟悉的控制面板，价格低廉，因而总觉得模拟示波器“使用方便”。但是模拟示波器要提高带宽，需要示波管、垂直放大和水平扫描全面推进。数字示波器要改善带宽基本上只需要提高前端的 A/D 转换器的性能，对示波管和扫描电路没有特殊要求。加上数字示波管具有充分利用记忆、存储和处理，以及多种触发和超前触发能力。随着 A/D 转换器速度逐年提高和价格不断降低，以及数字示波器不断增加的测量能力和测量功能，在实际的电子测量领域，数字示波器相对而言更具优势。

针对数字示波器的选用，应注意以下几个问题：

(1) 了解待测信号。

选用示波器之前，必须了解要用示波器观测的信号其典型性能是什么。例如，信号是否有复杂的特性、信号是重复信号还是单次信号、信号过渡过程的带宽或者上升时间是多少、用何种信号特性来触发示波器、同时显示多少信号、对待测信号做何种处理等等。

(2) 确定待测信号的带宽。

带宽一般定义为正弦波输入信号幅度衰减到 –3 dB 时的频率，即幅度的 70.7%。带宽决定示波器对信号的基本测量能力。如果没有足够的带宽，示波器将无法测量高频信号，幅度将出现失真，边缘将会消失，细节数据将丢失。如果没有足够的带宽，得到的信号的所有特性，包含响铃和振鸣等都将毫无意义。数字示波器带宽有两种类型：重复(或等效时间)带宽和实时(或单次)带宽。重复带宽只适用于重复的信号，显示来自于多次信号采集期间的采样。实时带宽是示波器的单次采样中所能捕捉的最高频率，且当捕捉的事件不是经常出现或瞬变信号时就更为重要，实时带宽与采样速率紧密联系。带宽越高越好，但是更高的带宽往往意味着更高的价格。

(3) 注意 A/D 转换器的采样速率。

A/D 转换器的采样速率通常定义为每秒采样次数，指数字示波器对信号采样的频率。示波器的采样速率越快，所显示的波形的分辨率和清晰度就越高，重要信息和事件丢失的概率就越小。如果需要观测较长时间范围内的慢变信号或低频信号，最小采样速率就发挥了作用，为了在显示的波形记录中保持固定的波形数，需要调整水平控制旋钮，而所显示的采样速率也将随着水平调节旋钮的变化而变化。为了准确地再现信号并避免混淆，奈奎斯定理规定：信号的采样速率必须不小于其最高频率成分的两倍。然而，这个定理的前提是基于无限长时间和周期连续的信号。由于示波器不可能提供无限时间的记录长度，而且从定义上看，低频干扰是不连续的，也是没有周期的，所以采用两倍于最高频率成分的采样速率通常是不够的。实际上，信号的准确再现，取决于其采样速率和信号采样点间隙所采用的插值法，即波形重建。一些示波器会为操作者提供以下选择：测量正弦信号的正弦插值法，以及测量矩形波、脉冲和其他信号类型的线性插值法。工程中一个比较采样速率和信号带宽时很有用的经验法则是：如果正在使用的示波器有内插(通过筛选以便在取样点间重新生成)，则采样速率/信号带宽的比值至少应为 4∶1；无正弦内插时，比值应采取 10∶1。

(4) 注意屏幕刷新率。

屏幕刷新率又称波形更新速度。所有的示波器都会闪烁，示波器每秒钟以特定的次数捕获信号，在这些测量点之间将不再进行测量，这就是波形捕获速率，也称屏幕刷新率，表示为波形数每秒。一定要区分波形捕获速率与 A/D 采样速率的区别。采样速率表示示波器在一个波形或周期内 A/D 采样输入信号的频率。波形捕获速率则是指示波器采集波形的速度。波形捕获速率取决于示波器的类型和性能级别，且有着很大的变化范围。高波形捕获速率的示波器将会提供更多的重要信号特性，并能极大地增加示波器快速捕获瞬时的异常情况，如抖动、矮脉冲、低频干扰和瞬时误差的概率。一般来讲，模拟示波器由于电路简单，其屏幕刷新率较高，而数字存储示波器使用串行处理结构每秒钟可以捕获 10 到 5000 个波形。为了改变数字示波器屏幕刷新率低的问题，数字荧光示波器采用并行处理结构，可以提供更高的波形捕获速率，有的高达每秒数百万个波形，大大提高了捕获间歇和难以捕捉事件的可能性，便于发现信号存在的问题。

(5) 选用适当的存储深度。

存储深度又称记录长度。存储深度是示波器所能存储的采样点多少的量度。如果示波器需要不间断地捕捉一个脉冲串，则要求示波器有足够的存储器以便捕捉整个事件。将所要捕捉的时间长度除以精确重现信号所需的采样速率，可以计算出所要求的存储深度。存储深度与采样速率密切相关，存储深度取决于要测量的总时间跨度和所要求的时间分辨率。现代的示波器允许用户选择记录长度，以便对一些操作中的细节进行优化。分析一个十分稳定的正弦信号，只需要 500 点的记录长度，但如果要解析一个复杂的数字数据流，则需要有一百万个点或更多点的记录长度。在正确位置上捕捉信号的有效触发，通常可以减小示波器实际需要的存储量。

(6) 选择合适的触发功能。

示波器的触发能使信号在正确的位置点同步水平扫描，使信号特性清晰。触发控制按钮可以稳定重复的波形并捕获单次波形。对于数字示波器而言，除了采用边沿触发方式以外，其他触发能力在某些应用上是非常有用的，特别是对新设计产品的故障查询，先进的触发方式可将所关心的事件分离出来，找出用户关心的非正常问题，从而最有效地利用采样速率和存储深度。现今有很多示波器，具有先进的触发能力。触发能力主要围绕三个方面：

① 有关垂直方向的幅度，例如瞬态尖峰触发、过脉冲或短脉冲触发等；

② 有关水平方向的与时间有关的触发，例如脉冲宽度、窄脉冲、建立/保持时间等设定时间宽度的触发形式；

③ 扩展和常规触发功能的组合能力，例如对视频信号或其他难以捕捉的信号，通过时间和幅度组合设置触发条件进行触发。触发能力的提高，可以大大提高测试过程的灵活性，并简化工作，尤其现今的示波器对数据总线的触发能力大大提高，例 CAN、I2C 等。

(7) 数字示波器的通道能力。

数字示波器的通道能力包括通道数量和通道对地的悬浮能力和通道之间的隔离能力。对于通常的经济型故障查寻应用，需要的是双通道示波器，然而若要观察若干个模拟信号的相互关系，则需要一台四通道示波器，对于许多模拟与数字两种信号的系统工作，工程师可以选择混合信号示波器，它将逻辑分析仪的通道计数及触发能力与示波器的较高分辨率综合到具有时间相关显示的单一仪器中。如果测量三相电、可控硅等有源器件或线路，两端之间没有绝对的零点，即所谓的浮地信号，这时候从操作安全和精度出发，应选用隔离通道示波器。如果要比较多通道的时序和相移，应选用两通道以上示波器，这时通道之间的隔离更显重要。

(8) 对异常现象的捕获。

数字示波器有三个因素影响着示波器显示日常测试与调试中所遇到的未知和复杂信号的能力：屏幕刷新速率、波形捕获方式和触发能力。波形捕获模式有：采样模式、峰值检测模式、高分辨率模式、包络模式、平均值模式等。屏幕刷新速率与示波器对信号和控制的变化反应快慢有关，使用峰值检测有助于在较慢的信号中捕捉快速信号的峰值。

(9) 分析功能。

数字示波器的一个显著优点是它们能对得到的数据进行测量，且按一下按钮即可实现各种分析功能。虽然可利用的功能因厂家和型号而异，但它们一般包括频率、上升时间、脉冲宽度等测量，有些示波器还提供很多分析模块，例 FFT、功率分析、高级数学运算等。

(10) 示波器的数据管理和通讯能力。

针对示波器而言，测量结果的分析非常重要。将信息和测量结果在高速通信网络中便捷地保存和共享变得日益重要。示波器的互联性提供对结果的高级分析能力并简化结果的存档和共享。现代示波器通过各种接口(GPIB、RS-232、USB 或以太网)和网络通信模式提供一系列的功能和控制方式。

(11) 示波器功能的扩展性。

为了不断适应需求变化，示波器功能最好可以随机扩展。例如，增加通道的内存以分析更长的记录长度；增加面对具体应用的测量功能；有一整套兼容的探头和模块，加强示波器的能力；同通用第三方的 Windows 兼容的分析软件协同工作，例如 Oicope 示波器软件；增加附件，如电池组和机架固定件等。

数字存储示波器的基本原理框图，如图 6-1 所示。

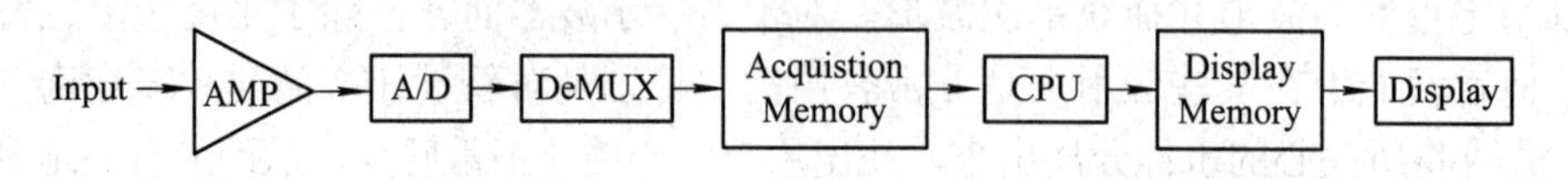

图 6-1　数字示波器的基本原理框图

数字示波器是按照采样原理，利用 A/D 变换，将连续的模拟信号转变成离散的数字序列，然后进行恢复重建波形，从而达到测量波形的目的。

输入缓冲放大器(AMP)将输入的信号作为缓冲变换，可起到将被测体与示波器隔离的作用。示波器工作状态的变换不会影响输入信号，同时将信号的幅值切换至适当的电平范围(示波器可以处理的范围)，也就是说不同幅值的信号在通过输入缓冲放大器后都会转变成相同电压范围内的信号。

A/D 单元的作用是将连续的模拟信号转变为离散的数字序列，然后按照数字序列的先后顺序重建波形。所以 A/D 单元起到一个采样的作用，它在采样时钟的作用下，将采样脉冲到来时刻的信号幅值的大小转化为数字表示的数值。这个点称之为采样点。A/D 转换器是波形采集的关键部件。

多路选通器(DEMUX)将数据按照顺序排列，即将 A/D 变换的数据按照其在模拟波形上的先后顺序存入存储器，也就是给数据安排地址，其地址的顺序就是采样点在波形上的顺序，采样点相邻数据之间的时间间隔就是采样间隔。

数据采集存储器(Acquisition Memory)是采样点存储下来的存储单元。它将采样数据按照安排好的地址存储下来，当采集存储器内的数据足够复原波形的时候，再将数据送入后级处理，用于复原波形并显示。

处理器(CPU)用于控制和处理所有的控制信息，并把采样点复原为波形点，存入显示内存区，并用于显示。显示单元将显示内存(Display Memory)中的波形点显示出来。显示内存中的数据与 LCD 显示面板上的点是一一对应的关系。

6.1.2　数字示波器的操作与使用

本节以 SDS1000X-E 系列数字示波器为例介绍数字示波器的基本操作和使用方法。SDS1000X-E 是 SIGLENT(鼎阳)公司生产的新一代入门级示波器，它的最高带宽为 200 MHz，采样率为 1 GSa/s，标配存储深度 14 M 点。值得一提的是，SIGLENT 将之前只在其中高端系列示波器上采用的 SPO 超级荧光数字示波器技术，集成到了这款入门级产品中，使其具备了灵敏度高、触发抖动小的数字触发系统，高达 40 万帧每秒的波形捕获率和 256 级辉度等级显示。同时 SDS1000X-E 还支持丰富的数据采集和处理功能，包括智能触发、串行总线触发和解码、历史模式和顺序模式、丰富的测量和数学运算、高达 1M 点的 FFT 等，重新定义了入门级示波器。

1．开机功能检查

SDS1000X-E 系列示波器使用的示波器探头是无源探头。首先将探头的 BNC 端连接到前面板的通道 BNC 连接器。按 Default 键可将示波器恢复为默认设置。将探头的接地鳄鱼夹与探头补偿信号输出端下面的“接地端”相连。

按 Auto Setup 键，观察示波器显示屏上的波形，正常情况下应显示如图 6-2 所示的波形。

用同样的方法检测其他通道，若屏幕显示的方波形状与上图不符，需执行“探头补偿”操作。示波器的通道补偿信号，如图 6-3 所示。

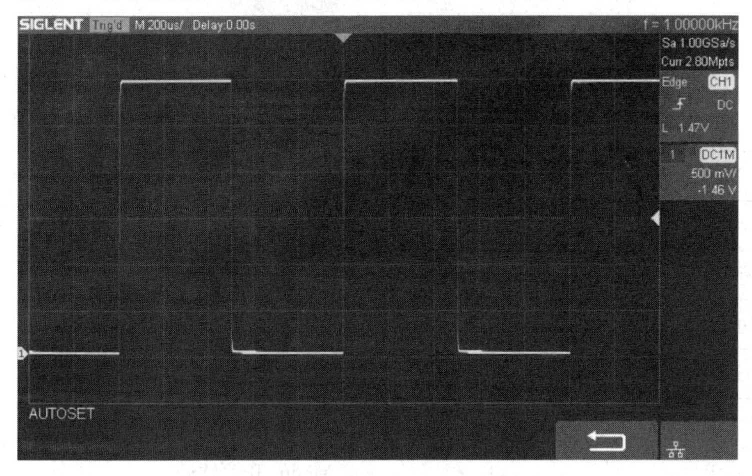

图 6-2　示波器的功能检查

图 6-3　示波器的通道补偿信号

进行探头补偿调节，目的是使探头与示波器输入通道匹配。未经补偿或补偿偏差的探头会导致测量偏差或错误。探头补偿步骤如下：

(1) 检查如图 6-3 所显示的波形形状并与图 6-4 对比。

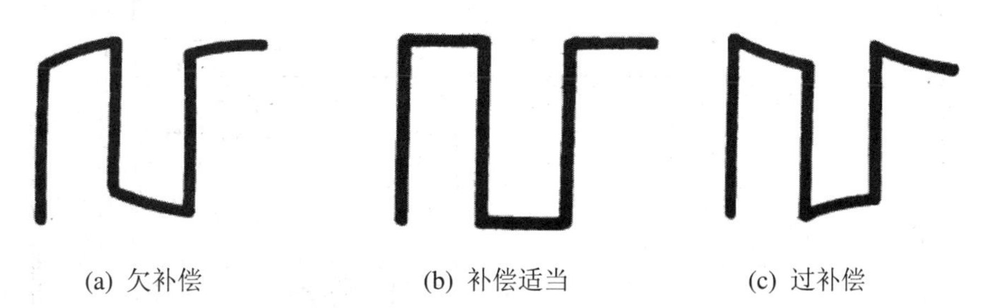

(a) 欠补偿　　(b) 补偿适当　　(c) 过补偿

图 6-4　示波器探头补偿标准示意图

(2) 用非金属质地的改锥调整探头上的低频补偿调节孔，直到显示的波形如图 6-4(b) 所示。

2. 数字示波器的面板

SDS1000X-E 数字示波器的前面板布局结构如图 6-5 所示，其分区功能如表 6-1 所示。

示波器后面板示意图如图 6-6 所示，其分区功能如表 6-2 所示。

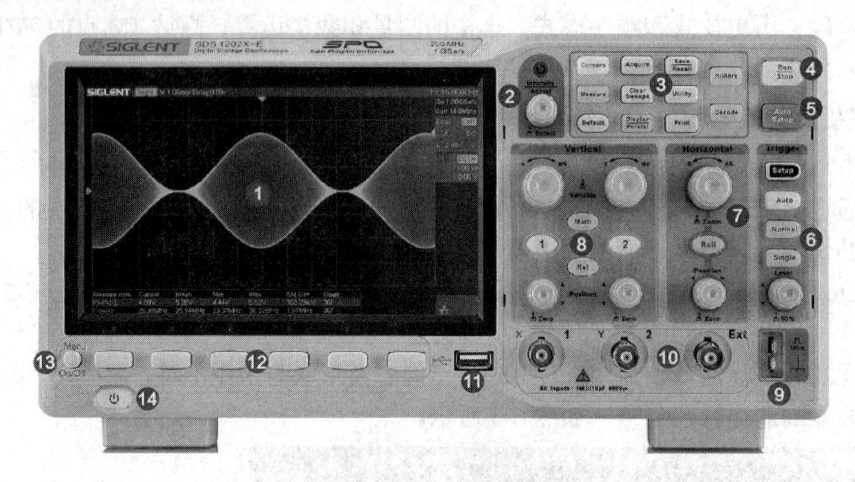

图 6-5　示波器前面板示意图

表 6-1　示波器前面板说明

编号	说明	编号	说明
1	屏幕显示区	8	垂直控制系统
2	多功能旋钮	9	补偿信号输出端
3	常用功能区	10	模拟通道和外触发输入端
4	停止/运行	11	USB 端口
5	自动设置	12	菜单软键
6	触发系统	13	Menu 开关软键
7	水平控制系统	14	电源软开关

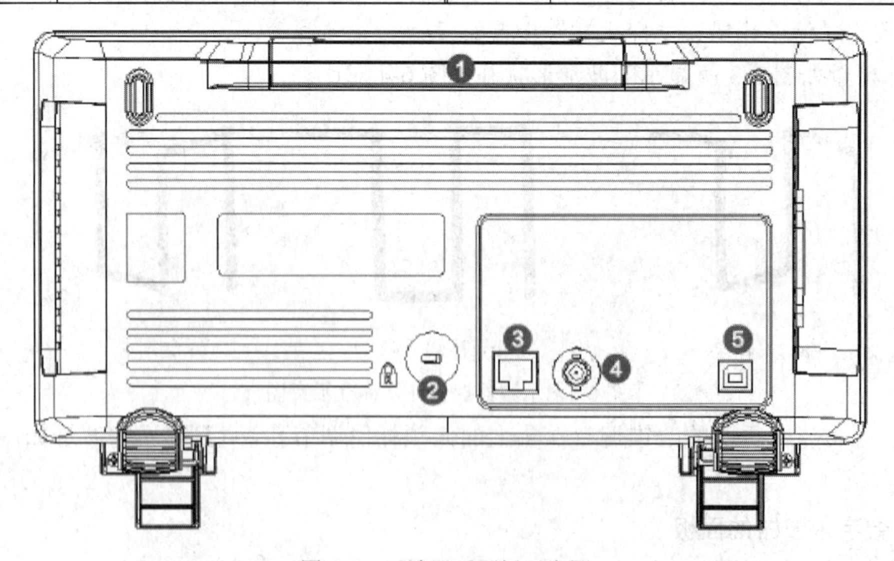

图 6-6　示波器后面板示意图

表 6-2　示波器后面板说明

编号	说明
1	手柄：垂直拉起该手柄，可方便提携示波器。不需要时，向下轻按即可
2	锁孔：可以使用安全锁通过该锁孔将示波器锁在固定位置
3	LAN 接口：通过该接口将示波器连接到网络中，对其进行远程控制
4	Pass/Fail 或 Trig Out 输出：示波器产生一次触发时，可通过该接口输出一个反映示波器当前捕获率的信号，或输出 Pass/Fail 检测脉冲
5	USB Device：该接口可连接 PC，通过上位机软件对示波器进行控制

3. 数字示波器的用户界面

SDS1000X-E 数字示波器的用户界面，如图 6-7 所示。

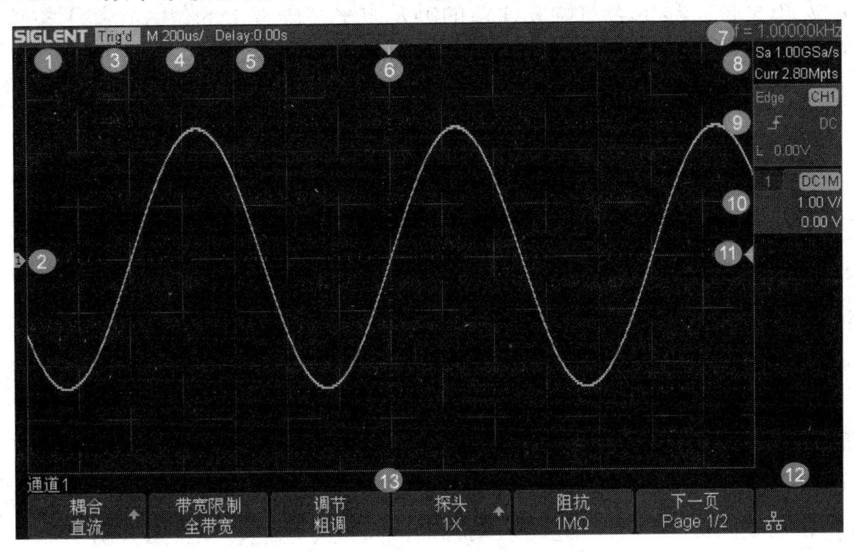

图 6-7　示波器用户界面示意图

用户界面的各部分介绍如下：

(1) 产品商标。SIGLENT 为公司注册的商标。

(2) 通道标记/波形。不同通道用不同的颜色表示，通道标记和波形颜色一致。

(3) 运行状态。可能的状态包括：Arm(采集预触发数据)、Ready(等待触发)、Trig'd(已触发)、Stop(停止采集)、Auto(自动)。

(4) 水平时基。表示屏幕水平轴上每格所代表的时间长度。使用水平挡位旋钮可以修改该参数，可设置范围为 1 ns/div～100 s/div。

(5) 触发位移。使用水平 Position 旋钮可以修改该参数。向右旋转旋钮使得箭头(初始位置为屏幕正中央)向右移动，触发位移(初始值为 0)相应减小；向左旋转旋钮使得箭头向左移动，触发位移相应增大。按下按钮，参数自动被设置为 0，且箭头回到屏幕正中央。

(6) 触发位置。显示屏幕中波形的触发位置。

(7) 频率值。显示当前触发通道波形的硬件频率值。

(8) 采样率/存储深度。显示示波器当前使用的采样率及存储深度。使用水平挡位旋钮可以修改该采样率/存储深度。

(9) 触发设置。触发源“CH1”显示当前选择的触发源。选择不同的触发源时标志不同，触发参数区的颜色也会相应改变。触发耦合 DC 显示当前触发源的耦合方式。可选择的耦合方式有：DC、AC、LF Reject、HF Reject。触发电平值 L 0.00V 显示当前触发通道的电平值。按下按钮将参数自动设为 0。触发类型 Edge 显示当前选择的触发类型及触发条件设置。选择不同的触发类型时标志不同。

(10) 通道设置。探头衰减系数 1X 显示当前开启通道所选的探头衰减比例。可选择的比例有：0.1X、0.2X、0.5X……1000X、2000X、5000X、10000X(1-2-5 步进)。通道耦合 DC 显示当前开启通道所选的耦合方式。可选择的耦合方式有：DC、AC、GND。电压挡位“1.00V/div”表示屏幕垂直轴上每格所代表的电压大小。使用垂直 POSITION 旋钮可以修改该参数，可设置范围为 500 μV/div～10 V/div。

(11) 触发电平位。显示当前触发通道的触发电平在屏幕上的位置。按下按钮使电平自动回到屏幕中心。

(12) 接口状态。表示 USB Host、网口设备、Wi-Fi 的连接状态。

(13) 菜单。显示示波器当前所选功能模块对应菜单。按下对应菜单软键即可进行相关设置。

4. 数字示波器的测量功能

通常情况下，使用数字示波器的 Measure 按键可对波形进行自动测量，包括电压参数测量、时间参数测量和延迟参数测量。电压和时间参数测量显示在 Measure 菜单下的“类型”子菜单中，可选择任意电压或时间参数进行测量，且在屏幕底部最多可同时显示最后设置的 5 个测量参数值。延迟测量显示在“全部测量”子菜单下，开启延迟测量即显示对应信源的所有延迟参数。

SDS1000X-E 根据当前触发信源来选择当前测量的信源，按下 Measure 键可快速开启峰峰值(Vpp)和周期的测量参数，同时自动开启测量统计功能，如图 6-8 所示。

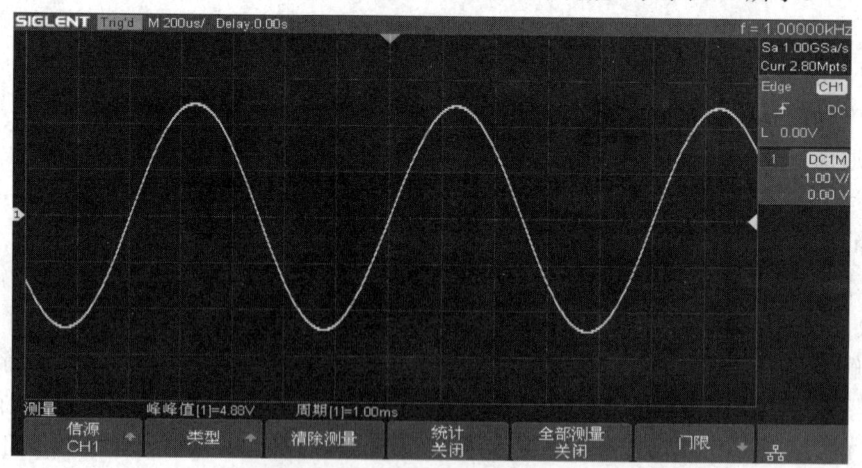

图 6-8　Measure 按键测量界面示意图

SDS1000X-E 支持的测量类型有电压测量、时间测量和延迟测量。按下“类型”选项即可显示所有测量类型，如图 6-9 所示，用户可根据界面提示信息进行选择。

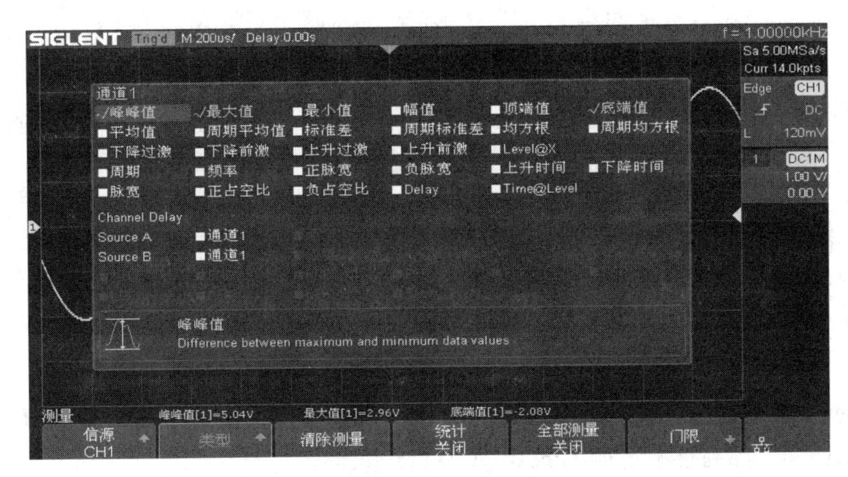

图 6-9　测量类型

1) 电压测量

电压测量包含多种电压参数的测量，例如：

峰峰值：峰-峰值是最大值和最小值之间的差值。

最大值：波形最高点至 GND(地)的电压值。

最小值：波形最低点至 GND(地)的电压值。

幅值：波形的幅度是顶端值和低端值之间的差值。

顶端值：波形平顶至 GND(地)的电压值。

底端值：波形平底至 GND(地)的电压值。

周期平均值：一个周期内波形的算术平均值。

平均值：整个波形或选通区域上的算术平均值。

标准差：所有波形点电压的方差的算术平方根。

周期标准差：第一个周期内所有波形点的标准差。

均方根：整个波形或选通区域上的均方根值。

周期均方根：一个周期内波形的均方根值。

过激(上升过激/下降过激)：大边沿(距触发参考点最近的边沿)转换后的失真，以幅度的百分比表示。

前激(上升前激/下降前激)：大边沿(距触发参考点最近的边沿)转换前的失真，以幅度的百分比表示。

2) 时间测量

时间测量包含多种时间参数的测量，例如：

周期：定义为两个连续、同极性边沿的中阈值交叉点之间的时间。

频率：定义为周期的倒数。

正脉宽：过第一个上升沿 50%Vamp 的点与过其后相邻的下降沿 50%Vamp 的点之间的时间。

负脉宽：过第一个下降沿 50%Vamp 的点与过其后相邻的上升沿 50%Vamp 的点之间的时间。

上升时间：过第一个上升沿 10%Vamp 的点与过第一个上升沿 90%Vamp 的点之间的时间。

下降时间：过第一个下降沿 90%Vamp 的点与过第一个下降沿 10%Vamp 的点之间的时间。

脉宽：过第一个上升沿 50%Vamp 或者第一个下降沿 50%Vamp 的点与过最后一个下降沿 50%Vamp 或者最后一个上升沿 50%Vamp 的点之间的时间。

正占空比：正脉宽与周期的比值。

负占空比：负脉宽与周期的比值。

延迟：过第一个触发电平的点到触发位置的时间。

Time@Level：过每个上升沿 50% 幅值的点到触发位置的时间统计，包括以下几项：

(1) Current：当前这帧波形 Time@Level 的最大值。

(2) Max：历史帧 Time@Level 的时间最大值。

(3) Min：历史帧 Time@Level 时间最小值。

(4) Mean：当前这帧波形 Time@Level 的算术平均值。

3) 延迟测量

延迟测量在任意两个模拟通道上进行，包含多种延迟参数的测量。延迟信源为“CH1-CH2”，则这 10 种延迟参数的具体定义如下：

Phase：通道 1 和通道 2 的第一个上升沿的 50%幅值点之间的距离。

FRR：通道 1 的第一个上升沿的 50%幅值点和通道 2 的第一个上升沿的 50% 幅值点之间的距离。

FRF：通道 1 的第一个上升沿的 50% 幅值点和通道 2 的第一个下降沿的 50% 幅值点之间的距离。

FFR：通道 1 的第一个下降沿的 50% 幅值点和通道 2 的第一个上升沿的 50% 幅值点之间的距离。

FFF：通道 1 的第一个下降沿的 50% 幅值点和通道 2 的第一个下降沿的 50% 幅值点之间的距离。

LRR：通道 1 的最后一个上升沿的 50% 幅值点和通道 2 的最后一个上升沿的 50% 幅值点之间的距离。

LRF：通道 1 的最后一个上升沿的 50% 幅值点和通道 2 的最后一个下降沿的 50% 幅值点之间的距离。

LFR：通道 1 的最后一个下降沿的 50% 幅值点和通道 2 的最后一个上升沿的 50% 幅值点之间的距离。

LFF 通道 1 的最后一个下降沿的 50% 幅值点和通道 2 的最后一个下降沿的 50% 幅值点之间的距离。

Skew：通道 1 的第一个上升沿/下降沿 50%Vamp 的点和通道 2 的最近一个上升沿/下降沿 50%Vamp 的点之间的时间。

4) 门限测量

SDS1000X-E 支持门限测量，通过设置门限上下限来进行区域测量。设置门限值将影响所有电压、时间、延迟和相位参数的测量。测量方法如下：

按下 Measure→门限→开启，打开门限测量；按下门光标 A 或 B，使用多功能旋钮选择需要测量的门限范围。门限测量图如图 6-10 所示。

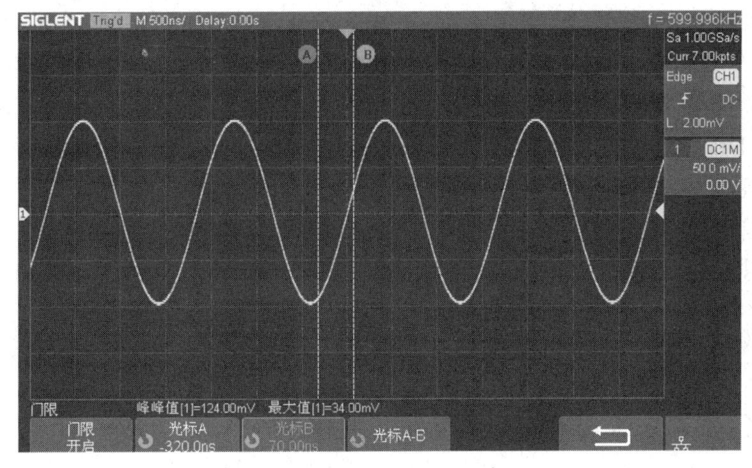

图 6-10　门限测量

5) 测量统计

数字示波器的统计功能用于统计并显示最后打开的最多 5 项测量结果的当前值、平均值、最小值、最大值、标准差以及计数(进行测量的次数)。按“统计”软键打开“统计功能”，屏幕上显示的是对所有参数进行统计的测量，如图 6-11 所示。

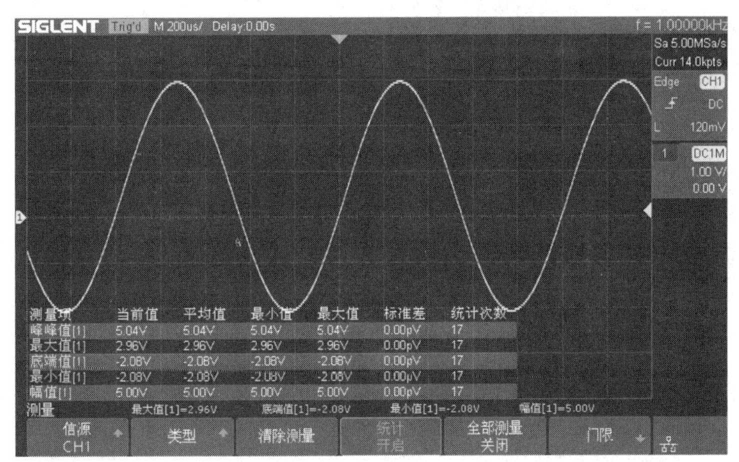

图 6-11　测量统计

6.2　函数信号发生器

6.2.1　函数信号发生器简介

函数发生器是一种能够产生多种波形的信号发生器。它的输出可以是正弦波信号、方波信号或三角波信号，输出信号的电压大小和频率都可以任意调节，所以函数发生器是一种用途广泛的通用仪器。目前低端的廉价信号发生器多采用 LC 振荡器，中低端的函数信号发生器多采用压控振荡器，中高档的信号发生器多采用 DDS(Direct Digital Synthesis)频率直接合成技术。DDS 在大部分操作中使用数字电路，从而提供了数字操作拥有的许多优势。由于信号只在合成的最后阶段转换到模拟域中，所以在多个方面降低了函数发生器的复杂度，提高了函数发生器的稳定性。随着 DDS 技术的普及和芯片价格的下降，越来越多的信号发生器采用 DDS 技术，并有向入门级产品发展的趋势。

DDS 直接数字频率合成是从相位概念出发直接合成所需波形的一种新的频率合成技术，它将先进的数字处理理论与方法引入信号合成领域。DDS 信号发生器采用直接数字频率合成技术，把信号发生器的频率稳定度、准确度提高到与基准频率相同的水平，并且可以在很宽的频率范围内进行精细的频率调节。采用这种方法设计的信号源可工作于调制状态，既可对输出电平进行调节，也可输出各种波形。

6.2.2 函数信号发生器的操作与使用

本节以 SDG6000X 系列双通道脉冲(函数)/任意波形发生器为例介绍函数信号发生器的基本操作和使用方法。SDG6000X 系列双通道脉冲(函数)/任意波形发生器，最大带宽 500 MHz，具备 2.4 GSa/s 采样率和 16 bit 垂直分辨率的优异采样系统指标。在传统的 DDS 技术基础上，该系列函数信号发生器采用了创新的 TrueArb 和 EasyPulse 技术，克服了 DDS 技术在输出任意波和脉冲时的先天缺陷，能够为用户提供高保真、低抖动的信号。此外，该系列函数信号发生器还具备噪声发生、IQ 信号发生、PRBS 码型发生和各种复杂信号生成的能力，能满足更广泛的应用需求。

1．函数信号发生器的面板

SDG6000X 具有明晰、简洁的前面板，如图 6-12 所示，包括触摸屏、菜单键、数字键盘、常用功能按键区、方向键、旋钮和通道输出控制区等。其后面板提供了丰富的接口，包括频率计接口、10MHz 时钟输入端、10MHz 时钟输出端、多功能输入/输出端、USB Device、LAN 接口、电源插口和专用的接地端子等，如图 6-13 所示。

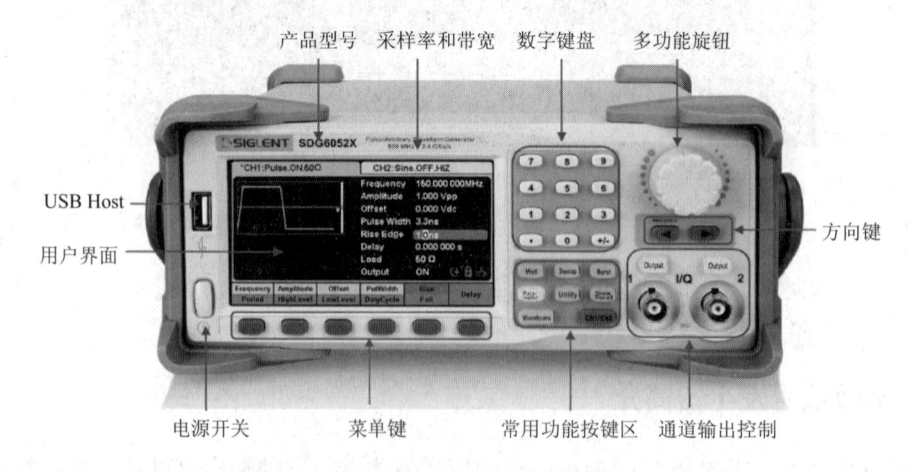

图 6-12　函数信号发生器前面板示意图

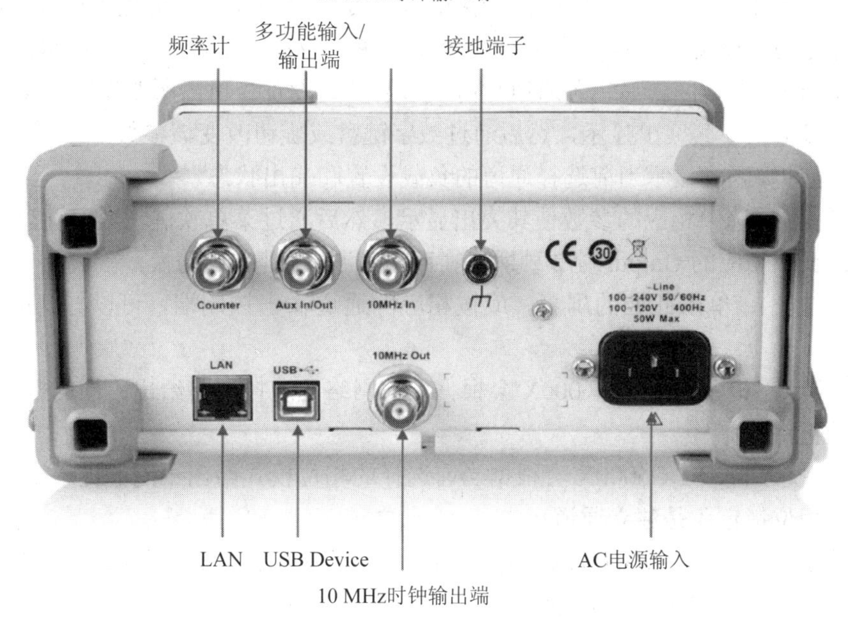

图 6-13　函数信号发生器后面板示意图

SDG6000X 的界面上同一时刻只能显示一个通道的参数和波形。例如，图 6-14 所示为 CH1 选择正弦波的 AM 调制时的界面。基于当前功能的不同，界面显示的内容会有所不同。

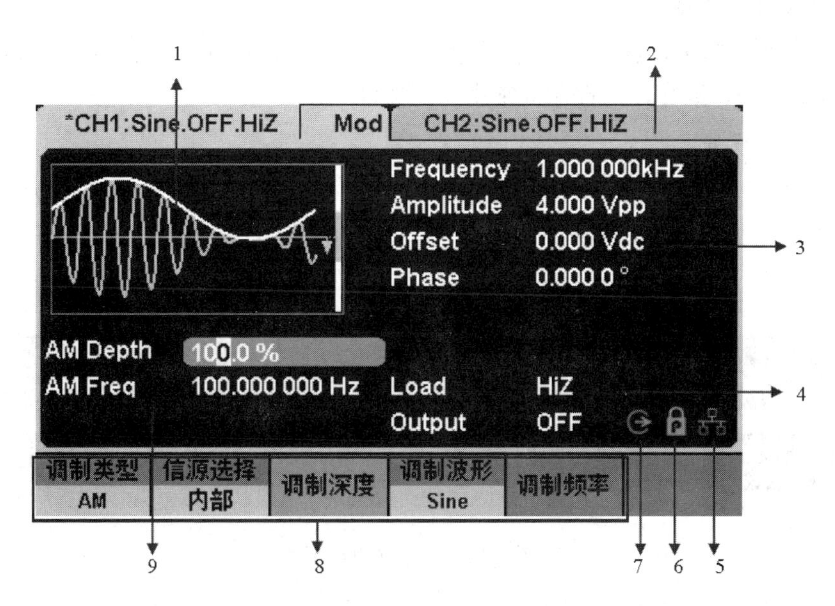

图 6-14　函数信号发生器显示界面

(1) 波形显示区。显示各通道当前选择的波形，单击此处的屏幕，Waveforms 按键灯将变亮。

(2) 通道输出配置状态栏。CH1 和 CH2 的状态显示区域，指示当前通道的选择状态和输出配置。单击此处的屏幕，可以切换至相应的通道。再单击一次此处的屏幕，可以调出前面板功能键的快捷菜单：Mod、Sweep、Burst、Parameter、Utility 和 Store/Recall。

(3) 基本波形参数区。显示各通道当前波形的参数设置。单击所要设置的参数，可以选中相应的参数区使其突出显示，然后通过数字键盘或旋钮改变该参数。

(4) 通道参数区。显示当前选择通道的负载设置和输出状态。

Load(负载)：选中相应的参数使其突出显示，然后通过菜单软键、数字键盘或旋钮改变该参数；长按相应的 Output 键 2 秒即可在高阻和 50 Ω 键之间切换。

Output(输出)：单击此处的屏幕，或按相应的通道输出控制端，可以打开或关闭当前通道。

(5) 网络状态提示符。SDG6000X 会根据当前网络的连接状态给出不同的提示，提示网络连接是否正常。

(6) 模式提示符。SDG6000X 会根据当前选择的相位模式给出不同的提示，提示当前选择的模式是相位锁定还是独立通道。

(7) 时钟源提示符。SDG6000X 会根据当前使用的时钟源给出不同的提示，提示当前使用的时钟源是内部时钟还是外部时钟。

(8) 菜单。显示当前已选中功能对应的操作菜单。例如：上图显示“正弦波的 AM 调制”的菜单。在屏幕上单击菜单选项，可以选中相应的参数区，再设置所需要的参数。

(9) 调制参数区。显示当前通道调制功能的参数。单击此处的屏幕，或选择相应的菜单后，通过数字键盘或旋钮改变参数。

2．函数信号发生器的输出操控

本节简要介绍 SDG6000X 的功能设置，主要包括波形选择设置、调制/扫频/脉冲串设置、通道输出控制、数字输入控制及常用功能按键介绍。

1) 波形选择设置

如图 6-15 所示，在 Waveforms 操作界面下有一列波形选择按键，分别为正弦波、方波、三角波、脉冲波、高斯白噪声、DC、任意波、IQ 信号和伪随机码。下面对其波形设置逐一进行介绍。

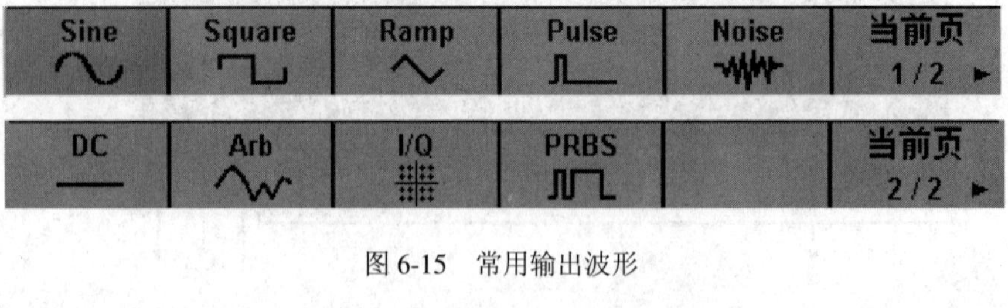

图 6-15　常用输出波形

选择 Waveforms→Sine，通道输出配置状态栏显示 Sine 字样。SDG6000X 可输出频率为 1 μHz 到 500 MHz 的正弦波。设置频率/周期、幅值/高电平、偏移量/低电平、相位，可以得到不同参数的正弦波。如图 6-16 所示，为正弦波的设置界面。

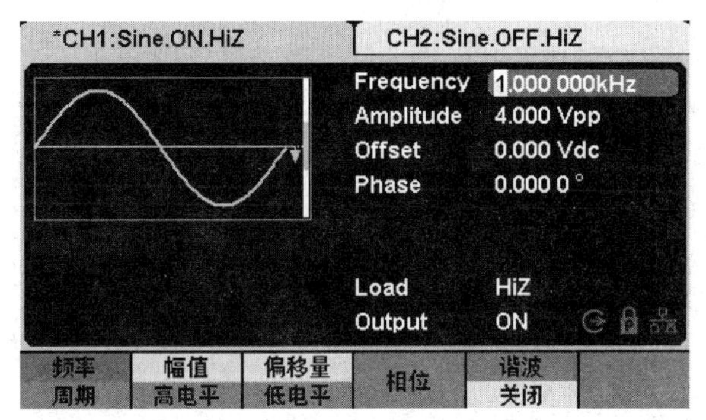

图 6-16　正弦波设置界面

选择 Waveforms→Square，通道输出配置状态栏显示 Square 字样。SDG6000X 可输出频率为 1 μHz 到 120 MHz 并具有可变占空比的方波。设置频率/周期、幅值/高电平、偏移量/低电平、相位、占空比，可以得到不同参数的方波。如图 6-17 所示，为方波的设置界面。

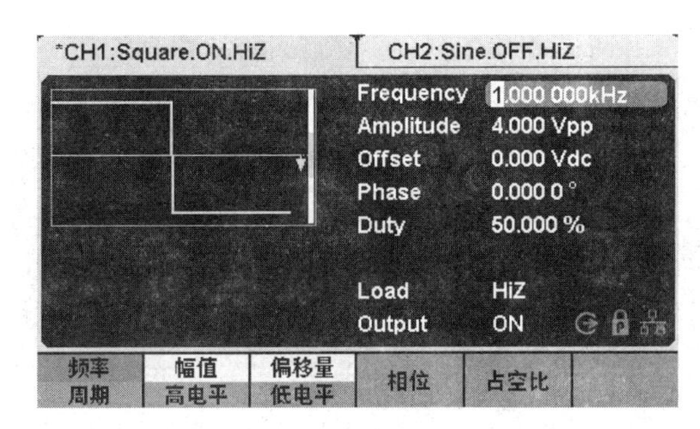

图 6-17　方波设置界面

选择 Waveforms→Ramp，通道输出配置状态栏显示 Ramp 字样。SDG6000X 可输出频率为 1 μHz 到 5 MHz 的三角波。设置频率/周期、幅值/高电平、偏移量/低电平、相位、对称性，可以得到不同参数的三角波。如图 6-18 所示，为三角波的设置界面。

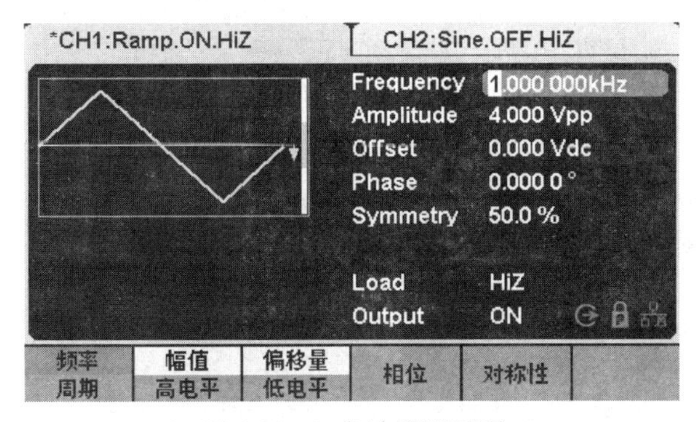

图 6-18　三角波设置界面

选择 Waveforms→Pulse，通道输出配置状态栏显示 Pulse 字样。SDG6000X 可输出频率为 1 μHz 到 150 MHz 的脉冲波。设置频率/周期、幅值/高电平、偏移量/低电平、脉宽/占空比、上升沿/下降沿、延迟，可以得到不同参数的脉冲波。如图 6-19 所示，为脉冲波的设置界面。

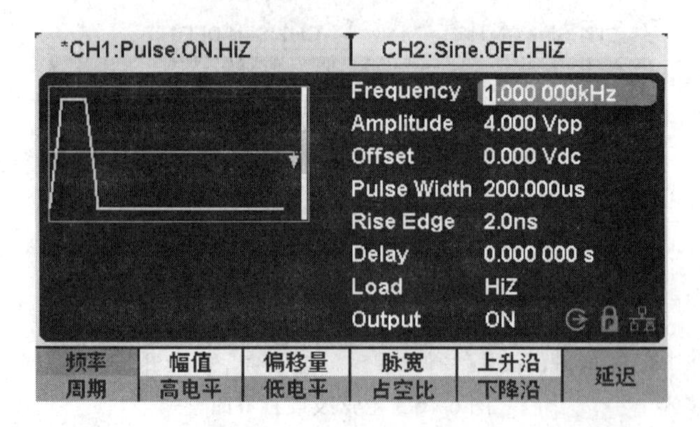

图 6-19　脉冲波设置界面

选择 Waveforms→Noise，通道输出配置状态栏显示 Noise 字样。SDG6000X 可输出带宽为 80 MHz 至 500 MHz 的噪声。设置标准差、均值和带宽，可以得到不同参数的噪声。如图 6-20 所示，为噪声的设置界面。

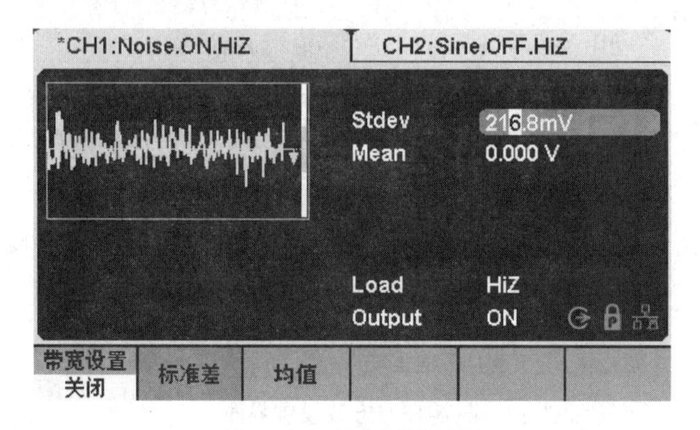

图 6-20　噪声设置界面

选择 Waveforms→当前页 1/2→DC，通道输出配置状态栏显示 DC 字样。SDG6000X 可输出高阻负载下 ±10 V、50 Ω 负载下 ±5 V 的直流。如图 6-21 所示，为 DC 输出的设置界面。

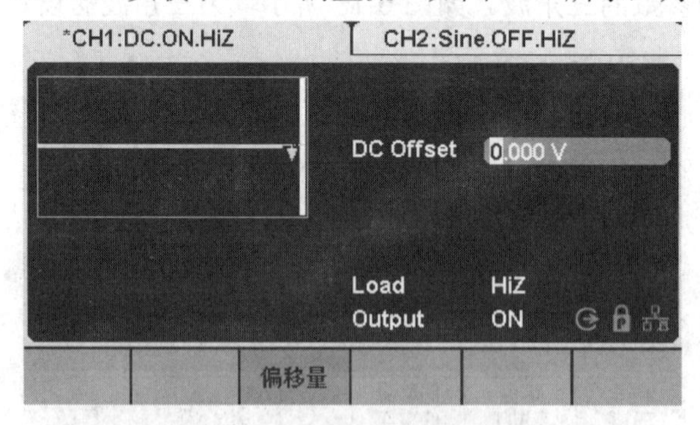

图 6-21　DC 设置界面

选择 Waveforms→当前页 1/2→Arb，通道输出配置状态栏显示 Arb 字样。SDG6000XE 可在 DDS 模式下输出频率为 1 μHz 到 50 MHz，或在 TrueArb 模式下输出采样率为 1 μSa/s 到 300 MSa/s 的任意波。设置频率/周期、幅值/高电平、偏移量/低电平、模式、相位、插值方式，可以得到不同参数的任意波。如图 6-22 所示，为任意波的设置界面。

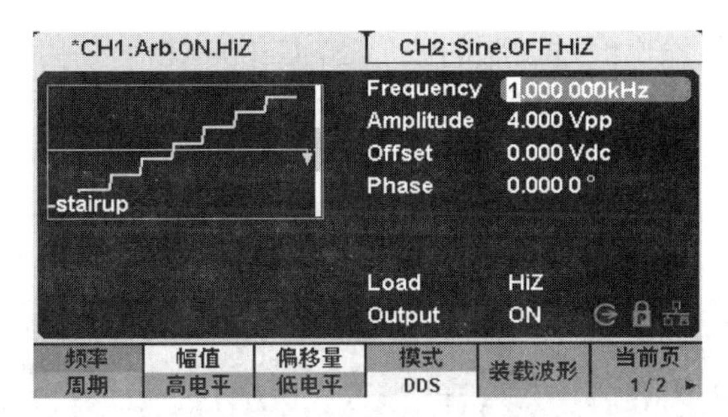

图 6-22　任意波设置界面

选择 Waveforms→当前页 1/2→I/Q，CH1 和 CH2 通道分别输出正交的 I 路和 Q 路信号，输出配置状态栏分别显示 In-phase 和 Quadrature 字样。SDG6000X 可输出符号率为 250 Symb/s 到 37.5 MSymb/s 的 I/Q 信号。设置符号率/采样率、幅度、触发源、载波频率，可以得到不同参数的 I/Q 信号。如图 6-23 所示，为 I/Q 信号的设置界面。

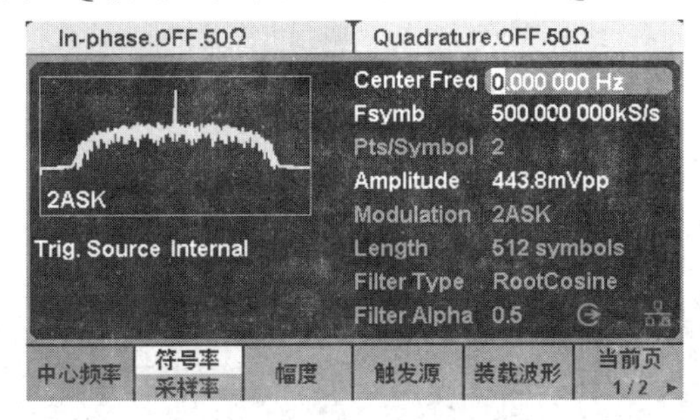

图 6-23　I/Q 信号设置界面

选择 Waveforms→当前页 1/2→PRBS，通道输出配置状态栏显示 PRBS 字样，SDG6000X 可输出比特率为 1 μbps 到 30 Mbps 的伪随机码。设置比特率/周期、幅度/高电平、偏移量/低电平、码型、逻辑电平、沿，可以得到不同参数的伪随机码。如图 6-24 所示，为伪随机码的设置界面。

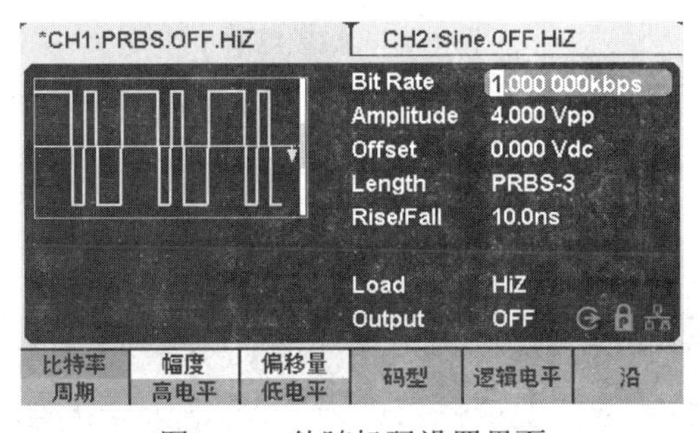

图 6-24　伪随机码设置界面

2) 调制/扫频/脉冲串设置

如图 6-25 所示，在 SDG6000X 的前面板有三个按键，分别为调制、扫频、脉冲串设置功能按键。

图 6-25　调制/扫频/脉冲串设置功能按键

使用 Mod 按键，可输出经过调制的波形 SDG6000XE 可使用 AM、DSB-AM、FM、PM、FSK、ASK、PSK 和 PWM 调制类型，可调制正弦波、方波、三角波、脉冲波和任意波。通过改变调制类型、信源选择、调制频率、调制波形和其他参数，来改变调制输出波形。调制界面如图 6-26 所示。

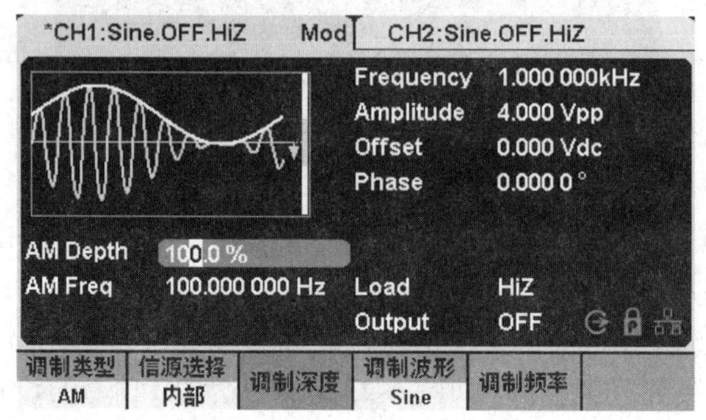

图 6-26　调制界面

使用 Sweep 按键，可输出正弦波、方波、三角波和任意波的扫频波形。在扫频模式中，SDG6000X 在指定的扫描时间内扫描设置的频率范围。扫描时间可设定为 1 ms 到 500 s，触发方式可设置为内部、外部和手动。扫频界面如图 6-27 所示。

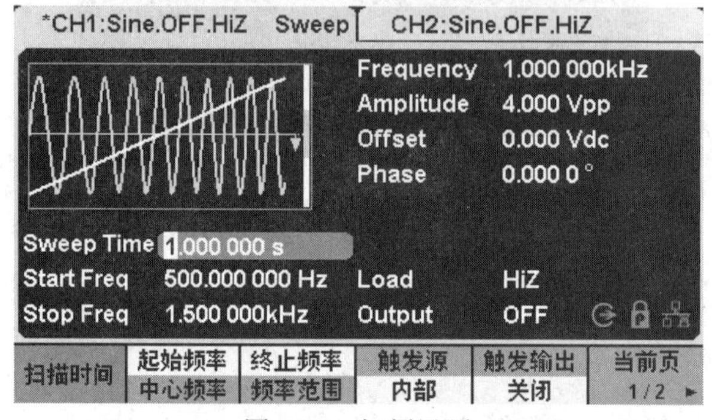

图 6-27　扫频界面

使用 Burst 按键，可以产生正弦波、方波、三角波、脉冲波和任意波的脉冲串输出；可设定起始相位：0° 到 360°；可设定内部周期：1 μs 到 1000 s。脉冲串界面如图 6-28 所示。

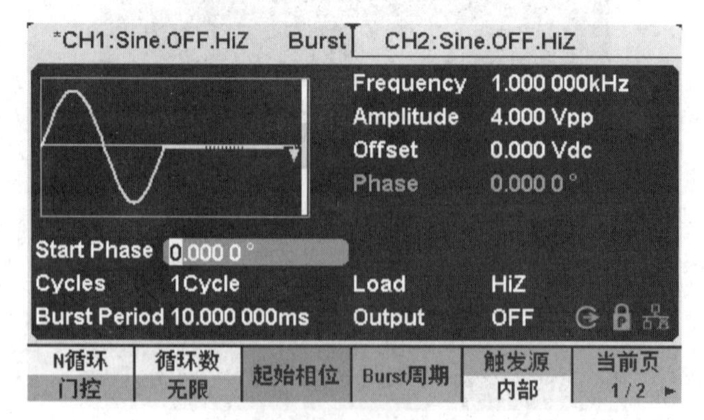

图 6-28　脉冲界面

3) 通道输出控制

在 SDG6000X 方向键的下面有两个输出控制按键，如图 6-29 所示。使用 Output 按键，将开启/关闭前面板的输出接口的信号输出。按下 Output 按键，该按键灯被点亮，同时打开输出开关，输出信号；再次按 Output 按键，将关闭输出。长按 Output 按键可在 50 Ω 和 HiZ 之间快速切换负载设置。

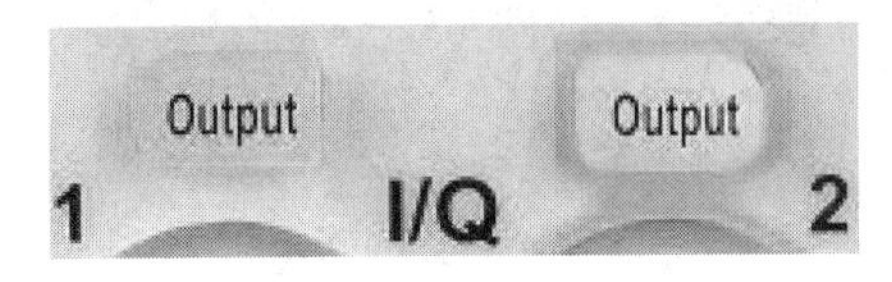

图 6-29　输出控制按键

4) 数字输入控制

如图 6-30 所示，在 SDG6000X 的操作面板上有 3 组按键，分别为数字键盘、旋钮和方向键。下面对其数字输入功能的使用进行简单的说明。

图 6-30　数字按键、旋钮和方向键

(1) 数字键盘：用于编辑波形时参数值的设置，直接键入数值可改变参数值。

(2) 旋钮：用于改变波形参数中某一数位的值的大小：旋钮顺时针旋转一格，递增 1；旋钮逆时针旋转一格，递减 1。

(3) 方向键：使用旋钮设置参数时，用于移动光标以选择需要编辑的位。使用数字键盘输入参数时，左方向键用于删除光标左边的数字。在进行文件名编辑时，可使用方向键移动光标，选中文件名输入区中指定的字符即可。

以正弦波的频率设置为例：在选中所要修改的参数后，可通过数字键盘直接输入参数值，然后选中相应的参数单位即可，如图 6-31 所示。还可以使用方向键来选择参数值所需更改的数据位，再通过旋转旋钮改变该位的数值。当使用数字键盘输入数值时，可使用左方向键向前移位，效果是删除前一位值，再输入具体的数值可改变该位参数值。

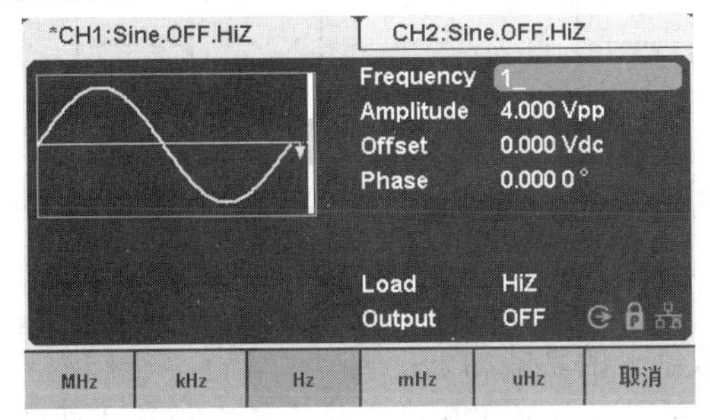

图 6-31　使用数字键盘设置参数

5) 常用功能按键

SDG6000X 的面板下方有五个按键，如图 6-32 所示，分别为参数设置、辅助系统功能设置、存储与调用、波形和通道切换按键。下面对它们的使用进行简单的说明。

图 6-32 功能按键

Waveforms 用于选择基本波形。

Utility 用于对辅助系统功能进行设置，包括频率计、输出设置、接口设置、系统设置、仪器自检和版本信息的读取等。

Parameter 用于设置基本波形参数，方便用户直接进行参数设置。

Store/Recall 用于存储、调出波形数据和配置信息。

CH1/CH2 用于切换 CH1 或 CH2 为当前选中通道。开机时，仪器默认选中 CH1，用户界面中 CH1 对应的区域高亮显示，且通道状态栏边框显示为蓝色。此时按下此键可选中 CH2，用户界面中 CH2 对应的区域高亮显示，且通道状态栏边框显示为黄色。

6.3 直流稳压电源

6.3.1 直流稳压电源简介

直流稳压电源是将交流电转变为稳定的、输出功率符合要求的直流电的设备。各种电子电路都需要直流电源供电，所以直流稳压电源是实验教学或工程应用中必不可少的电子仪器之一。直流稳压电源的技术指标可以分为两大类：一类是特性指标，反映直流稳压电源的固有特性，如输入电压、输出电压、输出电流、输出电压调节范围；另一类是质量指标，反映直流稳压电源的优劣，包括稳定度、等效内阻(输出电阻)、纹波电压及温度系数等。

直流稳压电源通常由电源变压器、整流电路、滤波器、稳压电路四部分组成，如图 6-33 所示。

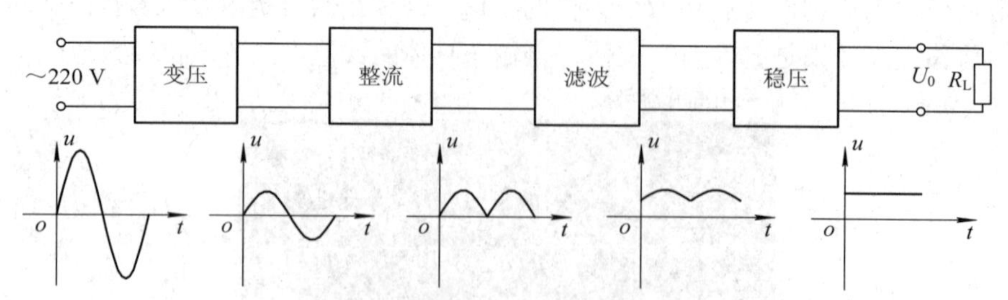

图 6-33 直流稳压电源组成框图

直流稳压电源各组成部分的功能如下：

(1) 电源变压器：将交流市电压(220 V)变化为符合整流需要的电压数值。

(2) 整流电路：将交流市电压变化为整流脉动直流电压。整流是利用二极管的单向导电性来实现的。

(3) 滤波器：将脉动直流电压中的交流量分滤出去，形成平滑的直流电压。滤波可利用电容、电感或电阻-电容来实现。

(4) 稳压电路：其作用是当交流电网电压波动或负载变化时，保证输出直流电压的稳定。简单的稳压电路可采用稳压管来实现，在稳压性能要求高的场合，可采用串联反馈式稳压电路(包括基准电压、取样电路、放大电路和调整管等组成部分)。目前市场上流行的集成稳压电路其应用也相当普遍。

6.3.2 直流稳压电源的操作与使用

本节以 SPD3000 系列直流电源为例介绍直流稳压电源的基本操作和使用方法。SPD3000 系列直流电源轻便、可调、多功能工作配置。它具有三组独立输出：两组可调电压值和一组固定可选择电压值 2.5 V、3.3 V 和 5 V，同时具有输出短路和过载保护。

1. 直流稳压电源的面板

SPD3000 系列直流电源的前面板如图 6-34 所示。

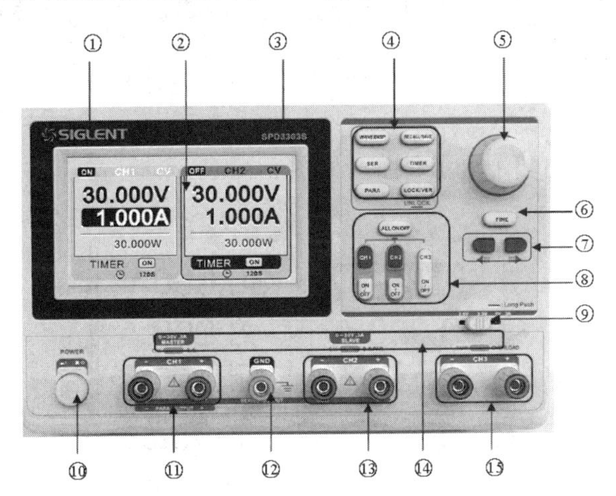

1—品牌 LOGO；2—显示界面；3—产品型号；4—系统参数配置按键；5—多功能旋钮；6—细调功能按键；7—左右方向按键；8—通道控制按键；9—CH3 挡位拨码开关；10—电源开关；11—CH1 输出端；12—公共接地端；13—CH2 输出端；14—CV/CC 指示灯；15—CH3 输出端

图 6-34 直流稳压电源的面板

1) 系统参数配置按键

WAVEDISP：按该键可打开/关闭波形显示界面。

SER：用于设置 CH1/CH2 串联模式。

PARA：用于设置 CH1/CH2 并联模式。

LOCK/VER：用于进入存储系统。

TIMER：用于进入定时系统状态。

RECALL/SAVE：长按该键将开启锁键功能；短按该键将进入系统信息界面。

2) 通道控制按键

ALL ON/OFF：用于开启/关闭所有通道。

CH1：用于选择 CH1 为当前操作通道。

CH2：选择 CH2 为当前操作通道。

ON/OFF：用于开启/关闭当前通道输出。

CH3 ON/OFF：用于开启/关闭 CH3 输出。

3) 其他按键

FINE：用于开启细调功能，参数以最小步进变化。

→：用于光标的移动。

4) 输出端子

SPD3000 系列直流电源前面板上有 CH1、CH2、CH3 的正、负连接端，以及 CH1 和 CH2 的公共接地端，各自有明显的丝印标识，如图 6-35 所示。

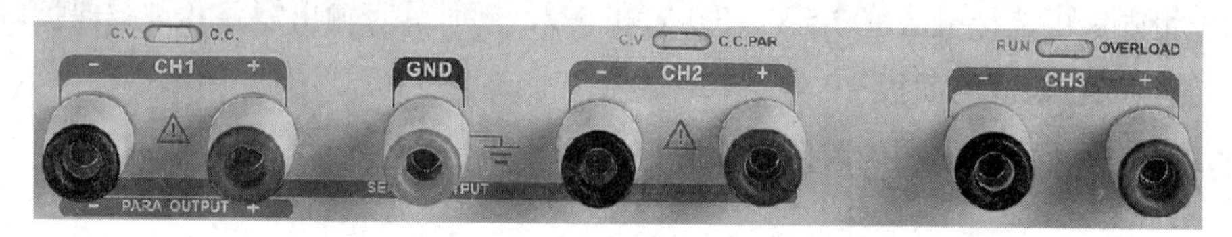

图 6-35　直流稳压电源的输出端子

5) 显示界面

直流稳压电源的输出端子显示界面，如图 6-36 所示。

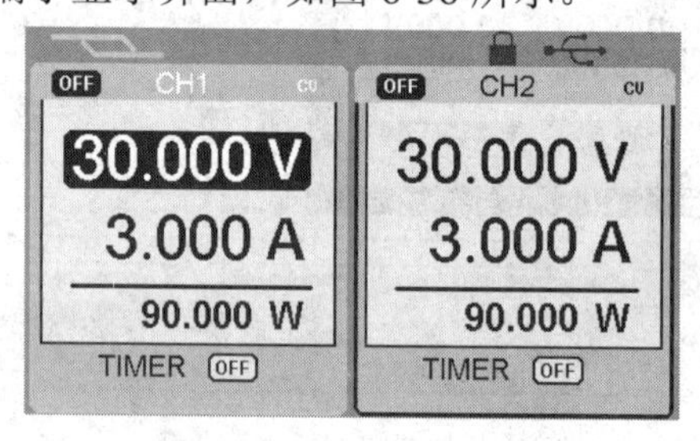

图 6-36　直流稳压电源的输出端子显示界面

2. 直流稳压电源的输出操控

SPD3000 系列可编程线性直流电源有三组独立输出：两组可调电压值和一组固定可选择电压值(2.5 V、3.3 V 和 5 V)。

SPD3000 具有三种输出模式：独立、并联和串联，由前面板的跟踪开关来选择相应模式。在独立模式下，输出电压和电流各自单独控制。在并联模式下，输出电流是单通道的 2 倍。在串联模式下，输出电压是单通道的 2 倍。

在恒流模式下，输出电流为设定值，并通过前面板控制。前面板指示灯亮红色(CC)，电流维持在设定值，此时电压值低于设定值，当输出电流低于设定值，切换到恒压模式。(说明，在并联模式时，辅助通道固定为恒流模式，与电流设定值无关。)在恒压模式下，输出电流小于设定值，输出电压通过前面板控制。前面板指示灯亮绿灯(CV)，电压值保持在设定值，当输出电流值达到设定值时，切换到恒流模式。

1) 输出检查

输出检查主要包括各通道空载时的电压检查和短路时的电流检查，从而确保仪器可以正确响应前面板操作。

电压输出检查：仪器空载，开启电源，并确认通道的电流设置不为零；检查 CH1/CH2 电压输出；按下 CH1/CH2 键以及对应的 ON/OFF 键，通道处于恒压模式，检查“电压可否从 0 调节到最大值 32 V”。

电流输出检查：打开电源；检查 CH1/CH2 电流输出；使用外表有绝缘的导线，连接 CH1/CH2 的 +、− 输出端子；按 CH1/CH2 开关键，关闭其输出；选择电压，旋转旋钮调节电压设置为 32 V；选择电流，将旋转旋钮调节电流设置为 0 A；调节电流参数，检查电流是否可以从 0 A 变化到最大值 3.2 A。

2) 独立输出

CH1/CH2 独立输出的操作步骤如下：

(1) 确定并联和串联键关闭(按键灯不亮，界面没有串并联标识)。

(2) 连接负载到前面板端子，CH1 +/−、CH2 +/−。

(3) 设置 CH1/CH2 输出电压和电流：首先，通过移动光标选择需要修改的参数(电压、电流)，然后，旋转多功能旋钮改变相应参数值(按下 FINE 按键，可以进行细调)。

粗调：0.1 V 或 0.1 A @每转；细调：最小精度@每转

(4) 打开输出：按下输出键 OUTPUT，相应通道指示灯被点亮，输出显示为 CC 或 CV 模式。

3) 串联模式

CH1/CH2 串联模式的操作步骤如下：

(1) 按下 SER 键启动串联模式，按键灯点亮。

(2) 连接负载到前面板端子 CH2+、CH1−。

(3) 按下 CH1 按键，并设置 CH1 设定电流为额定值 3.0 A。

默认状态下，电源工作在粗调模式，若要启动细调模式，按下旋钮 FINE 即可。

粗调：0.1 V 或 0.1 A@每转；细调：最小精度@每转。

(4) 按下 CH1 开关(灯点亮)，使用多功能旋钮来设置输出电压和电流值。

(5) 按下输出键，打开输出。

注意：通过 CH1 指示灯，可以识别输出状态 CV/CC(CV 为绿灯，CC 为红灯)。

4) 并联模式

CH1/CH2 并联模式的操作步骤如下：

(1) 按下 PARA 键启动并联模式，按键灯点亮。

(2) 连接负载到 CH1+/− 端子。

(3) 打开输出，按下输出键，按键灯点亮。

按下 CH1 开关，通过多功能旋钮来设置设定电压和电流值。默认状态下，电源工作在粗调模式，若要启动细调模式，按下 FINE 按钮即可。

注意：通过 CH1 指示灯，可以识别当前输出状态 CC/CV(CV 为绿灯，CC 为红灯)，并联模式下，CH1 只工作在 CC 模式。

6.4 数字万用表

6.4.1 数字万用表简介

万用表又称复用表、繁用表或三用表，是一种多量程和测量多种电量的便携式复用电工测量仪表。一般的万用表以测量电阻、交/直流电流、电压为主。有的万用表还可以用来测量音频电平、电容量、电感量和晶体管的 β 值等。由于万用表结构简单、便于携带、使用方便、用途多样、量程范围广，因而它是维修仪表和调试电路的重要工具，是一种最常用的测量仪表。

数字万用表采用先进的数显技术，显示清晰直观、读数准确。它既能保证读数的客观性，又符合人们的读数习惯，能够缩短读数或记录时间。这些优点是传统的模拟式(即指针式)万用表所不具备的。数字万用表的性能指标通常包括准确度、分辨力、测量范围、测量速度等。

数字万用表的准确度是测量结果中系统误差与随机误差的综合。它表示测量值与真值的一致程度，也反映测量误差的大小。一般讲准确度愈高，测量误差就愈小，反之亦然。数字万用表的准确度远优于模拟指针万用表。万用表的准确度是一个很重要的指标，它反映万用表的质量和工艺能力，准确度差的万用表很难表达出真实的值，容易引起测量上的误判。

数字万用表在最低电压量程上末位数字所对应的电压值，称作分辨力，它反映出仪表灵敏度的高低。数字仪表的分辨力随显示位数的增加而提高。不同位数的数字万用表所能达到的最高分辨力指标不同。数字万用表的分辨力指标亦可用分辨率来显示。分辨率是指仪表能显示的最小数字(零除外)与最大数字的百分比。需要指出的是，分辨率与准确度属于两个不同的概念。前者表征仪表的“灵敏性”，即对微小电压的“识别”能力；后者反映测量的“准确性”，即测量结果与真值的一致程度。二者无必然的联系，因此不能混为一谈，更不得将分辨力(或分辨率)误以为准确度。从测量角度看，分辨力是“虚”指标(与测量误差无关)，准确度才是“实”指标(它决定测量误差的大小)。因此，任意增加显示位数来提高仪表分辨力的方案是不可取的。

在数字万用表中，不同功能均有其对应的可以测量的最大值和最小值，称之为测量范围。

测量速率是指数字万用表每秒钟对被测电量的测量次数，其单位是“次/s”。它主要取决于 A/D 转换器的转换速率。有的手持式数字万用表用测量周期来表示测量的快慢。完成一次测量过程所需要的时间叫测量周期。测量速率与准确度指标存在着矛盾，通常是准确度愈高，测量速率愈低，二者难以兼顾。解决这一矛盾可在同一块万用表设置不同的显示位数或设置测量速度转换开关：增设快速测量挡，该挡用于测量速率较快的 A/D 转换器；通过降低显示位数来大幅度提高测量速率，此法应用得比较普通，可满足不同用户对测量速率的需要。

测量电压时，仪表应具有很高的输入阻抗，这样在测量过程中从被测电路中吸取的电流极少，不会影响被测电路或信号源的工作状态，能够减少测量误差。

测量电流时，仪表应该具有很低的输入阻抗，这样接入被测电路后，可尽量减小仪表对被测电路的影响，但是在使用万用表电流挡时，由于输入阻抗较小，所以较容易烧坏仪表，使用时需特别注意。

6.4.2 数字万用表的操作与使用

本节以 SDM3055 为例介绍数字万用表的基本操作和使用方法。SDM3055 系列是一款 5 位半的数字万用表，它是针对高精度、多功能、自动测量的用户需求而设计的产品，集基本测量功能、多种数学运算功能、电容、温度测量等功能于一身。SDM3055 拥有高清晰的 480 × 272 分辨率的 TFT 显示屏，易于操作的键盘布局和菜单软按键功能，使其更具灵活、易用的操作特点；支持 USB、LAN 和 GPIB 接口，最大限度地满足了用户的需求。

1. 数字万用表的面板

SDM3055 数字万用表向用户提供了简单而明晰的前面板，这些控制按钮按照逻辑分组显示，只需选择相应的按钮进行基本的操作时，如图 6-37 所示。其中，A 为 LCD 显示屏，B 为 USB Host，C 为电源键，D 为菜单操作键，E 为基本测量功能键，F 为辅助测量功能键，G 为使能触发键，H 为方向键，I 为信号输入端。SDM3055 数字万用表的用户界面，如图 6-38 所示。

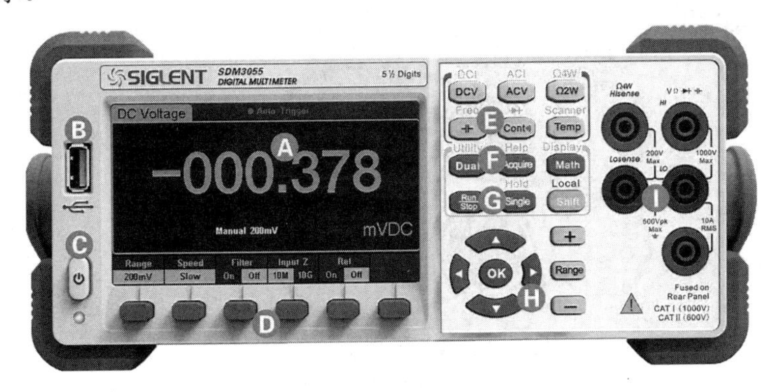

图 6-37　数字万用表的前面板

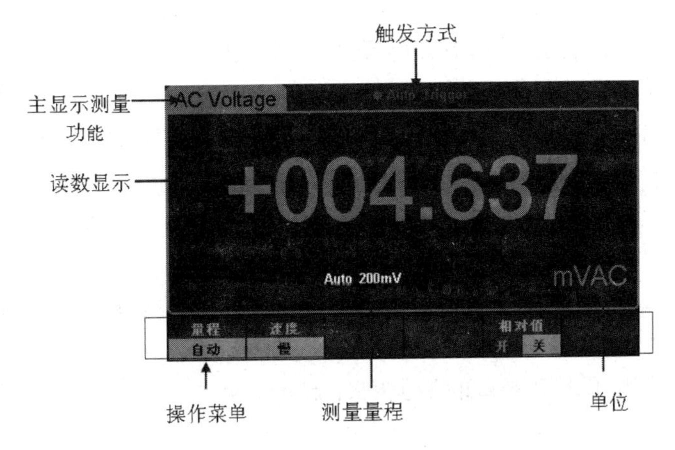

图 6-38　SDM3055 数字万用表的用户界面

2. 数字万用表的测量操控

SDM3055 数字万用表的基本测量功能包括测量直流电压、测量交流电压、测量直流电流、测量交流电流、测量二线或四线电阻等，下面举例说明。

1) 测量直流电压

SDM3055 数字万用表可测量的最大直流电压为 1000 V，每次开机后总是自动选择直流电压测量功能。直流电压的连接和测量方法如下：

(1) 按前面板的 DCV 键，进入直流电压测量界面，如图 6-39 所示。

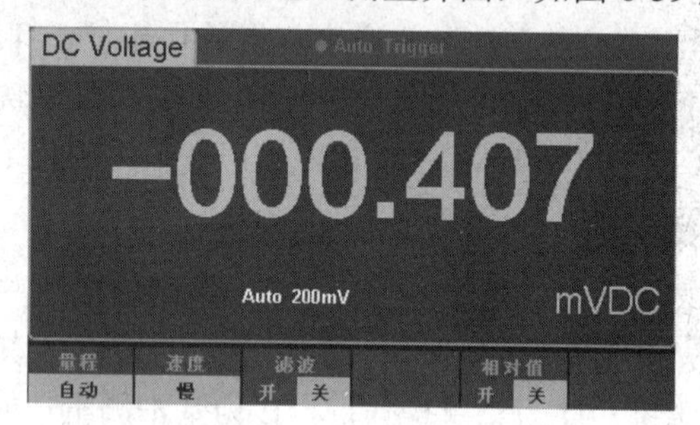

图 6-39 直流电压测量界面

(2) 如图 6-40 所示，连接测试引线和被测电路，红色测试引线接 Input-HI 端，黑色测试引线接 Input-LO 端。

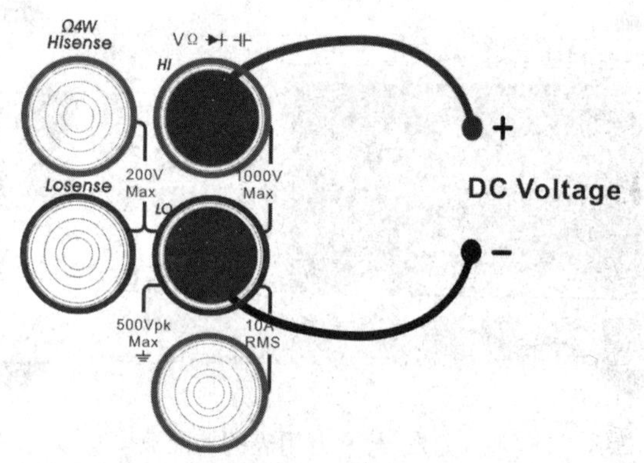

图 6-40 直流电压测量连接示意图

(3) 根据测量电路的电压范围，选择合适的电压量程。

(4) 设置直流输入阻抗(仅限量程为 200 mV 和 2 V)。按“输入阻抗”按钮，设置直流输入阻抗值。直流输入阻抗的默认值为 10 MΩ，此参数出厂时已经设置，用户可直接进行电压测量。(如果用户不需要修改此参数，则直接执行下一步。)

(5) 交流滤波功能。按“滤波”按钮打开或关闭交流滤波器。(注：只有直流电压和直流电流才可以设置此功能。)

(6) 读取测量值。读取测量结果时，可以按“速度”按钮选择测量(读数)速率。

2) 测量直流电流

SDM3055 数字万用表可测量的最大的直流电流为 10 A。直流电流的连接和测试方法如下：

(1) 按前面板的 Shift 键，再按 DCV 键，进入直流电流测量界面，如图 6-41 所示。

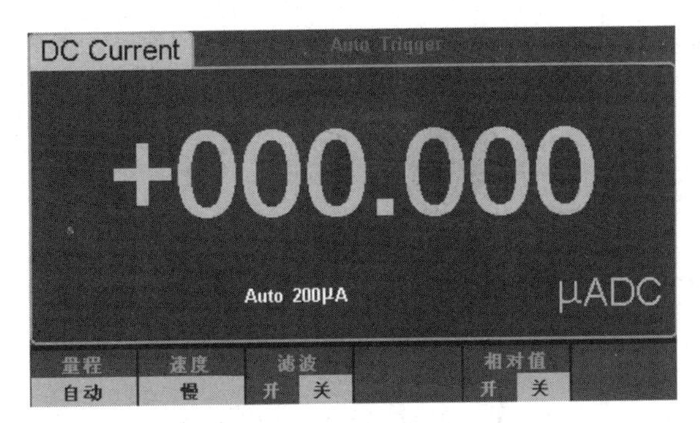

图 6-41　直流电流测量界面

(2) 如图 6-42 所示，连接测试引线和被测电路，红色测试引线接 Input-I 端，黑色测试引线 Input-LO 端。

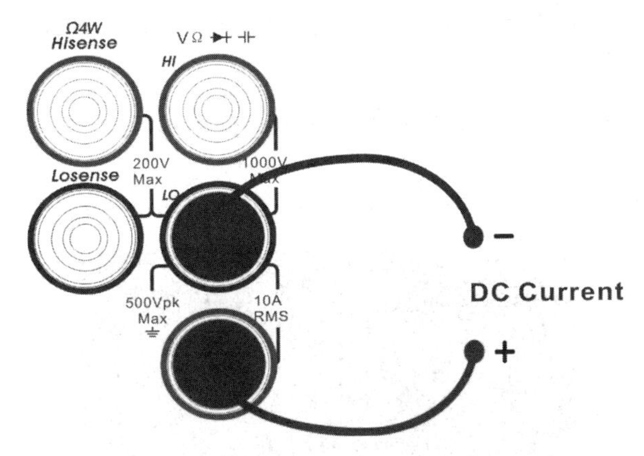

图 6-42　直流电流测量连接示意图

(3) 根据测量电路的电流范围，选择合适的电流量程。

(4) 交流滤波功能。按“滤波”按钮，按钮打开或关闭交流滤波器。

(5) 读取测量值。读取测量结果时，可以按“速度”按钮选择测量(读数)速率。

3) 测量交流电压

SDM3055 数字万用表可测量的最大的交流电压为 750 V。交流电压的连接和测试方法如下：

(1) 按前面板的 ACV 键，进入交流电压测量界面，如图 6-43 所示。

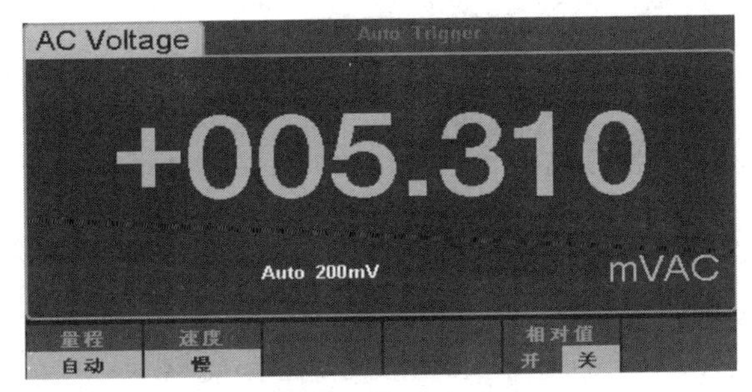

图 6-43　交流电压测量界面

(2) 如图 6-44 所示，连接测试引线和被测电路，红色测试引线接 Input-HI 端，黑色测试引线接 Input-LO 端。

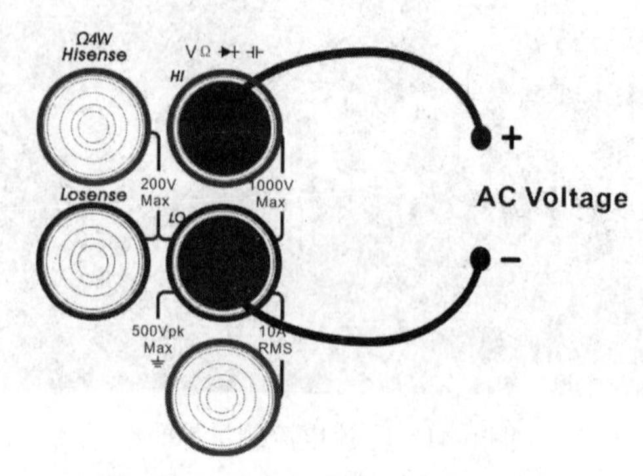

图 6-44　交流电压测量连接示意图

(3) 根据测量电路的电压范围，选择合适的电压量程。

(4) 读取测量值。读取测量结果时，可以按“速度”按钮选择测量(读数)速率。

4) 测量交流电流

SDM3055 数字万用表的可测量的最大的交流电流为 10 A。交流电流的连接和测量方法如下：

(1) 选中前面板的 Shift 按键，再按 ACV 键，进入交流电流测量界面，如图 6-45 所示。

图 6-45　交流电流测量界面

(2) 如图 6-46 所示，连接测试引线和被测电路，红色测试引线接 Input-I 端，黑色测试引线 Input-LO 端。

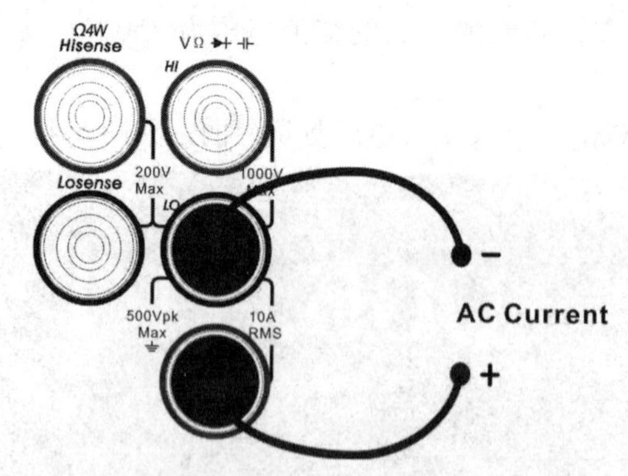

图 6-46　交流电流测量连接示意图

(3) 根据测量电路的电流范围，按“量程”按钮，选择合适的电流量程。

(4) 读取测量值。读取测量结果时，可以按“速度”按钮选择测量(读数)速率。

5) 测量二线或四线电阻

SDM3055 数字万用表提供二线、四线两种电阻测量模式。

二线法测量电阻的连接和测量方法如下：

(1) 按前面板的 Ω2W 键，进入二线电阻测量界面，如图 6-47 所示。

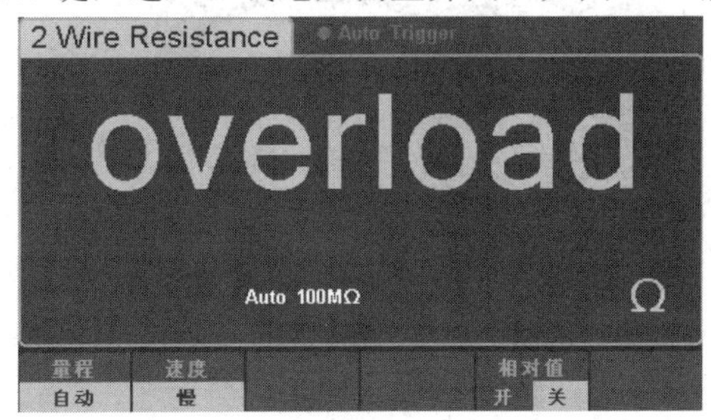

图 6-47　二线电阻测量用户界面

(2) 如图 6-48 所示，连接测试引线和被测电阻，红色测试引线接 Input-HI 端，黑色测试引线接 Input-LO 端。

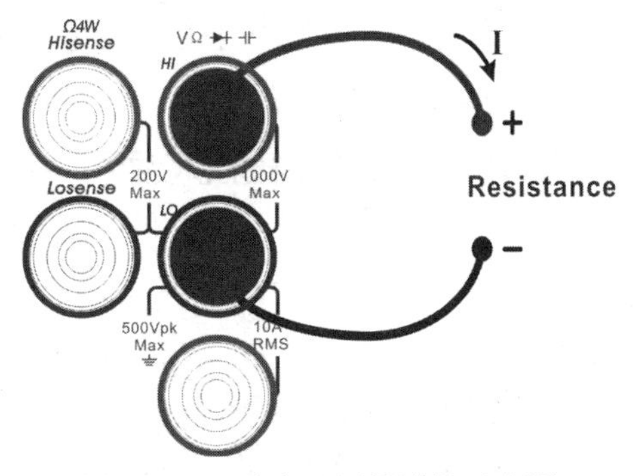

图 6-48　二线电阻测量连接示意图

(3) 根据测量电阻的阻值范围，选择合适的电阻量程。

(4) 读取测量值。读取测量结果时，可以按“速度”按钮选择测量(读数)速率。

当被测电阻阻值小于 100 kΩ，测试引线的电阻和探针与测试点的接触电阻与被测电阻相比已不能忽略不计时，若仍采用二线法测量必将导致测量误差增大，此时可以使用四线法进行测量。

(1) 选中前面板的 Shift 按键，再按 Ω2W 键切换到四线电阻模式，进入四线电阻测量界面，如图 6-49 所示。

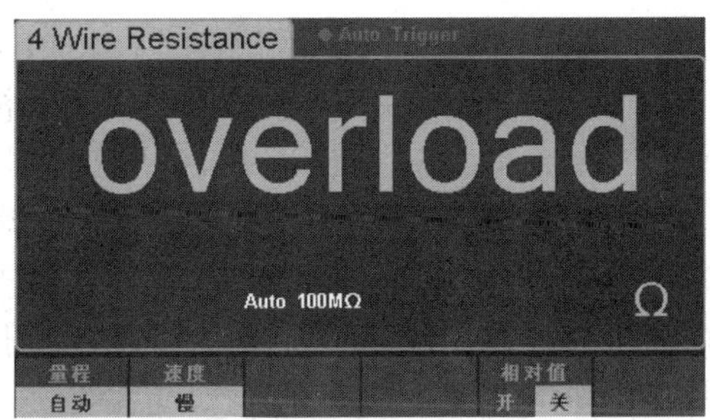

图 6-49　四线电阻测量界面

(2) 如图 6-50 所示，连接测试引线，红色测试引线接 Input-HI 和 HI Sense 端，黑色测试引线接 Input-LO 和 LO Sense 端。

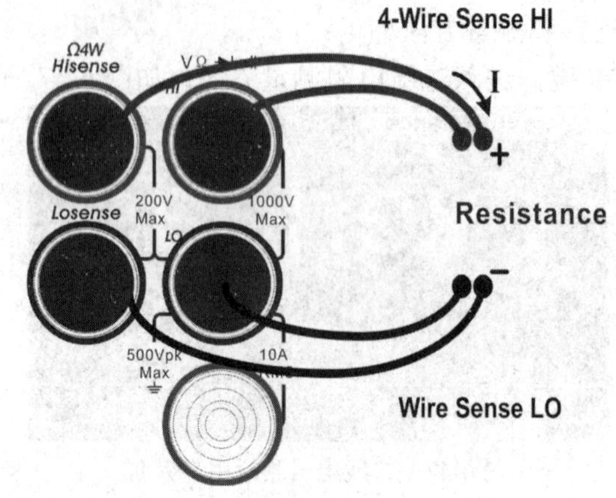

图 6-50　四线电阻测量示意图

(3) 根据被测电阻的阻值范围，选择合适的电阻量程。

(4) 读取测量值。读取测量结果时，可以按“速度”按钮选择测量(读数)速率。

6.5　交流毫伏表

6.5.1　交流毫伏表简介

毫伏表是一种用来测量正弦电压的交流电压表。它主要用于测量毫伏级以下的毫伏、微伏交流电压。一般万用表的交流电压挡只能测量 1 伏以上的交流电压，而且测量交流电压的频率一般不超过 1 kHz。本节介绍的毫伏表，其测量的最小量程是 10 毫伏，测量电压的频率为 50 Hz 到 100 kHz，是测量音频放大电路必备的仪表之一。数字交流毫伏表，其功能相当于用其他分离元件组成的高精度晶体管毫伏表，对常用实验电路中的交流输入波形，可直接计算出其真有效值，并用数码或液晶显示。其测量性能和使用方便程度都优于同类产品，而且具有体积小等特点。

6.5.2　交流毫伏表的操作与使用

本节以 SM2000A 数字毫伏表为例介绍交流毫伏表的基本操作和使用方法。SM2000A 数字交流毫伏表采用了单片机控制和 VFD 显示技术，结合了模拟技术和数字技术。SM2030A 适用于测量 5 Hz～3 MHz 的频率；SM2050A 适用于测量 5 Hz～5 MHz 的频率，电压为 50 μV～300 V 的正弦波有效值电压。它具有量程自动/手动转换功能，3 位半或 4 位半数字显示，小数点自动定位，能以有效值、峰峰值、电压电平、功率电平等多种测量单位显示测量结果。有两个独立的输入通道，有两个显示行，能同时显示两个通道的测量结果，也能以两种不同的单位显示同一个通道的测量结果。能同时显示量程转换方式、量程、单位等多种操作信息。显示清晰、直观，操作简单、方便。测量地和大地可以悬浮，也可以连接，使用安全。

1．交流毫伏表的面板

SM2000A 数字毫伏表的前面板如图 6-51 所示。

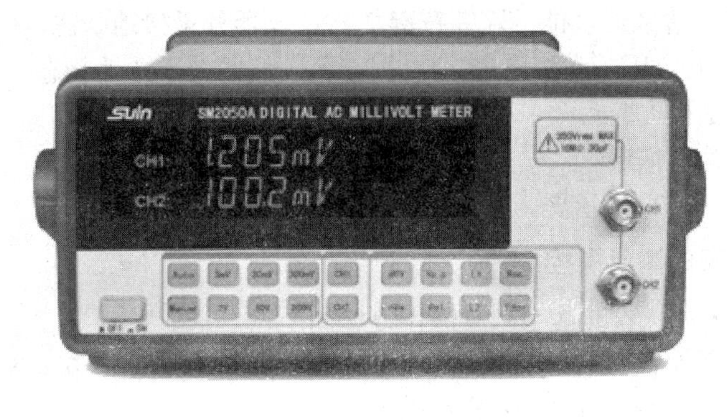

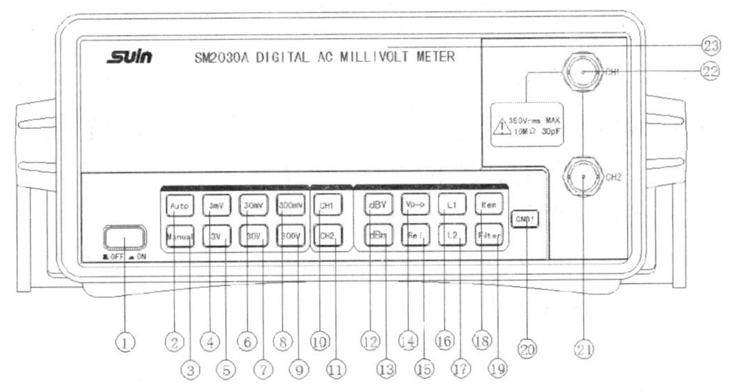

图 6-51　SM2000A 的前面板示意图

SM2000A 数字毫伏表各按键功能简介如下：

①为 ON/OFF 键：电源开关。

②、③分别为 Auto 键、Manual 键：选择改变量程的方法，两键互锁。按下 Auto 键，切换到自动选择量程。在自动功能，当输入信号大于当前量程的约 13%，自动加大量程；当输入信号小于当前量程的约 10%，自动减小量程。按下 Manual 键切换到手动选择量程。使用手动(Manual)量程，当输入信号大于当前量程的 13%，显示 OVLD 应加大量程；当输入信号小于当前量程的 8%，显示 LOWER，必须减小量程。手动量程的测量速度比自动量程快。

④～⑨为 3 mV 键～300 V 键：手动量程时切换并显示量程。六键互锁。

⑩、⑪分别为 CH1 键、CH2 键：选择输入通道，两键互锁。按下 CH1 键选择 CH1 通道；按下 CH2 键选择 CH2 通道。

⑫～⑭为 dBV 键～Vpp 键：把测得的电压值用电压电平、功率电平和峰峰值表示，三键互锁，按下任何一个量程键退出。dBV 键：电压电平键，0 dBV = 1 V。dBm 键：功率电平键，0 dBm = 1 mW，600 Ω。Vpp 键：显示峰-峰值。

⑮为 Rel 键：归零键。记录“当前值”然后显示值变为：测得值-“当前值”。显示有效值、峰峰值时按归零键有效，再按一次退出。

⑯、⑰分别为 L1 键、L2 键：显示屏分为上、下两行，用 L1、L2 键选择其中的一行，可对被选中的行进行输入通道、量程、显示单位的设置，两键互锁。

⑱为 Rem 键：进入程控，再按一次退出程控。

⑲为 Filter 键：开启滤波器功能，显示 5 位读数。

⑳为 GND 键：接大地功能。连续按键 2 次，仪器处于接地状态，(在接地状态，输入信号切莫超过安全低电压，谨防电击！)再按一次，仪器处于浮地状态。

㉑为 CH1：输入插座。

㉒为 CH2：输入插座。

㉓为显示屏：VFD 显示屏。

2．交流毫伏表的测量操控

SM2000A 数字毫伏表的基本测量操作方法如下：

(1) 开机。按下面板上的电源开关按钮，电源接通。仪器进入初始状态。

(2) 预热。精确测量需预热 30 分钟以上。

(3) 选择输入通道、量程和显示单位。

按下 L1 键，选择显示器的第一行，设置第一行有关参数。用 CH1/CH2 键选择向该行送显的输入通道。用 Auto/Manual 键选择量程转换方法。使用手动 Manual 量程时，用 3 mV～300 V 键手动选择量程，并指示出选择的结果。使用自动 Auto 量程时，自动选择量程。用 dBV、dBm、Vpp 键选择显示单位，默认的单位是有效值。

按下 L2 键，选择显示器的第二行，可按照上述相同的方法设置第二行有关参数。

(4) 输入被测信号。SM2000A 系列有两个输入端，由 CH1 或 CH2 输入被测信号，也可由 CH1 和 CH2 同时输入两个被测信号。

(5) 读取测量结果。

(6) 关机后再开机，间隔时间应大于 10 秒。

思 考 题

1. 用示波器测量直流电压的大小与测量交流电压的大小相比，在操作方法上有哪些不同？

2. 设已知一函数发生器输出电压峰峰值为 10 V，此时分别按下输出衰减 20 dB、40 dB 键或同时按下 20 dB、40 dB 键。这三种情况下，函数发生器的输出电压峰峰值各为多少？

3. 函数发生器输出正弦信号的频率为 20 kHz，能否不用交流毫伏表而用数字式万用表交流电压挡去测量其大小？

4. 当使用数字万用表被测量较小阻值的电阻时，测试引线的电阻和探针与测试点的接触电阻与被测电阻相比已不能忽略不计，此时如何测量？

5. 使用交流毫伏表进行精确测量时为何需预热？一般至少预热多长时间？

6. 在实训中，所有仪器与实验电路必须共地(所有的地接在一起)，这是为什么？

第三篇

焊接与装配技能篇

第 7 章　焊 接 技 术

在电子产品的装配过程中，焊接是一种连接元器件的主要方式。一个电子产品的焊接点少则几十个，多则成千上万个，只有每一个焊接点都做到可靠地连接才能保证产品质量，因此焊接质量好坏是决定产品质量好坏的重要因素。本章主要介绍焊接的基本知识及锡铅焊接方法。

7.1　焊接的基本知识

焊接是通过加热、加压，或两者并用，使被焊金属的原子或分子通过相互扩散作用结合在一起的连接方法。利用焊接方法进行连接而形成的连接点叫焊点。

焊接通常分为熔焊、压焊和钎焊三大类。

1．熔焊

熔焊是一种利用加热被焊件使其熔化，冷却后形成合金而焊接在一起的焊接技术。

2．压焊

压焊是在加压条件下，使两工件在固态下实现原子间结合，又称固态焊接。

3．钎焊

钎焊是使用比工件熔点低的金属材料做钎料，将工件和钎料加热到高于钎料熔点、低于工件熔点的温度，利用液态钎料润湿工件，填充接口间隙并与工件实现原子间的相互扩散，从而实现焊接的方法。钎料也叫焊料，其熔点必须低于被焊接金属的熔点。

7.2　焊 接 工 具

焊接工具在焊接工艺中是必不可少的，高效易操作的焊接工具是焊接质量的保证，因此熟练掌握焊接工具是焊接技术的关键。焊接工具主要包括电烙铁、尖嘴钳、镊子、螺丝刀及剥线钳等。

7.2.1　电烙铁

电烙铁是电子制作和电器维修的必备工具，主要用途是焊接元件及导线。选择合适的电烙铁，是提高焊接效率和保证焊接质量的基础。

常用电烙铁一般为直热式。直热式又分为外热式和内热式。加热体也称烙铁芯，由镍铬电阻丝绕制而成，加热体位于烙铁头外部的称为外热式，位于烙铁头内部的称为内热式。

电烙铁在接通电源后，加热体升温，烙铁头受热温度升高，达到工作温度后就可熔化焊锡进行焊接。相比外热式电烙铁，内热式电烙铁具有发热快、热效率较高、体积小、质量轻、耗电量少、使用方便、灵巧等优点，适用于小型电子元器件和印制板的手工焊接。电烙铁如图 7-1 所示。

另一种烙铁为调温及恒温电烙铁，又分为自动和手动两种。手动式调温电烙铁是将调压器接在烙铁上，通过调节调压器来控制烙铁的温度。自动式电烙铁通过温度传感器监测烙铁头的温度，根据传感器的输出信号来控制烙铁温度，使烙铁温度为恒定状态。常见恒温电烙铁如图 7-2 所示。

图 7-1　电烙铁

图 7-2　恒温电烙铁

7.2.2　其他装配工具

1. 尖嘴钳

尖嘴钳具有较尖的头部，主要用于夹持小型金属零件，也可以用尖嘴钳来弯曲元器件引脚使之成形。

2. 镊子

镊子主要用于弯曲较小元器件的引脚或夹持较小的元器件和较细的导线，用镊子夹持元器件进行焊接还有利于散热。

3. 螺丝刀

常用的螺丝刀有“一”字式和“十”字式两种，它的作用是拧动螺钉以及调节元器件的可调部分。实际使用中应根据情况选用相应规格的螺丝刀。

4. 剥线钳

剥线钳的主要作用为剥除电线头部的表面绝缘层。

7.3　焊接材料与焊接机理

焊接材料包括焊料和焊剂。掌握焊料和焊剂的性质、作用原理及选用知识，对提高焊接技术很有帮助。

7.3.1 焊料

焊料是用来连接两种或多种金属表面，同时在被连接金属的表面之间架起冶金学桥梁作用的金属材料。常用的焊料是一种易熔合金，通常由两种或三种熔点低于 425℃的金属掺杂组成。焊料之所以能可靠地连接两种金属，是因为它能润湿这两个金属表面，同时在它们中间形成金属间化合物。润湿是焊接的必要条件。在一般电子产品装配中，主要使用锡铅焊料，一般由锡加入一定比例的铅和少量其他金属制成，俗称焊锡，如图 7-3 所示。

图 7-3　焊锡

各种焊锡材料中不可避免地会含有微量金属。这些微量金属作为杂质，超过一定限度就会对焊锡的性能产生很大影响。不同标准的焊锡规定了杂质的含量标准。不合格的焊锡可能是成分不准确，也可能是杂质含量超标。在生产中大量使用的焊锡应该经过质量认证。为了使焊锡获得某种性能，也可掺入某些金属。手工焊接常用的焊锡丝，是将焊锡制成管状，内部填充助焊剂。助焊剂一般由优质松香添加一定的活化剂组成。

7.3.2 助焊剂

助焊剂分有机焊剂、无机焊剂和树脂焊剂三大类，一般由活化剂、树脂、扩散剂、溶剂四部分组成。它能溶解去除金属表面的氧化物，还能降低焊锡的表面张力，保证焊锡的湿润。另外，在焊接时，助焊剂会包裹在金属表面，使金属与空气隔绝，防止金属在加热时氧化。以松香为主要成分的树脂焊剂在电子产品生产中占有重要地位，成为专用型的助焊剂。松香助焊剂如图 7-4 所示。

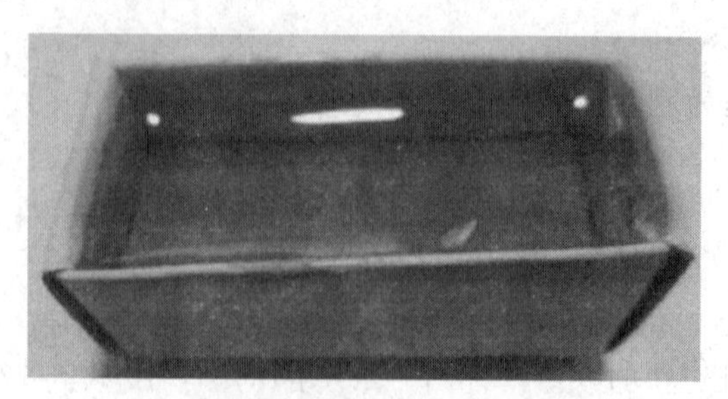

图 7-4　松香助焊剂

7.4 手工焊接技术

7.4.1 焊前准备

手工焊接应根据实际情况选择锡铅材料、助焊剂和清洗剂，一般选择锡铅材料 SnPb39 或 SnPb56-2、松香助焊剂和无水乙醇清洗剂。

选择电烙铁时，常选用低压控温电烙铁，烙铁头建议使用镀镍或紫铜烙铁头，烙铁头的形状根据实际焊接情况而定。

元器件引脚在焊接前要加工成形，元器件的引脚及多股导线要上锡处理。

7.4.2 焊接操作基本方法

助焊剂加热后会挥发出对人体有害的化学物质，因此在焊接时鼻子与烙铁头之间的距离不能太近，一般应保持大于 20 cm，建议保持 30 cm 以上。

1．电烙铁的手持方法

使用电烙铁的目的是为了加热被焊件，不能烫伤、损坏导线和元器件，为此必须正确掌握手持电烙铁的方法。

电烙铁通常有三种手持方法，如图 7-5 所示。反握法焊接时动作稳定，长时间操作不易疲劳，适于大功率烙铁的操作和焊接热容量大的被焊件。正握法适用于中等功率烙铁或带弯头烙铁的操作，一般在操作台上焊接印制板等焊件时多采用正握法。握笔法适用于小功率烙铁或直头烙铁的操作，在焊接印制板等焊件时采用这种握法。

(a) 反握法

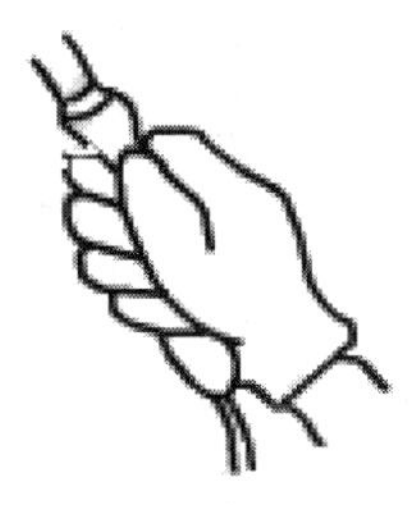

(b) 正握法

(c) 握笔法

图 7-5 电烙铁的手持方法

2．焊锡丝的拿法

手工焊接中一般左手拿焊锡丝，右手拿电烙铁。拿焊锡丝的方法一般有两种，连续拿法和断续拿法如图 7-6 所示。采用连续锡丝拿法焊接时，用拇指和食指握住焊锡丝，其余三手指配合拇指和食指把焊锡丝连续向前送进，适于成卷的手工焊接。采用断续锡丝拿法焊接时，用拇指、食指夹住焊接丝，这种拿法，焊接丝不能连续向前送进，适用于小段焊接丝的手工焊接。

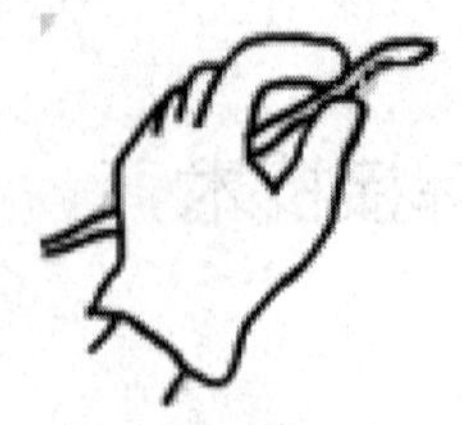

(a) 连续锡丝拿法

(b) 断续锡丝拿法

图 7-6　焊锡丝的拿法

3．焊接操作的基本步骤

为了保证焊接的质量，正确的操作步骤是很重要的。五步法操作示意图，如图 7-7 所示。

(1) 准备焊接：左手拿焊丝，右手提电烙铁，随时处于焊接状态。要求烙铁头保持干净，表面镀有一层焊锡，如图 7-7(a)所示。

(2) 加热焊件：应注意加热整个焊件，使焊件均匀受热。烙铁头放在两个焊件的连接处，时间为 1～2 s，如图 7-7(b)所示。在印制板上焊接元器件，要注意使烙铁头同时接触焊盘和元器件的引线。

(3) 送入焊丝：焊件加热到一定温度后，焊丝从电烙铁对面接触焊件，如图 7-7(c)所示。注意不要把焊丝送到烙铁头上。

(4) 移开焊丝：当焊丝熔化一定量后，立即将焊丝以 45° 向左上方移开，如图 7-7(d)所示。

(5) 移开烙铁：焊锡浸润焊盘或焊件的施焊部位后，以 45° 向右上方移开，完成焊接，如图 7-7(e)所示。

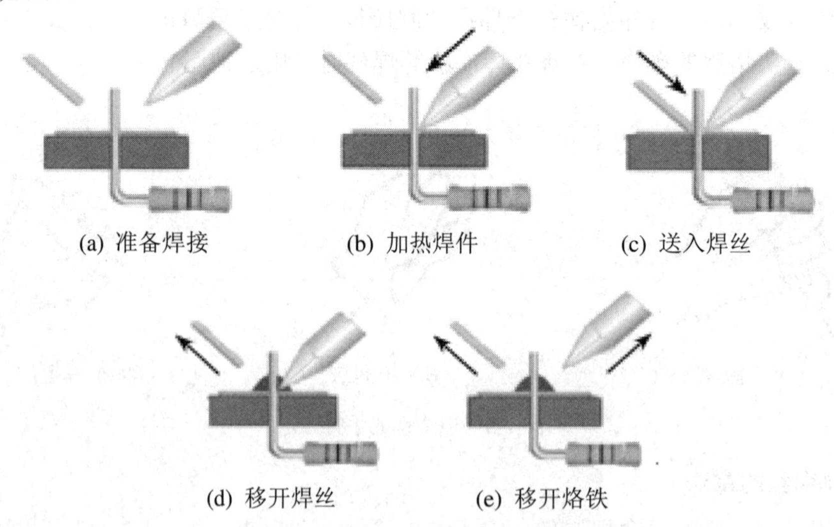

(a) 准备焊接　(b) 加热焊件　(c) 送入焊丝

(d) 移开焊丝　(e) 移开烙铁

图 7-7　焊接五步法操作示意图

对于热容量小的焊件，例如印制板与较细导线的连接，可简化为三步操作，如图 7-8 所示，即准备焊接、加热与送丝、去丝移烙铁。烙铁头放在焊件上后即放入焊丝。焊锡在焊接面上扩散达到预期范围后，立即拿开焊丝并移开电烙铁，注意去焊丝时不得滞后于移开电烙铁的时间。上述整个过程只有 2～4 s，各步时间的控制、时序的准确掌握、动作的熟练协调，都需通过大量的训练才能用心体会。有人总结出了五步骤操作法，用数数的方法控制时间，即烙铁接触焊点后数：“1、2”(约 2 s)。送入焊丝后数：“3、4”(即移开烙铁)。焊丝熔化量靠观察决定。但由于烙铁功率、焊点热容量有差别，因此实际操作中掌握焊接火候无章可循，必须具体情况具体对待。

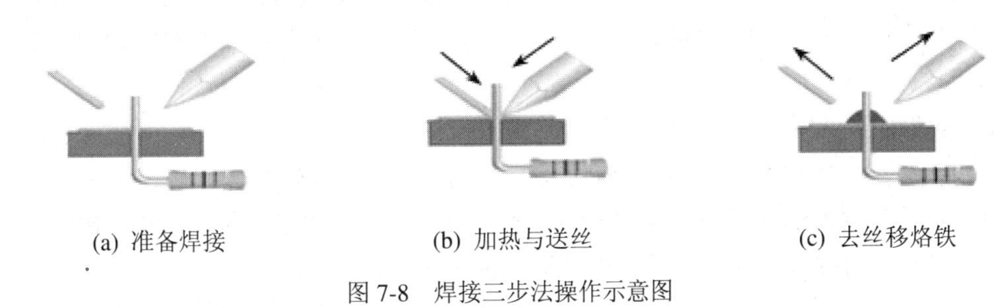

(a) 准备焊接　　(b) 加热与送丝　　(c) 去丝移烙铁

图 7-8　焊接三步法操作示意图

7.4.3　典型焊接方法介绍

1. 印制电路板的焊接

印制电路板在焊接前要仔细检查是否有断路、短路、过孔金属化不良以及是否涂有助焊剂或阻焊剂等。

焊接前，做好焊接前准备工作，例如整形、镀锡等。焊接时，根据元器件尺寸大小，先焊接尺寸较小的元器件，后焊接尺寸较大的元器件，焊接次序一般为：电阻、电容、二极管、三极管、其他元器件等。但是，有时也会先焊接高的元器件，使所有元器件的高度不超过最高元器件的高度，保证焊好的印制电路板元器件比较整齐且占有最小的空间。不论哪种焊接工序，印制电路板上的元器件都要整齐排列，同类元器件要保持高度一致。

焊接结束后，需检查有无漏焊、虚焊等现象。检查时，可用镊子将每个元器件脚轻轻提一提，看是否有松动。若发现有松动，应重新焊好。

2. 集成电路的焊接

静电和过热易导致集成电路损坏，因此在焊接时必须非常小心。

集成电路的安装焊接有两种方式，一种是将集成电路块直接与印制板焊接，另一种是将专用 IC 插座焊接在印制板上，然后将集成电路插入 IC 插座。

在焊接集成电路时，应注意以下事项。

(1) 集成电路引线如果是镀金、镀银处理的，不要用刀刮，只需要用酒精擦拭或用绘图橡皮擦干净即可。

(2) 对 MOS 电路，如果事先已将各引线短路，焊接前不要拿掉短路线。

(3) 焊接时间在保证焊接质量的前提下尽可能短，每个焊点最好用 3 秒，最多不要超过 4 秒，连续焊接时间不要超过 10 秒。

(4) 使用电烙铁最好是 20 W 的内热式，接地线应保证接触良好。若采用外热式，采用电烙铁断电用余热焊接，必要时采用人体接地的措施。

(5) 工作台上如果铺有橡皮、塑料等易于积累静电的材料，集成电路等器件及印制电路板等不宜放在台面上。

(6) 集成电路若不使用IC插座直接焊接在印制电路板上，安全焊接顺序为：地端、输出端、电源端、输入端。

3. 继电器、波段开关类元器件焊接

继电器、波段开关类元器件的共同特点是簧片制造时加预应力，使之产生适应弹力，保证电接触性能。如果安装施焊过程中对簧片施加外力，则易破坏接触点的弹力，造成元器件失效。

4. 导线焊接

(1) 导线与接线端子的焊接有三种基本方式：绕焊、钩焊和搭焊。

绕焊：把经过镀锡的导线端头在接线端子上绕一圈，用钳子拉紧、缠牢后进行焊接。注意导线端子一定要紧贴端子表面，绝缘层不接触端子。

钩焊：将导线端子弯成钩形，钩在接线端子上并用钳子夹紧后施焊，端头处理与绕焊相同，这种方法强度低于绕焊，但操作简便。

搭焊：把经过镀锡的线搭到接线端子上施焊。这种焊接方法简便，但强度和可靠性差，仅用于临时或不便于缠、钩等场合。

(2) 导线与导线之间的焊接以绕焊为主。

操作步骤为：去掉一定长度绝缘皮；端头上锡，穿上合适套管；绞合，施焊；趁热套上管套，冷却后管套即固定在焊接处。

对临时连接导线，也可以用搭焊的方法，但是由于这种方法的焊接强度和可靠度都较差，所以不用于生产实践。

(3) 导线与继电器、波段开关类元器件的焊接方法。

为了使元器件导线在继电器、波段开关类元器件的焊片上焊接牢固，需要将导线插入焊片孔内绕接，然后用电烙铁焊接好。如果焊片上焊的是多股导线，那么最好用套管将焊点套上。这样既能保护焊点不易与其他部位短路，又可保护多股导线不易散开。

7.4.4 焊点质量

焊点的质量直接关系到产品的电气性能。电子产品中的焊点数量远超过元器件数量本身。如果焊点有问题，检查起来就十分困难。所以必须明确焊点的要求，认真分析影响焊点质量的各种因素，以减少出现不合格焊点的概率，尽可能提高焊点的质量。

1. 对焊点的要求

对焊点的要求主要有以下3点：

(1) 不能有假焊、虚焊。假焊是指焊锡与金属之间被氧化层或焊剂的残留物隔离，未能真正焊接在一起；虚焊是指焊锡只是简单地依附在被焊金属表面，没有形成合金。一个焊点要能稳定、可靠地通过一定的电流，没有足够的连接面积是不行的。如果焊锡仅仅是将焊料堆在焊件的表面或只有少部分形成合金层，那么在最初的测试和工作中也许不能发现焊点问题。但随着时间的推移，接触层被氧化，脱焊现象发生，此时电路会时通时断或者干脆不工作。

(2) 要有足够的机械强度。焊接不仅起电气连接的作用，同时也是固定元器件、保证机械连接的手段，因而就会涉及机械强度的问题。作为铅锡焊料的铅锡合金本身，强度是比较低的。要想增加强度，就要有足够的连接面积。如果是虚焊，焊料仅仅堆在焊盘上，自然就谈不上强度了。

(3) 光洁整齐的外观。良好的焊点要求焊料用量适当，焊锡过多，易造成接点相碰或掩盖焊接缺陷，焊锡过少，不仅机械强度降低，而且由于表面氧化随时间逐渐加深，容易导致焊点失效。焊点表面要光滑，良好的焊点有特殊的色泽，不应有凹凸不平和波纹状，以及光泽度不均匀的现象。焊点不应有毛刺、沙眼及气包，毛刺容易发生尖端放电。

2. 焊点的质量检查

为保证产品质量，一般在焊接结束后要对焊点进行检查。在检查焊点时主要通过外观检查、拨动检查和通电检查来发现问题。

(1) 外观检查是通过肉眼从外观上检查焊接质量是否合格，主要包括检查是否有错焊、漏焊、虚焊和连焊，焊点周围是否有残留物以及焊盘位置是否有热损伤，也就是从外观上检查焊点有无缺陷。

(2) 拨动检查主要是指在外观检查中若发现可疑现象时，可用手触摸、摇动元器件，确定焊点有无松动、不牢或脱落的现象。或用镊子夹住元器件的引线轻轻拉动时，有无松动现象。

(3) 通电检查必须是在外观及连线检查无误后才可进行，也是检验电路性能的关键步骤。通电检查可以发现许多微小的缺陷，例如用眼睛观察不到的电路桥接、虚焊等。

7.4.5 拆焊

在焊接、调试、维修过程中，经常需要将原焊点拆除更换元器件和导线。将已焊点拆除的过程称为拆焊。在实际操作中，拆焊比焊接难度高。如果拆焊不得法，就会损坏元器件及印制版，因此掌握正确的拆焊方法也很重要。

1. 分点拆焊法

对卧式安装的阻容元器件，两个焊接点距离较远，可采用电烙铁分点加热，逐点拔出。如果引线是弯折的，则用烙铁头撬直后再拆除。

2. 集中拆焊法

晶体管及立式安装的阻容元器件之间焊接点距离较近，可用烙铁头同时快速交替加热焊点，待焊锡熔化后一次拔出。对多接点的元器件，例如开关、插头座、集成电路等，可用专用烙铁或烙铁头同时加热各焊点，一次加热取下。

3. 保留拆焊法

对需要保留元器件和导线端头的拆焊，要求比较严格，也比较麻烦。可用吸锡工具先吸去被拆焊点的焊锡。一般情况下，用吸锡器吸去焊锡后就能够拆下元器件。

如果遇到多脚插焊件，虽然用吸锡器清除了焊料，但仍不能顺利摘除，这时应仔细观察，用清洁而未带焊料的烙铁对引线脚进行熔焊，并对引线脚轻轻施力，向没有焊锡的方向推开，使引线脚与焊盘分离。

如果是搭焊的元器件和引线，则只要在焊点上沾上助焊剂，用烙铁分开焊点，即可拆下元器件的引线或导线。

4．剪断拆焊法

被拆焊点上的元器件引线及导线如果留有余量，或确定元器件已损坏，则可先将元器件或导线剪下，再将焊盘上的线头拆下。

7.5 工业生产中的焊接

7.5.1 浸焊

浸焊是将安装好元器件的印制板浸入到熔化状态的焊料液中，一次完成印制板上所有焊点的焊接，焊点以外部分的绝缘阻隔，通过在印制板上涂覆阻焊剂来实现。根据操作方式不同，浸焊又可分为两种形式，一是将插有元件的印制板按传送方向浸入熔融钎料中，停留一定时间，然后再离开钎料缸，进行适当冷却，二是钎料缸做上下运动，使熔融的钎料接触印制板的焊接面。浸焊过程示意图，如图 7-9 所示。

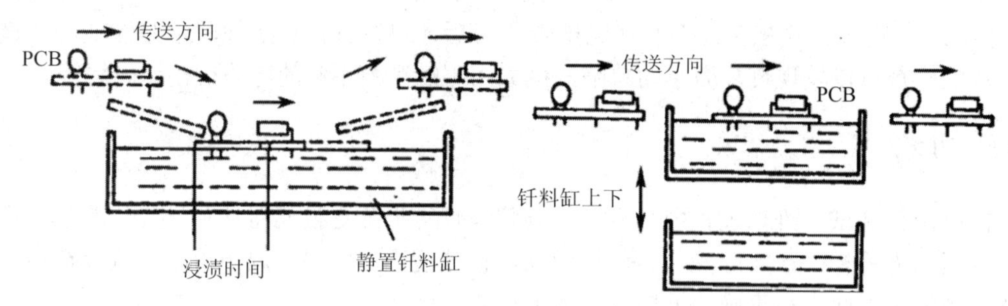

图 7-9　浸焊过程示意图

7.5.2 波峰焊

利用焊机内的机械泵或电磁泵，将熔融钎料压向波峰喷嘴，形成平稳的钎料波峰，装有元器件的印制板以直线运动的方式通过钎料波峰面而完成焊接的一种焊接工艺。焊接流程为：预热→焊剂涂敷→进入钎料波峰焊接→冷却。波峰焊过程示意图，如图 7-10 所示。

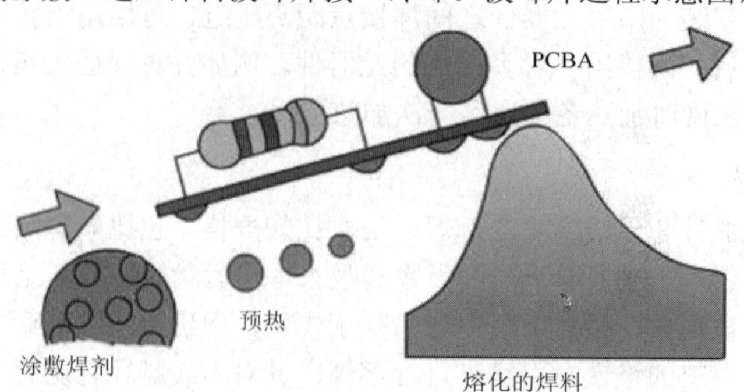

图 7-10　波峰焊过程示意图

7.5.3　再流焊

再流焊也叫回流焊，是伴随微型化电子产品的出现而发展起来的焊接技术，主要应用于各类表面组装元器件的焊接。这种焊接技术的焊料是焊锡膏。预先在电路板的焊盘上涂上适量和适当的焊锡膏，再把表面贴装技术元器件贴放到相应的位置(焊锡膏具有一定粘性，使元器件固定)，然后让贴装好元器件的电路板进入再流焊设备。传送系统带动电路板通过设备里各个设定的温度区域，焊锡膏经过干燥、预热、熔化、润湿、冷却，将元器件焊接到印制板上。波峰焊过程示意图，如图 7-11 所示。

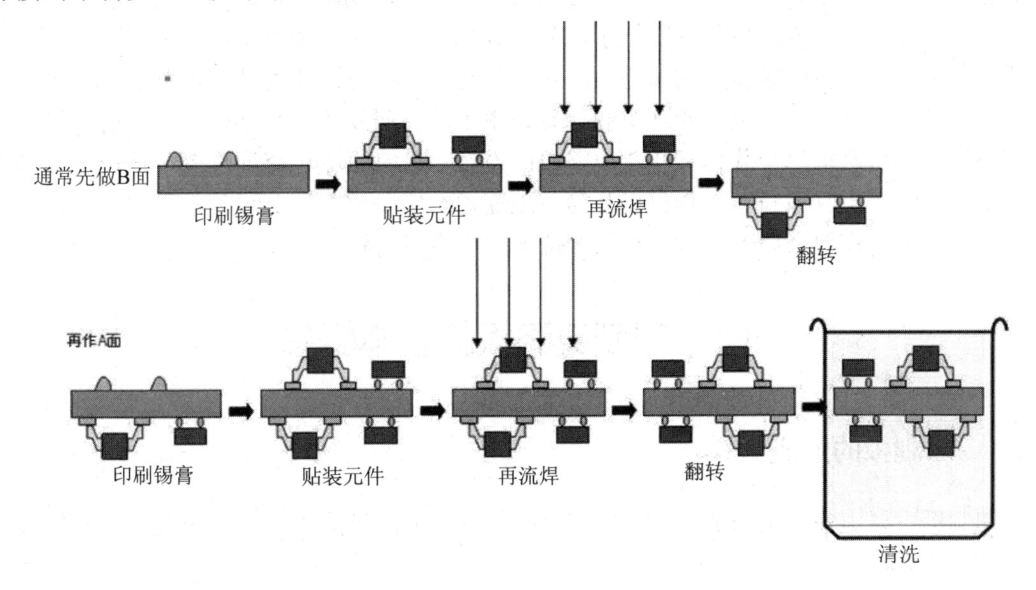

图 7-11　双面波峰焊过程示意图

思　考　题

1. 常用的电烙铁有哪几种？应如何选用？
2. 常用的手工焊接装配工具有哪些？
3. 助焊剂的作用是什么？
4. 对于焊点的质量有哪些要求？怎样对焊点的质量进行检查？

第 8 章　印制电路板知识

印制电路板是电子元器件的载体，它为各种电子元器件提供固定和装配的机械支撑，同时它还实现了电子元器件之间的电气连接或电绝缘。印制电路板简化了电子产品的装配焊接工作，缩小了整机的体积，降低了产品的成本，提高了电子设备的质量和可靠性，可以说，它是电子设备的重要组成部分。因此，印制电路板的设计就显得尤为重要。

在电子产品开发中，电路原理图设计只是整个产品研发的一个环节，而整机功能的实现离不开印制电路板这个载体。印制电路板的设计，就是根据电路原理图设计出印制电路板图，但这绝不意味着设计工作仅仅是简单地连通，它是整机工艺设计的重要一环，也是一门综合技术，需要考虑到选材、布局、抗干扰等诸多问题。

8.1　印制电路板的基本概念

8.1.1　印制板的组成

印制板主要由基板(绝缘底板)和印制电路(也称导电图形)组成，具有导电线路和绝缘底板的双重作用。

1．基板

在厚度适中且平整的基板(Base Material)表面上采用工业电镀技术均匀地镀上一层铜箔后便成了未加工的电路板，也叫“覆铜板”，如图 8-1 所示。

2．印制电路

覆铜板加工成印制电路板时，敷铜层一部分被腐蚀掉，剩下的铜膜部分的形状就是印制电路(Printed Circuit)，包括印制导线和焊盘等，如图 8-2 所示。

图 8-1　覆铜板

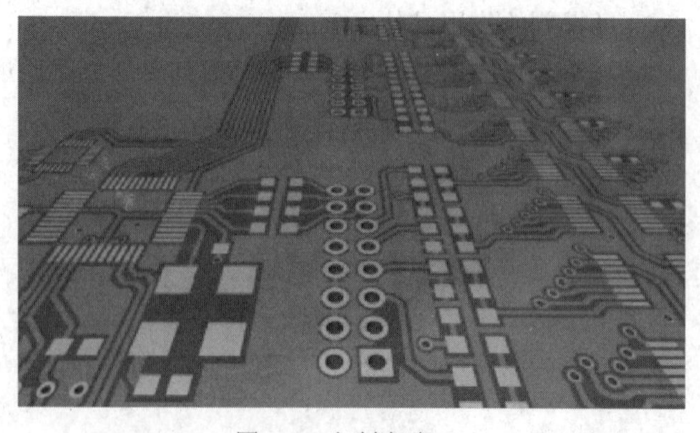

图 8-2　印制电路

(1) 印制导线(Conductor)：用来形成印制电路的导电通路。

(2) 焊盘(Pad)：用于印制板上电子元器件的电气连接、元件固定或两者兼备。

(3) 过孔(Via)和引线孔(Component Hole)：分别用于不同层面的印制电路之间的连接及印制板上电子元器件的定位。

3. 助焊膜和阻焊膜

助焊膜涂于焊盘上以提高焊接性能，它的颜色一般为浅色。

阻焊膜是板子的绿色或棕色部分，它将电路板上非焊盘部分的铜箔覆盖起来，阻止焊料沉积。阻焊膜还可以防止铜箔氧化，同时，阻焊膜还可以防止印制电路板的表面损伤。

4. 丝印层

丝印层(Overlay)，即文字层，是印制电路板的最上面一层，用于注释。为方便电路的安装和维修，在印刷板的表面印刷电气符号、文字符号、标志图案和文字代号等，例如元件标号和标称值、元件外廓形状和厂家标志、生产日期等。印制板上有丝印层的一面被称为元件面，如图 8-3 所示。

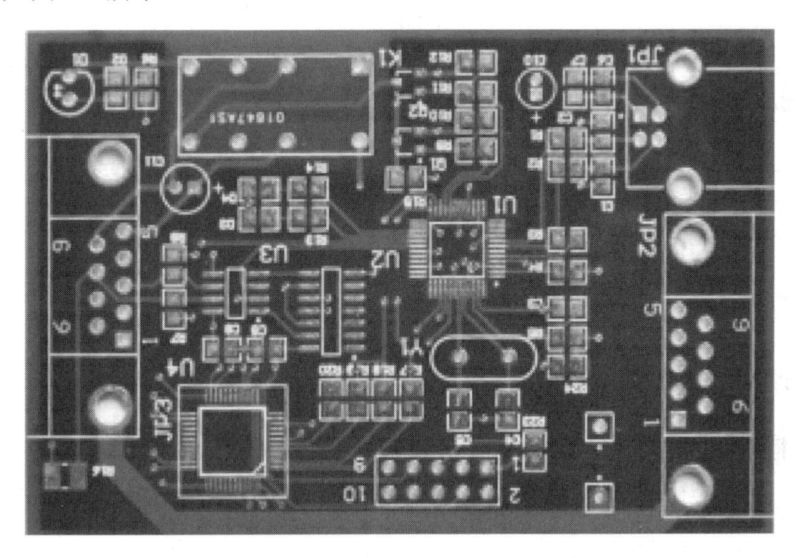

图 8-3 丝印层

8.1.2 印制电路板的种类

印制电路板分为单面板、双面板和多层板。

1. 单面板

单面板(Single-Sided)元器件集中在其中一面，而导线则集中在另一面。元器件与导线分布于板子的两侧，通过焊盘中的引线孔形成电气连接。单面板在设计线路时受到限制，由于只有一面，布线间不能交叉，必须绕独自的路径，早期的电路使用这类板子。

2. 双面板

双面板(Double-Sided Boards)是两面都有印制电路的印制板，是常见和通用的电路板，其绝缘基板两面的电气连接主要通过过孔或焊盘进行连接。由于两面都可以走线，大大降低了布线的难度，因此被广泛采用。双面板的两面都有布线，要使用两面导线，必须要在两面间有适当的电路连接。如图 8-4 所示，电路间的孔洞称为通孔。通孔是指在印制板上涂有金属的小洞，它可以与两面的导线相连接。双面板的使用面积比单面板大一倍，这就有效解决了单面板布线交错问题(可以通过通孔到另一面)，双面板适用于较为复杂的电路。

3. 多层板

由于集成电路封装密度大，连线高度集中，使得多基板的使用成为必然。在印制电路的版面布局中会出现不可预见的设计问题，例如噪声、杂散电容、串扰等。所以，印制电路板的设计，必须致力于使信号线长度最小、避免平行路线等。在单面板甚至双面板中，由于可实现的交叉数量有限，在有大量互连和交叉的情况下，就必须将板层扩大到两层以上，因而出现了多层电路板。

多层电路板至少有三层导电层，其中两层在外表面，其余层被合成在绝缘板内，它们之间的电气连接通常是通过电路板横断面上的通孔来实现的，如图 8-4 所示。

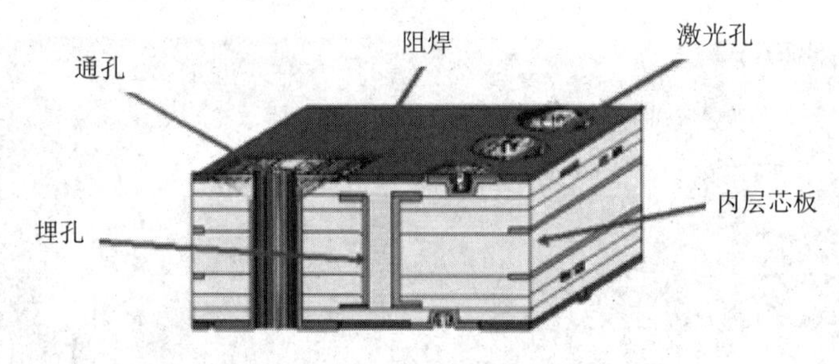

图 8-4　多层印制板的电气连通

8.1.3　印制板的安装

1. 通孔插入式安装

通孔插入式安装也称为通孔安装。安装时将元件安置在印制电路板的一面，而将元件的管脚焊在另一面上，如图 8-5 所示。

图 8-5　通孔插入式安装方式

2. 表面粘贴式安装

表面粘贴式安装也称为表面安装。安装时管脚与元件是焊在印制电路板的同一面，如

图 8-6 所示。这种安装方式无疑将大大节省印制板的面积，同时表面粘贴式封装元件较之插入式封装元件的体积要小许多，因此 SMT 技术的组装密度和可靠性都很高。当然，这种安装技术因为焊点和元件的管脚都非常小，所以采用人工焊接确实有一定的难度。

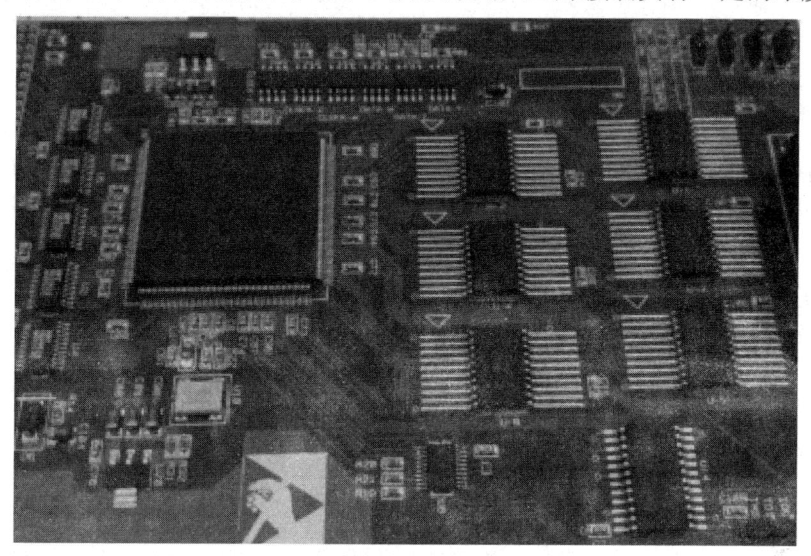

图 8-6　表面粘贴式安装方式

8.2　印制电路板的设计

8.2.1　设计目标

1. 功能和性能

表面上看，根据电路原理图进行正确的逻辑连接后其电路功能就可实现，性能也可保证。但随着电子技术的发展，信号的速率越来越快，电路的集成度越来越高，仅仅做到这一步已远远不够。印制电路板的设计目标能否达到，无疑是印制板设计过程中的重点，也是难点。

2. 工艺性和经济性

工艺性和经济性是衡量印制板设计水平的重要指标。设计印制电路板应方便加工、维护和测试，同时要有成本优势，这需要综合考虑。

8.2.2　设计前准备

进入印制板设计阶段前，许多具体要求及参数应已基本确定，例如电路方案、整机结构、板材外形等。在印制板设计过程中，这些内容可能会进行必要的调整。

1. 确定电路方案

设计方案首先要进行实验验证，即搭接电路或者用计算机仿真，这不仅是原理性和功能性的，同时也应当是工艺性的。

(1) 通过对电气信号的测量，调整电路元器件参数，优化设计方案。

(2) 根据元器件的特点、数量、大小以及整机的使用性能要求，考虑整机的结构尺寸。

(3) 从实际电路的功能、结构与成本，分析成品适用性。即在进行电路方案实验时，必须审核考察产品在工业化生产过程中的加工可行性和生产费用，以及产品的工作环境适应性和运行、维护、保养消耗。

2. 确定整机结构

当电路和元器件的电气参数和机械参数确定时，整机的工艺结构仅仅是初步成型，在后面的印制板设计过程中，只有综合考虑元件布局和印制电路布设这两方面因素，才有可能最终确定整机结构。

3. 确定印制板的板材、形状、尺寸和厚度

1) 板材

对于印制电路板的基板材料的选择，不同板材的机械性能与电气性能差别很大。确定板材主要是从整机的电气性能、可靠性、加工工艺要求、经济指标等方面进行考虑。通常情况下，希望印制板的制造成本在整机成本中只占很小的比例。对于相同的制板面积来说，双面板的制造成本一般是单面板的 3～4 倍以上，而多层板至少要贵到 20 倍以上。分立元器件的引线少，排列位置便于灵活变换，其电路常用单面板。双面板多用于集成电路较多的电路。

2) 形状

印制电路板的形状由整机结构和内部空间的大小决定，其外形应该尽量简单，最佳形状为正方形或长方形(长∶宽为 3∶2 或 4∶3)，避免采用异形板。当电路板面尺寸大于 200 mm × 150 mm 时，应考虑印制电路板的机械强度。

3) 尺寸

尺寸的大小由整机的内部结构和板上元器件的数量、尺寸、安装及排列方式来决定，同时要充分考虑到元器件的散热和邻近走线易受干扰等因素。

4) 厚度

覆铜板的厚度通常为 1.0 mm、1.5 mm、2.0 mm 等。在确定板的厚度时，主要考虑对元器件的承重和振动冲击等因素。如果板的尺寸过大或板上的元器件过重，都应该适当增加板的厚度或对电路板采取加固措施，否则电路板容易产生翘曲。当印制板对外通过插座连线时，插座槽的间隙一般为 1.5 mm，板材过厚则插不进去，过薄则容易造成接触不良。

4．确定印制板对外连接的方式

印制板是整机的一个组成部分，必然存在对外连接的问题。例如，印制板之间、印制板与板外元器件、印制板与设备面板之间，都需要电气连接。这些连接引线的总数要尽量少，并根据整机结构选择连接方式，总的原则应该使连接可靠、安装、调试、维修方便，成本低廉。

(1) 导线焊接方式。这是一种最简单，廉价而可靠的连接方式，不需要任何接插件，只要用导线将印刷版上的对外连接点与板外的元器件或其他部件直接焊接。其优点是成本低，可靠性高，可以避免因接触不良而造成的故障；缺点是维修不方便，所以一般适用于对外引线比较少的场合。

(2) 接插件连接。在比较复杂的仪器设备中，经常采用接插件连接方式。这种“积木式”的结构不仅保证了产品批量生产的质量，降低了成本，也为调试、维修提供了极为便利的条件。

5. 印制板固定方式的选择

印制板在整机中的固定方式有两种，一种是采用插接件连接方式；另一种是采用螺钉紧固方式。将印制板直接固定在基座或机壳上，这时要注意当基板厚度为 1.5 mm 时，支承间距不超过 90 mm，而厚度为 2 mm 时，支承间距不超过 120 mm。若支承间距过大，抗振动或冲击能力就会降低，将影响整机的可靠性。

8.3 印制电路板的排版布局

所谓排版布局，就是把电路图上所用的元件都合理地安排到面积有限的印制板上。这是印制板设计的第一步，关系到整机的稳定性、可靠性，以至生产工艺和制作成本。

8.3.1 整机电路的布局原则

1. 就近原则

当板子对外连接确定后，相关电路部分应该就近安排，避免绕原路，尤其忌讳交叉。

2. 信号流原则

将整个电路按照功能划分成若干个电路单元，按照电信号的流向，逐个依次安排各个功能电路单元在板上的位置，使布局便于信号流通，并使信号流尽可能保持一致的方向：从上到下或从左到右。

3. 优先考虑确定特殊元器件的位置

在决定整机电路布局时，应该分析电路原理，首先确定特殊元件的位置，然后安排其他元件，尽量避免可能产生的干扰。

4. 注意操作性能对元器件位置的要求

对于电位器、可调电容、可调电感等可调元器件的布局，应考虑整机的结构要求。若是机内调节，则应放在印制板的方便调节的地方；若是机外调节，其位置要与调节旋钮在机箱面板上的位置相适应。

为保证调试、维修安全，特别要注意对于带高压电的元器件，要尽量布置在操作人不易触及的地方。

8.3.2 元器件的布局与安装

1. 元器件的布局

在印制板的排版设计中，元器件的布设不仅决定了版面的整齐美观程度及印制导线的长度与数量，对整机的性能也有一定的影响。

元件的布设应遵循以下几点原则：

(1) 元件在整个板面上的排列要均匀、整齐、紧凑。单元电路之间的引线应尽可能短，引出线的数目尽可能少。

(2) 元器件不要占满整个板面，板的四周要留有一定的空间。位于印制板边缘的元件，距离板的边缘应该大于 2 mm。

(3) 每个元件的引脚要单独占一个焊盘，不允许引脚相碰。

(4) 对于通孔安装，无论单面板还是双面板，元器件一般只能布设在板的元件面上，不能布设在焊接面。

(5) 相邻的两个元件之间，要保持一定的间距，以免元件之间的碰接。个别密集的地方要加装套管。若相邻的元器件的电位差较高，就要保持不小于 0.5 mm 的安全距离。

(6) 元器件的布设不得立体交叉和上下交叉重叠，避免外壳相碰，如图 8-7 所示。

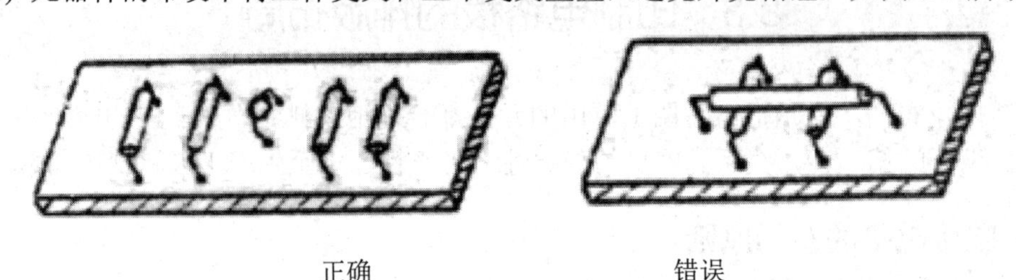

图 8-7　元器件的布设

(7) 元器件的安装高度要尽量低。一般元件体和引线离开板面的距离不要超过 5 mm，过高则承受振动和冲击的稳定性较差，容易倒伏与相邻元器件碰接。如果不考虑散热问题，元器件应紧贴板面安装。

(8) 根据印制板在整机中的安装位置及状态，确定元件的轴线方向。规则排列的元器件应使体积较大的元器件的轴线方向在整机中处于竖立状态，这样可以提高元器件在板上的稳定性，如图 8-8 所示。

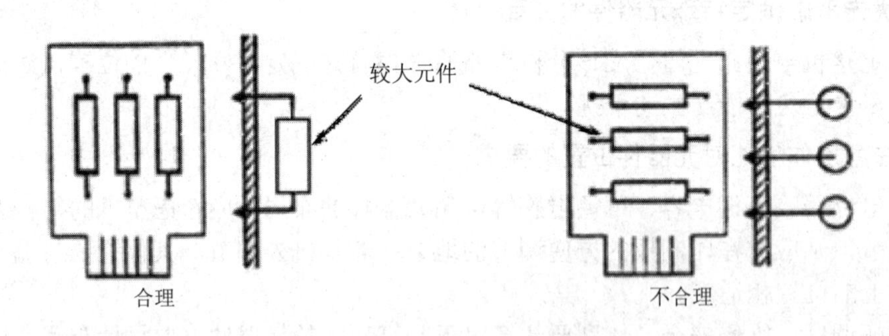

图 8-8　元器件的布设方向

2．元器件的安装

在将元器件安装在电路板上之前，事先应通过查资料或实测原件，确定元件的安装数据，再结合面板尺寸和面积大小，选择元器件的安装方式。

在印制板上，元器件的安装方式可分为立式与卧式两种，如图 8-9 所示。卧式是指元件的轴向与板面平行，立式是指元件的轴向与板面垂直。

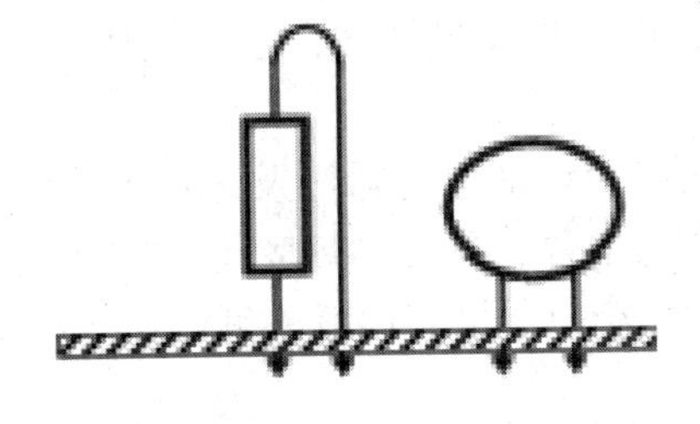

(a) 立式

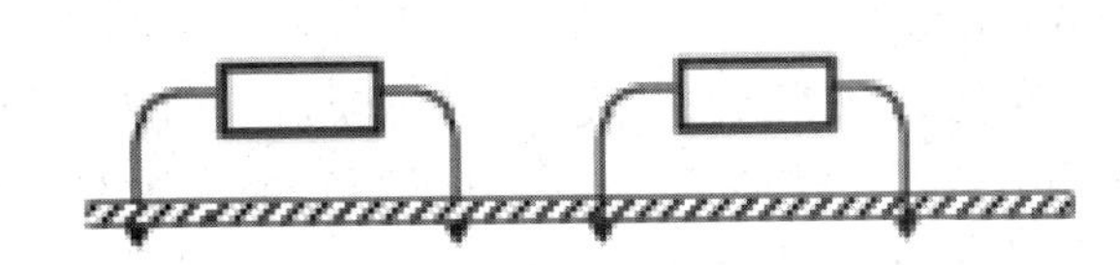

(b) 卧式

图 8-9 元器件的安装方式

(1) 立式安装。立式固定的元器件占用面积小，单位面积上容纳元器件的数量多。这种安装方式适合于元器件排列密集紧凑的产品。立式安装的元器件要求体积小、重量轻，过大、过重的元器件不宜使用立式安装。

(2) 卧式安装。与立式安装相比，元器件具有机械稳定性好、板面排列整齐等优点。卧式安装使元器件的跨距加大，两焊点之间容易走线，导线布设十分有利。

无论选择哪种安装方式进行配装，元器件的引线都不要齐根弯折，应该留有一定的距离，不少于 2 mm，以免损坏元件。

8.3.3 电路组装布局实例

1. 整流稳压电源的组装布局

1) 对整流稳压电源的要求

(1) 能输送给负载规定的直流电流和电压，并能在最大负荷下保持输出稳定。

(2) 在输入电压波动时，能保持输出电压稳定，并有较高的稳压系数。

(3) 保证输出直流接近于恒定直流，纹波系数较小。

(4) 电源应具有较高效率。对大、中功率电源，效率是一项重要指标，具有经济意义。效率高的电源工作时耗散出的热量少，对设备工作有利。

2) 整流稳压电源组装、布局时应考虑的问题

(1) 电源中主要元器件有整流管、电源变压器、滤波扼流圈、滤波电容器、泄放电阻等，这些元器件体积较大，有的重量也较大，安装布局时应使重量分布均衡。多数电源采用水平底座，这时大的元器件放置在底座上面，小的元器件和走线应在底座下面。对小功率电源可将多数元器件(如整流、稳压部分)装固在印制电路板上，少数重量较大的元器件(如变压器等)可装在金属底座或支撑架上，并在电路上和印制电路板上将其相连。电源底座一般用 1.2～1.5 mm 的薄钢板制成(特殊场合也可用 2 mm 的薄钢板)并镀锌钝化或镀隔，也可采用薄铝板。电源底座最好是单独的，不与其他电路共用一个底座，否则应布置在共用底座的一边，并与易干扰电路远离。电源底座常用作公共地线，如果要求较高，可在底座下另设粗铜线用作公共地线。由于电源重量较大，在总体布局时，电源宜放在设备最下部，以保证设备稳定。

(2) 易出故障的元器件(如整流、稳压二极管、电解电容器、继电器等)应安装在便于更换的部位。在布置元器件时应注意保证便于测试，接线板、控制继电器宜布置在侧面外缘，以便维护。改变输出电压的电位器、调压器应布置在靠近面板处，以便通过控制机构调整

电压。各种控制旋钮、指示灯、电压表、开关和熔断器均应布置在面板的适当位置，并便于和内部元器件相连。

(3) 电源中的变压器，大功率整流管、扼流圈、大容量电解电容器等发热量大的元器件，在布局时应考虑便于散热，应安装在空气容易流通的地方。对大功率整流元件(如整流管、硒整流器、硅堆等)应装在散热器上并布置在易散热部位(如机箱后板外侧)。对某些怕热元件(如电解电容器)应布置在远离发热元件处。

(4) 电源内往往有高压，要特别注意安全。为了防止发生电击事故，各种控制机构要和机壳机架相连并妥善接地。高压端子和高压导线要绝缘并远离其他金属构件和导线，以免发生电晕和击穿。高压部分和低压部分要保持一定距离。各种馈线最好用硬线，并有良好的固定结构。对具有高压的中等以上功率的电源，应安装门开关，以保障工作人员的安全。

(5) 由于变压器等铁芯器件会有 50 Hz 泄漏磁场，当它与低频放大器的某部分交连时，会产生交流声。因此电源必须与低频电路(特别是放大器)隔开，或者把电源的铁芯器件屏蔽起来。

(6) 电源变压器重量较大，在布局时应将其放在底座两端并靠近支撑点，以防止在冲击振动时产生过大挠度。如有可能可将变压器直接装固在机架上。如果要求较高，可对变压器采用单独的减振缓冲措施。此时，对较重的器件安装螺栓必须可靠，并采用防松措施。

2. 放大器的组装布局

1) 对放大器的要求

(1) 低频放大器由于多用于音频放大，故要求有较好的频率特性，其频率范围要适应于所担负的工作。非直线性失真和噪声电频应小一些。

(2) 中频和高频放大器应具有适当的增益，增益直接影响灵敏度及其平稳性，增益应适当高一些，但过高易引起自激。

(3) 放大器失真程度要小，对中频、高频放大器的失真应有严格的要求，否则失真的信号经过低频放大后，失真更为严重。

(4) 放大器应工作稳定，不产生自激振荡。因此要求放大器具有良好的屏蔽功能，并抑制级间反馈。

(5) 对功率放大器要求有较高的效率。

2) 放大器组装、布局时应考虑的问题

放大器工作时，由于具有一定的增益，对外界干扰很敏感，微小的干扰将被放大，严重时放大器将无法工作。外界对放大器的干扰有：杂散电磁场的干扰、由电源引起的干扰、由接地不当引起的干扰等。为消除或抑制对放大器的干扰，在组装、布局时应注意以下问题：

(1) 放大器的元器件布局必须按电路顺序直线布置，各级元器件不能交错，级与级之间要有足够的空间。前一级的输出要对应后一级的输入，其接地应尽量缩短。前置放大级与末级越远离越好。

(2) 为了减少铁芯器件的漏磁场影响，各种变压器(输入、输出、级间)、扼流圈之间以及它们和其他元器件之间应相互垂直布置。所谓垂直布置是指铁芯器件的线圈轴线与其他元器件平面或底座平面垂直。此外，铁芯器件与钢质底座之间应留有空隙，不能直接贴在底

座上。由于线圈会产生磁场，因此它与其他元器件之间也应相互垂直布置，必要时应予屏蔽。

(3) 对多级放大器，为了抑制因寄生耦合而形成的反馈，应做到：输入导线和输出导线远离；各级电路应加以屏蔽；与放大器无关的导线不能通过放大器，否则应采用屏蔽线加去耦电路，以减少或消除对放大器的影响。

(4) 要抑制电源对放大器的影响，每级电路及电极回路与电源之间应加去耦合电路，以此消除通过电源内阻和馈线产生的级间耦合。处理好电源引入线的接地点，防止交流分量影响放大器工作。

(5) 布置元器件时应注意接地点的选择，低频放大电路的元器件接地应集中连接在一点上，也就是说，每一级只选一个接地点；高频放大电路应根据情况多点就近接地。地线应足够宽，频率越高应越宽，以减少地阻抗影响，对印制电路板应采用大面积地线。元器件接地不宜采用焊片，最好直接焊在地线上，更不允许采用一个共用焊片接地。

(6) 对高频放大器的组装与布局，与一般高频电路相同。参见高频系统的组装与布局。

3. 高频系统的组装布局

1) 高频系统的布局、布线和装配

要减小由于布线和装配时所引起的电感耦合和电容耦合，必须做到以下几点：

(1) 减小导线长度和直径。

(2) 增大平行导线之间的距离。

(3) 尽可能不引入介电常数、介质损耗大的绝缘材料。

在采取上述措施时，有时会遇到各种矛盾。例如采用小型化元器件，可使装配紧凑，并有利于缩短导线，但与未屏蔽组件间的互相干扰和维修有矛盾。又如，减小导线直径与降低损耗(导线细、电阻大，通过高频电流时损耗大)和机械可靠性有矛盾等。这些矛盾必须综合考虑，给予妥善解决。

为了减小高频系统中导线间的耦合，在布线时应注意导线间尽量不要平行放置，更不允许将高频导线扎成线扎。当来自不同电路的导线必须交叉时，应尽可能成 90° 交叉。

高频系统中的紧固支撑零件最好不用金属件；采用的绝缘材料应该是介电常数和介质损耗小的，例如 IV 级、V 级高频陶瓷或环氧玻璃布层压绝缘板等。

2) 高频系统的措施

高频系统要求具有较高的绝缘性能，可采用以下措施：

(1) 采用介质损耗小、绝缘电阻高的材料。在高频时介质损耗的影响特别大，因此在高频系统中应尽可能不采用固体介质做绝缘层，而采用无绝缘层的光导线。对于安装用于绝缘子的材料，也应选用体积电阻率和表面电阻率都很大的高频介质材料，例如高频陶瓷。

(2) 保持足够的空气间隙，即可用空气间隙代替固体介质做绝缘层。这时应当在结构上采取适当的措施，避免载流元器件的某些部分电场因集中而导致产生弱电晕，使绝缘性能下降。例如载流元器件在结构上应以圆弧和光滑曲面代替棱角和尖端。

高频系统中空气的耐电压强度(抗电强度)比 50 Hz 时低，因而高频系统可能引起空气的强烈电离，损耗大量能量，甚至击穿。高频电压越高，这种现象越严重，解决的办法是增大空气间隙。

(3) 提高导线的刚性。细而长的导线刚性较差，在冲击和振动下，很容易变形和移位，

结果引起电感和电容耦合的变化，使高频电路参数不稳定而影响正常工作。此外，在温度变化较大时，刚性差的导线产生变形，也会引起上述情况。

思 考 题

1．简述印制电路板的组成与种类。
2．印制电路板设计前准备工作有哪些？
3．整机电路的布局原则是什么？
4．元件的布局应遵循哪些原则？

第 9 章　电子装配实训

9.1　HX-203AM/FM 收音机装配实训

9.1.1　收音机的工作原理

收音机是接收无线电广播发送的信号，并将其还原成声音的机器。根据无线电广播的种类不同，即调幅广播(AM)和调频广播(FM)，接收信号的收音机的种类也不同，即调幅收音机和调频收音机。有的收音机既能接收调幅广播，又能接收调频广播，这种收音机被称为调幅调频收音机。

1. 调幅收音机的构成和工作原理

收音机的基本功能就是把空中的无线电波转变为高频信号，这一切是由接收天线来实现的。然后解频，即把调制的高频载波上的音频信号卸下来，也叫检波，实现这一功能的电路叫检波器。最后，用检波出来的音频信号来推动扬声器或耳机，把声音恢复。

收音机的分类方法众多，依其电路程式可分为直接检波式、高放式和超外差式。直接检波式和高放式收音机由于其灵敏度低、音质差，已基本不再生产，现在调幅收音机基本上都是超外差式，故此处只介绍超外差式调幅收音机的结构和原理。

超外差式晶体管收音机的电路形式很多，但大体上都是由输入回路、变频级、中频放大级、检波级、低频放大级、功放级和扬声器组成的，其结构框图如图 9-1 所示。

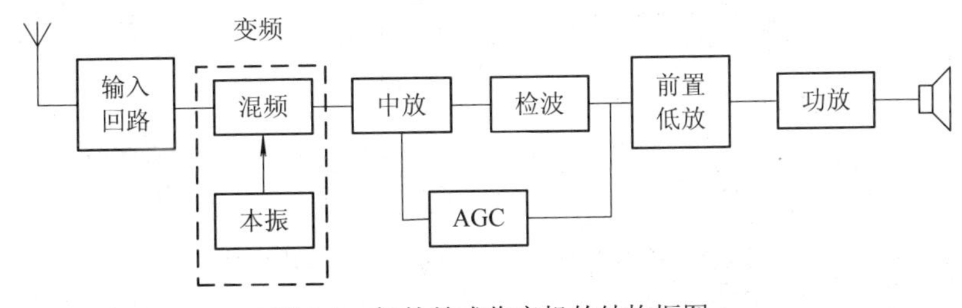

图 9-1　超外差式收音机的结构框图

其工作原理如下：

由接收天线实现把空中无线电波转变成高频信号，再由输入调谐回路选择一个后送入变频级。变频级包括混频器和本机振荡器两部分。本机振荡器产生的振荡信号，其频率比输入的高频信号频率高 465 kHz，这两个信号同时送入混频器进行混频，混频后产生一系列新的频率信号，其中除输入的高频信号及本机振荡信号外，还有频率为两者之和的和频信号，以及两者之差的差频信号等。这些信号经过接在混频器输出端的调谐回路选择后，只允许差频信号通过。由于本机振荡信号与输入高频信号的频率差为 465 kHz，并且本机振荡器的振荡与输出回路、输入回路的调谐电容器是同轴联调的，不管如何调节，都使差频为 465 kHz。也就是说，不论接收哪一个电台的信号，经变频级送到中频放大器的信号总是一个固定的频率即 465 kHz。这个固定的中频信号再经过中频放大器(一般为两级)放大到一定程度后，再送入检波器进行检波，将音频信号选出来。检波输出的音频信号，经过低频放大器放大和功率放大，最后推动扬声器发出声音。

2. 调频收音机的构成和工作原理

调频收音机的最基本功能和调幅收音机较相似。在调频收音机中解调功能由鉴频器(也叫频率解调器或频率检波器)来完成，是将调频信号频率的变化还原为音频信号。其他功能的电路和调幅收音机中相同。调频收音机依电路程式来分，可分为直接放大式和超外差式两种；依接收信号的种类来分，有单声道调频收音机和调频立体声收音机。

单声道调频收音机的结构框图，如图 9-2 所示；调频立体声收音机的结构框图，如图 9-3 所示。

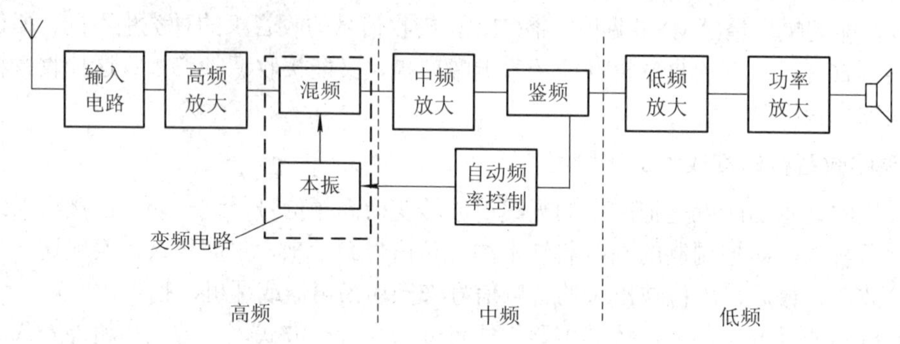

图 9-2　单声道调频收音机的结构框图

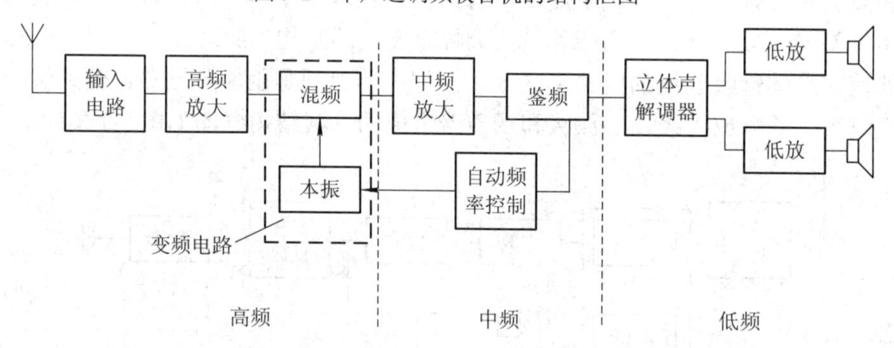

图 9-3　单声道调频立体声收音机的结构框图

单声道调频收音机由输入电路、高频放大电路、混频电路、中频放大电路、鉴频器、低频放大电路和喇叭或耳机组成。调频立体声收音机的结构和单声道调频收音机结构的区别就在于，在鉴频器后加了一个立体声解调器，分离出两个音频信道来推动两个喇叭，形成立体声音。调频收音机电路比调幅收音机电路多出一个高频放大电路，其功能是将输入电路送来的信号放大到混频所需要的大小。

9.1.2　HX-203AM/FM 收音机电路

HX-203 调频调幅收音机是以一块日本索尼公司生产的 CXA1191M 单片集成电路为主

体，加上少量外围元件构成的微型低压收音机。

CXA1191M 包含了 AM/FM 收音机从天线输入到音频功率输出的全部功能。该电路的推荐工作电压范围为 2～7.5 V，Vcc = 6 V，R_L = 8 Ω 时的音频输出功率 = 500 mW。电路内除设有调谐指示 LED 驱动器、电子音量控制器之外，还设有 FM 静噪功能。因在调谐波段未收到电台信号时，内部增益处于失控而产生的静噪声很大。为此，通过检出无信号时的控制电平，使音频放大器处于微放大状态，从而达到静噪。CXA1191M 采用 28 脚双列扁平封装，管脚排列如图 9-4 所示。

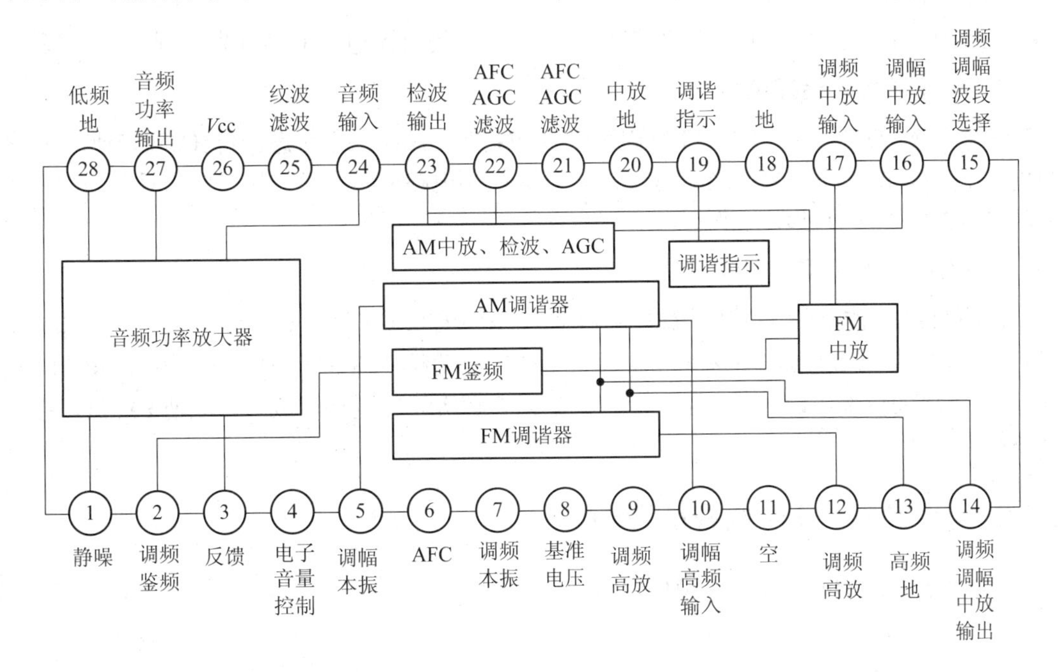

图 9-4　CXA1191M 管脚排列

本机主要电路原理由以下 5 个部分构成。

1. 调幅(AM)部分

中波调幅广播信号由磁棒天线线圈 T_1 和可变电容 C_0、微调电容 C_{01} 组成的调谐回路选择，送入 IC 第 10 脚。本振信号由振荡线圈 T_2 和可变电容 C_0、C_{04} 微调电容及与 IC 第 5 脚的内部电路组成的本机振荡器产生，并由与 IC 第 10 脚送入的中波调幅广播信号在 IC 内部进行混频。混频后产生的多种频率的信号，经过中频变压器 T_3(包含内部的谐振电容)组成的中频选频网络及 465 kHz 陶瓷滤波器 CF_2 双重选频，得到的 465 kHz 中频调幅信号耦合到 IC 第 16 脚进行中频放大。放大后的中频信号在 IC 内部的检波器中进行检波。检出的音频信号由 IC 的第 23 脚输出，进入 IC 第 24 脚进行功率放大。放大后的音频信号由 IC 第 27 脚输出，推动扬声器发声。

2. 调频(FM)部分

由拉杆天线接收到的调频广播信号，经过 C_1 耦合，使调频波段以内的信号顺利的通过并到 IC 的第 12 脚进行中频放大，放大后的高频信号被送到 IC 的第 9 脚，IC 第 9 脚的 L_1 和可变电容 C_0、微调电容 C_{03} 组成的调谐回路，对高频信号进行选择 IC 内部混频。本振信

号由振荡线圈 L_2 和可变电容 C_0、微调电容 C_{02} 与 IC 第 7 脚相连的内部电路组成的本机振荡器产生。在 IC 内与高频信号混频得到多种频率的合成信号，由 IC 的第 14 脚输出，经 R_6 耦合至 8.7 MHz 的陶瓷滤波器 CF_3 得到的 8.7MHz 中频调频信号经耦合进入 IC 第 17 脚 FM 中频放大器。经放大后的中频调频信号在 IC 内部进入 FM 鉴频器，IC 的第 2 脚外接 8.7 MHz 鉴频滤波器 CF_1。鉴频后得到的音频信号由 IC 第 23 脚输出，进入 IC 第 24 脚进行放大。放大后的音频信号由 IC 第 27 脚输出，推动扬声器发声。

3. 音量控制电路

收音机音量的大小由电位器 RP50K 调节 IC4 脚的直流电位的高低来控制。

4. AM/FM 波段转换电路

由电路图可以看出当 IC 第 15 脚接地时，IC 处于 AM 工作状态；当 IC 第 15 脚与地之间串联 C_7 时，IC 处于 FM 工作状态。波段开关控制电路非常简单，只需要一只单刀双掷开关，便可方便地进行波段转换控制。

5. AGC 和 AFC 控制电路

CXA1191M 的 AGC(自动增益控制)电路由 IC 内部电路和接于第 21 脚、第 22 脚的电容 C_9、C_{10} 组成，控制范围可达 45 dB 以上。AFC(自动频率微调控制)电路由 IC 的第 21 脚、第 22 脚所连的内部电路和 C_3、C_9、R_4 及 IC 第 6 脚所连的电路组成，它能使 FM 波段接收频率稳定。

9.1.3 HX-203AM/FM 收音机的装配

HX-203AM/FM 收音机的装配流程如下。

1. 焊接前准备

(1) 对照电路图检查印制电路板。在安装、焊接元器件之前，对照电路图“读”印制路板，并且检查是否有落线、连线、断线的地方，应及时发现、及时修整，同时熟悉各个元器件的安装位置。

(2) 将所有的元器件引脚上的漆膜、氧化膜清除干净，并将电阻器、二极管等引脚整形加工。

(3) 将电位器拨盘装在电位器上，用螺钉固定。

(4) 将磁棒套入天线线圈和磁棒支架上。

(5) 要求能熟练使用三步焊接法，焊点要达到以下要求：具有良好的导电性；具有一定的机械强度；焊点上的焊料要适中；焊点表面应具有良好的光泽且表面光滑，无毛刺。

2. 插件焊接

1) 焊接前应注意的问题

(1) 按照装配图正确插入元器件，其高低、极向应符合图纸规定。一般来说，插装顺序是由小到大，先装矮小元器件，后装高大元器件。

(2) 焊点要光滑，大小最好不要超出焊盘，不能有虚焊、搭焊和漏焊。

(3) 注意二极管、晶体管的极性。焊接的时间要掌握好，时间不宜过长，否则会烫坏晶体管。每个焊点一般以 3 s 比较合适。如果一次不成，则可待冷却后再焊一次。

(4) 输入(绿色或红色)、输出(黄色)变压器不能调换位置。

(5) 红中周变压器 B2 插件外壳应弯角焊接，否则会卡住调谐盘。

2) 元器件焊接步骤

(1) 电阻器、二极管。

(2) 圆片电容器、晶体管。

(3) 中周变压器、输入/输出变压器。

(4) 双联可调电容器、天线线圈。

(5) 电池夹引线、扬声器引线。

提示：每次焊接完一部分元器件，均应检查一遍焊接质量，看其是否有错焊、漏焊，发现问题及时纠正。这样可保证收音机的焊接一次成功，进而进入下一道工序。

3. 装大件

1) 装双联可调电容器

将双联可调电容器 CBM-223P 安装在印制电路板正面，将天线组合件上的支架装在印制电路板反面的双联可调电容器上，然后用两只 M2.5mm × 5mm 的螺钉固定，并将双联可调电容器引脚超出电路板的部分弯角后焊牢。

2) 装天线线圈

(1) 天线线圈的 1 端焊接于双联可调电容器 C_{A1} 端。

(2) 2 端焊接于双联可调电容器中点地线上。

(3) 3 端焊接于 VT_1 基极(b)上。

(4) 4 端焊接于 R_1、C_2 公共点。

3) 焊电位器组合件

将电位器组合件焊接在电路板上的指定位置。

4. 开口检查与试听

收音机装配焊接完成后，检查元器件有无装错位置，焊点是否脱焊、虚焊、漏焊。所焊元器件有无短路或损坏。发现问题要及时修理、更正。用万用表进行整机工作点、工作电流测量，若检查都满足要求，即可进行收台试听。

5. 前框准备

(1) 将电池负极弹簧、正极片安装在塑壳上。同时焊好连接点及黑色、红色引线。

(2) 将周率板反面的双面胶保护纸去掉，然后贴于前框，注意要贴装到位，并撕去周率板正面的保护膜。

(3) 将 YD_{57} 扬声器安装于前框，用一把“一”字的小螺丝刀导入带钩压脚，再用电烙铁热铆三只固定脚，如图 9-5 所示。

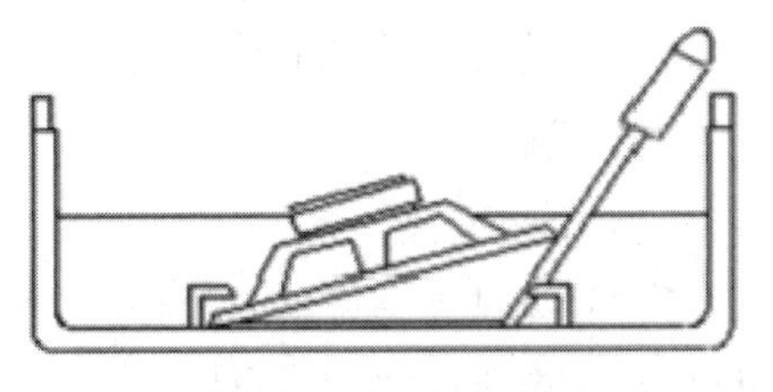

图 9-5　扬声器的安装

(4) 将拎带套在前框内。

(5) 将调谐盘安装在双联电容器轴上，用螺钉固定。注意调谐盘指示方向。

(6) 根据装配图，分别将两根白色或黄色导线焊接在扬声器与印制电路板上。

(7) 将正极(红色)、负极(黑色)电源线分别焊在印制电路板指定位置。

(8) 将组装完毕的机芯装入前框，一定要到位，完成整机组装，装配完成的收音机如图 9-6 所示。

图 9-6 装配完成的收音机

9.1.4 收音机的测量与调试

对新装的和严重失调的收音机，为急于收台，不讲顺序乱捅、乱调一气，势必适得其反，所以应认真、合理地调试。

调试所需的仪器设备有稳压电源(300 mA、3 V)、XFG-7 高频信号发生器、示波器、毫伏表、无感应螺丝刀、环形天线、万用表。

调试的步骤有通电前的检查、静态工作点调整和动态调试。

1. 通电前的检查

调试前应从以下几个方面仔细检查。

(1) 各级不同型号的晶体管是否有误装的情况，各晶体管的引脚装接是否正确。

(2) 三级中频变压器前后顺序装接是否有误。

(3) 线路的连接和元器件的安装是否有误，各焊点是否存在虚焊、漏焊和碰焊的情况，电解电容器的正负极性装接是否有误。

(4) 将歪斜的元器件扶直排齐，并重点排除元器件和裸线的相碰。

(5) 应注意把滴落在机内的锡珠、线头等清理干净。

以上情况经过仔细检查无误后，方可接通电源，进行电路调试工作。

2. 调试

1) 中频调试

中频调试就是调整中频频率，即调整中周变压器，改变其电感量，使其谐振在 465 kHz 的中频频率上。首先将双联可调电容器旋至最低频率点(即全部旋入)，再将 XFG-7 高频信号发生器置于 465 kHz 频率处，输出场强为 10 mV/M，调幅度为 30%。收音机收到信号后，示波器应该有 1000 Hz 的信号波形，用无感应螺丝刀依次调节黑(B_5)、白(B_4)、黄(B_3)三个周变压器，且反复调节，使其输出最大。此时 465 kHz 中频调节好后就不需要再动了。

2) 调整频率范围(对刻度)

调整频率范围就是旋动可变电容器，从全部旋进的最低频率到全部旋出的最高频率之间，恰好包括了整个接收波段(535 kHz～1605 kHz)。

将 XFG-7 高频信号发生器置于 520 kHz，输出的场强为 5 mV/M，调频频率为 1000 kHz，调幅度为 30%。双联可调电容器调至最低端，用无感应螺丝刀调节红中周变压器(振荡线圈 B_2)，直至收到信号、声音最响、幅度最大为止。再将双联旋至最高端，XFG-7 高频率信号发生器置于 1620 kHz，调节双联可调电容器的微调电容 C_{04}(图 9-7 所示为双联示意图)，

图 9-7　双联示意图

使收到信号的声音最大。再将双联可调电容器调至最低端，调节红中周变压器，高低端反复调整，直至低端频率为 520 kHz、高频率为 1620 kHz 为止，频率覆盖调节到此结束。

3) 统调(调整整机灵敏度)

利用调整频率范围是收到的低端电台，移动磁棒上的线圈使声音最响，以达到低端统调。利用调整频率范围是收到的高端电台，调节与磁棒线圈并联的微调电容器，使声音最响，以达到高端统调。高低端的调整反复进行几次，直到满意为止。

统调方法：将 XFG-7 高频率信号发生器置于 600 kHz，输出场强为 5 mV/M 左右，调节收音机调谐旋钮，收到 600 kHz 信号后，调节中波磁棒线圈位置，使输出最大。然后将 XFG-7 高频信号发生器旋至 1400 kHz，调节收音机，直到收到 1400 kHz 信号后，调双联微调电容 C_{01}，使输出为最大。重复调节 600 kHz 和 1400 kHz 统调点，直至两点均为最大为止，至此统调结束。

在中频调试、频率范围统调结束后，收音机即可收到高、中、低端的电台，且频率与刻度基本相符。放入两节 5 号电池进行试听，在高、中、低端都能收到电台后，即可将后盖盖好。

9.1.5　常见故障及排除方法

1. 无声

首先检查 IC 有无焊好，有无漏焊、搭焊，IC 的方向是否焊错，IC 引脚电容是否接好，

电解电容正负极有无焊反，IC 从 1～28 脚的引出脚所接元器件是否正确，插孔是否插对，最后再按原理图检查一遍。

2. 自激啸叫声

检查 $C_2$473、C_{16}104 电容是否接牢靠。

3. 发光管不亮

发光二极管焊反或者损坏。

4. AM 串音

不管在哪个频率，始终有同一广播电台的信号，则为选择性差。可将 CF_2 465 kHz 黄色陶瓷滤波器从电路板拆下，反向接入或调换新的。

5. 机振

音量开大时，若喇叭发出“呜呜”声，用耳机试听又没有声音，则其原因是 T_2、T_3、L_1、L_2 磁芯松动，随着喇叭音量的开大而产生了共振。解决方法：用蜡封固磁芯即可排除。

6. AM/FM 开关失灵

检查开关是否良好，检查 $C_7$103 是否完好或为焊牢，检查 IC 第 15 脚是否与开关、C_7 可靠连接。

7. AM 无声

检查天线线圈三根引出线是否有断线，与电路板相关焊点连接是否正确。检查振荡线圈 T_2(红)是否存在开路。用万用表测量其正常值，1～3 脚为 2.8 Ω 左右，4～6 脚为 0.4 Ω 左右。如偏差太大，则必须更换。

8. FM 无声

线圈 L_1、L_2 是否焊接可靠；8.7 MHz 二端鉴频器(CF_1)是否焊接不良；电阻 $R_1$150 Ω 是否焊接正确；8.7 MHz 三端滤波器(CF_2)是否存在假焊。

思 考 题

1. 简述收音机的工作原理。
2. 收音机焊接前需要注意的问题有哪些？
3. 元器件的焊接顺序一般应该遵循什么规则？
4. 简述收音机调试步骤。

第四篇

现代电子技能篇

第 10 章 Multisim 仿真软件

10.1 Multisim 概述

Multisim 是业界一流的 SPICE(Similation Program With Intergrated Circuit Emphasis，仿真电路模拟器)仿真标准环境，可实现设计、原型开发、电子电路测试等操作。使用 Multisim 设计方法可有效减少原型迭代次数，并帮助开发者在设计过程中及时优化 PCB(Printed Circuit Board，印刷电路板)设计。

Multisim 是交互式仿真，用户可以在仿真运行中改变电路参数，并实时得到测量结果。例如，可以在仿真运行时改变可变电容器和可变电感器的地值、调整电位器等，此时连接在电路中的仪表将显示实时测量值。Multisim 为有源和无源器件提供大量的 SPICE 仿真模型库，包括二极管、三极管和运算放大器，每个模型都符合一定的质量和精度要求。例如，虚拟电阻有一阶和二阶两个温度系数，双极性晶体管模型包括了它的全部 SPICE 等效模拟参数。Multisim 的分析手段完备，除了 11 种常用的测试仪器仪表外，还提供了直流工作点分析、瞬态分析、傅里叶分析等 15 种常用的电路分析手段。这些分析方法基本能满足设计仿真的需求，并具有数模混合仿真能力。Multisim 的系统高度集成、形象直观、操作方便，原理图、电路分析测试和结果的显示等都集成在一个软件窗口中，其操作界面就像实际的实验台，有元件库、仪器仪表库，以及各种仿真分析的命令。元器件的模型非常丰富，与实际元器件对应，元器件连接方式灵活，允许把子电路生成一个元器件使用。使用 Multisim 的虚拟测试设备就如同在实验室做实验一样，用鼠标选取虚拟测试设备，将它们连接在原理电路中，运行仿真后就能在打开的虚拟仪器界面上观察电路的响应波形或其他测量值。仪器界面上有各种调整按钮，其使用方法如同真实的仪器，可供使用者实时操作。

本书以 NI Multisim11.0 版本为平台，介绍电路设计与仿真的相关知识。读者可在 NI 网站借助互动演示更进一步了解 Multisim 的操作技巧和应用实例(http：//www.ni.com/video/646/en/)。

10.2 Multisim 界面概览

启动 Multisim11.0 后，可以看到如图 10-1 所示的主窗口。主窗口中包括菜单栏、系统工具栏、设计工具栏、元器件库栏、仪表工具栏、电路窗口等基本元素。其中中央白色区域为电路窗口。

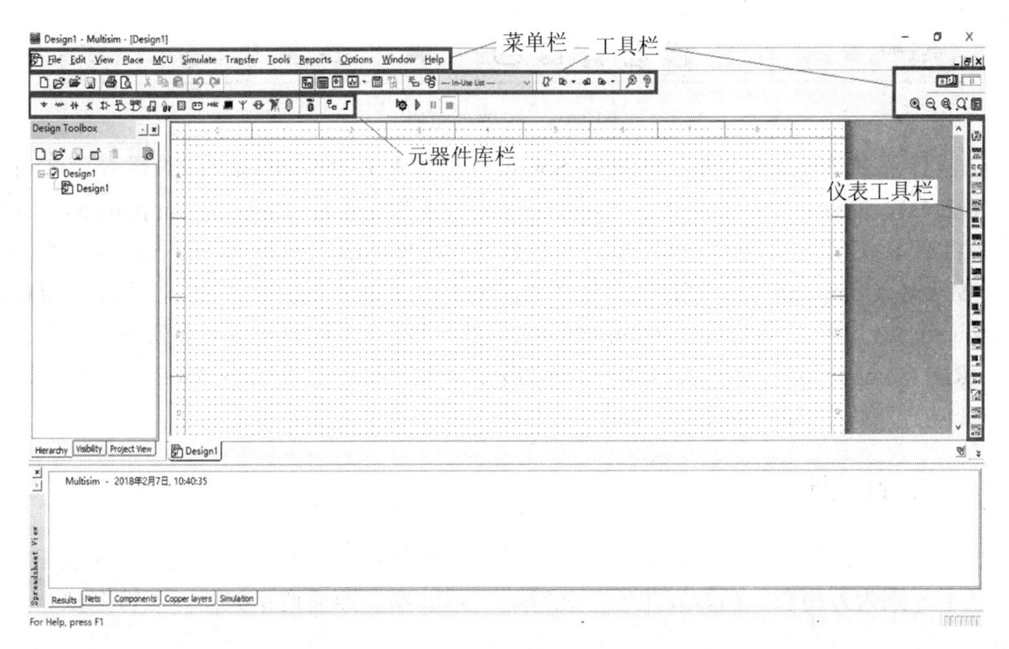

图 10-1　Multisim11.0 的主要窗口

10.2.1　菜单栏

菜单栏位于主窗口的上方，为下拉式菜单，如图 10-2 所示。它包括 12 个菜单项，分别为 File(文件)、Edit(编辑)、View(显示)、Place(放置)、MCU(微控制器)、Simulate(仿真)、Transfer(文件输出)、Tools(工具)、Reports(报告)、Options(选项)、Window(窗口)、Help(帮助)。

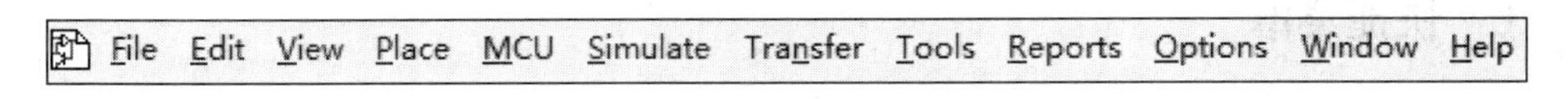

图 10-2　菜单栏

10.2.2　工具栏

工具栏位于菜单栏的下方，如图 10-3 所示。系统工具栏中包括最基本的常用功能按钮，与 Windows 中的同类按钮类似，所以不再详述。

图 10-3　工具栏

10.2.3　元器件库栏

图 10-4 是 Multisim11.0 的元器件库栏，它包含了电路仿真时所需的一些元件。每个元器件库中又含有 3～30 个元件箱(即 Family)。每一个元件箱用一个按钮表示，鼠标单击元件箱，可将该元件箱打开。

图 10-4　元器件库栏

元器件库从左到右分别为电源库(Sources)、基本元件库(Basic)、二极管库(Diodes Components)、晶体管库(Transistors Components)、模拟元件库(Analog Components)、TTL 器件库(TTL)、CMOS 器件库(CMOS)、其他数字元件库(Misc Digital Components)、混合器件库(Mixed Components)、指示器件库(Indicators Components)、电源组件库(Power Components)、其他器件库(Misc Components)、外部设备库(Advanced Peripherals)、射频器件库(RF Components)和机电类器件库(Elector-Mechanical Components)、连接器库(Connectors)、单片机库(MCU)。

10.2.4　仪表工具栏

窗口最右端是仪表工具栏，为用户提供了在电路仿真中需要的仪器仪表。仪表工具栏从上到下分别为万用表、函数发生器、瓦特计、示波器、四通道示波器、波特图仪、频率计数器、数字信号发生器、逻辑转换器、逻辑分析仪、IV 分析仪、失真度分析仪、频谱分析仪、逻辑分析仪。

10.2.5　电路窗口

电路窗口为用户的主要工作区域。用户所进行的所有元器件、仪器仪表的输入，以及电路的连接和测试仿真都在此窗口中完成。在该窗口中用户还可以对所输入的元器件、仪器仪表等进行参数的设定。在放置元器件和仪器仪表时应尽量整齐，便于布线。

10.2.6　快捷菜单

在使用 Multisim 时通过快捷菜单进行操作比较方便。在 Multisim11.0 中包含元器件或仪器、右击导线、右击工作区空白处、右击工作区窗口垂直滚动条区域和右击工作区水平滚动条区域产生的快捷菜单五种。

Multisim11.0 中的快捷菜单包括以下功能：

(1) 右击元器件或仪器产生的快捷菜单。

(2) 选定同名菜单，会弹出一个 Window 颜色的选择对话框，选定的颜色就是元器件或仪器的颜色。

(3) 右击导线产生的快捷菜单，只有三项，且比较简单。其中 Delete 菜单项的功能是删除该导线，Color 的功能是设置该导线的颜色。该快捷菜单包含了六组菜单项，第一组为放置元器件、节点、总线等菜单项；第二组为复制、粘贴等菜单项；第三组为控制是否显示栅格等菜单项；第四组为控制缩放等菜单项；第五组菜单项是参数选择(Preferences)对话框中的部分功能；第六组是帮助菜单项。

(4) 右击工作区窗口垂直滚动条区域和水平滚动条区域产生的快捷菜单可控制滚动条，其快捷菜单比较简单，且为中文显示，这里不再介绍。

10.3 Multisim 的元器件库和仪器仪表库

10.3.1 Multisim 的元器件库

Multisim 提供了丰富的元器件，元件模型分为 17 个大类。调用元件时采用按钮和列表相结合，既直观又方便。在大部分情况下，不需要设置原件的属性参数。电源和虚拟元件除了采用默认值外，可以自行设置参数。在学习训练的过程中，可以根据需求设置元件的失效参数。下面介绍几个常用的元器件库。

1. 电源库

电源库中共有 7 个族(Family)，如图 10-5 所示。在 Multisim 11.0 中电源类的器件都当作虚拟器件，所以不能使用 Multisim 11.0 中的元件编辑工具对其模型及符号等进行重新创建和修改，只能通过属性对话框对相关参数进行设置。

2. 基本元件库

基本元件库中包含现实元件箱(灰底图标)15 个、虚拟元件箱(绿底图标)2 个，如图 10-6 所示。虚拟元件箱中的元件不需要选择，可以直接调用，通过其属性对话框设置参数值。在选择元件时建议应尽量到现实元件箱中选取，这样不仅能使仿真的结果更接近实际的情况，而且现实元件都有元件的封装标准，可将仿真后的电路原理图直接转换成 PCB 文件。倘若选取不到这些参数，或者要进行温度扫描或参数扫描等分析时，就需选用虚拟元件。

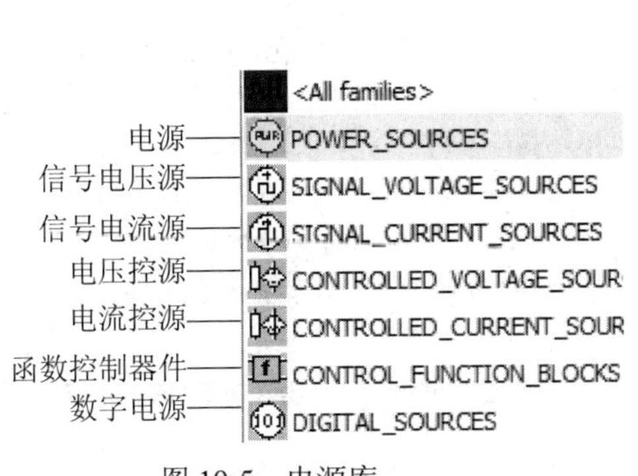

图 10-5　电源库

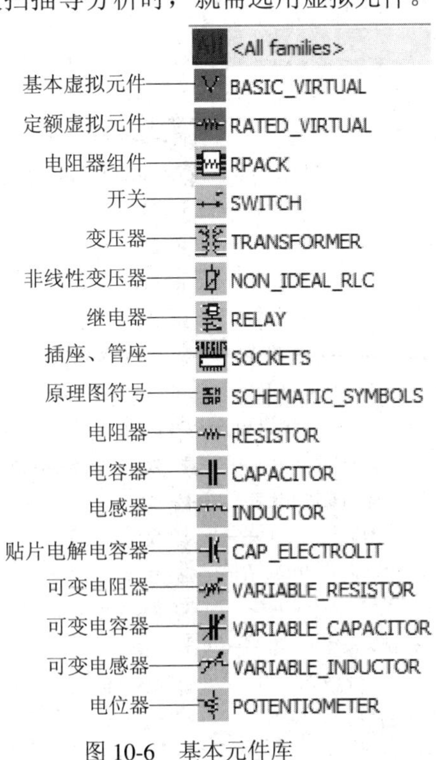

图 10-6　基本元件库

基本元件库中的元件均可通过其属性对话框进行参数设置。例如电位器为可调节电阻，单击电位器按钮，可选择一个可变电阻。在可变电阻符号旁所显示的数值是指两个固定端子之间的阻值，而百分比则表示滑动点下方电阻值占总电阻值的百分比。电位器滑动点的移动通过按键盘上的某个字母进行；小写字母为减小百分比；大写字母为增大百分比。字母的设定可在该元件属性对话框中进行，可选择 A～Z 之间的任何字母。

3. 二极管库

二极管库中包含 15 个元件箱，如图 10-7 所示。该图中有 1 个虚拟元件箱，发光二极管元件箱中存放的是交互式元件，其处理方式基本等同于虚拟元件，不允许进行编辑处理。其中发光二极管共有 6 种不同的颜色，该元件有正向电流流过时才产生可见光，其正向压降比普通二极管大，且各种颜色压降不同。

4. 晶体管库

晶体管库中共有 21 个元件箱，如图 10-8 所示。其中，20 个现实元件箱中存放着 Zetex 等世界著名晶体管制造厂家的众多晶体管元器件模型，这些模型以 SPICE 格式编写，精度较高。另外 1 个虚拟元件箱中存放着虚拟晶体管，虚拟晶体管相当于理想的晶体管，其模型参数都用默认值。通过打开晶体管属性对话框，单击 Edit Model 按钮，可在 Edit Model 对话框中对其模型参数进行修改。

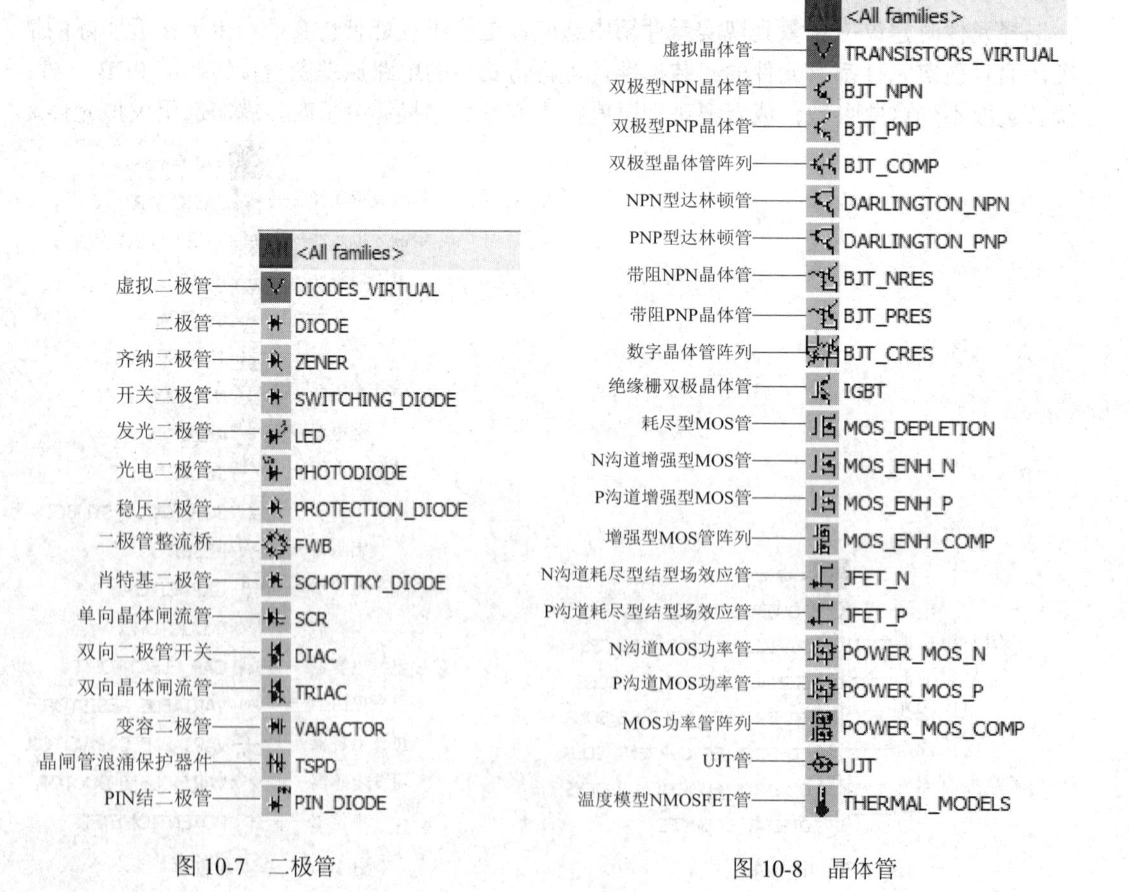

图 10-7　二极管　　　　图 10-8　晶体管

5. 模拟元件库

模拟元件库共有 10 类器件，其中有 1 个虚拟器件，如图 10-9 所示。特殊功能运放包括测试运放、视频运放、乘法器/除法器、前置放大器和有源滤波器。宽频带运放工作频率可达 100 MHz。

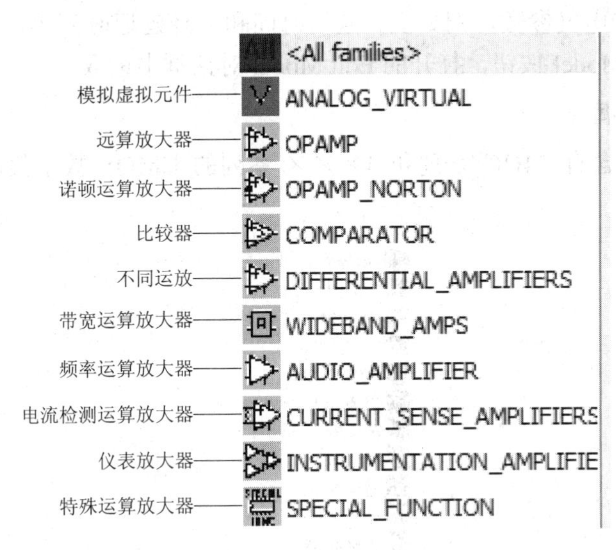

图 10-9 模拟元件库

6. TTL 器件库

TTL 器件库包含 74 系列和 74LS 系列的 TTL 数字集成逻辑器件，如图 10-10 所示。74 系列是普通型的集成电路，又称标准型 74STD，包括 7400N～7493N。74LS 系列是低功耗肖特基型集成电路，包括 74LS00N～74LS93N；74LS 系列元件的功能、引脚，可从属性对话框中读取。

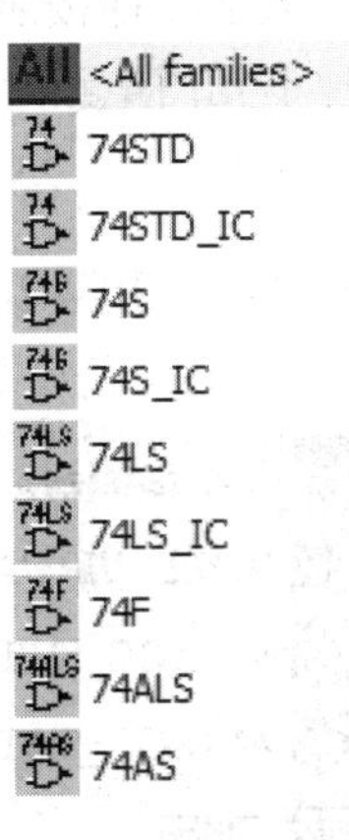

图 10-10 TTL 器件库

使用 TTL 器件库时应注意以下几点：

(1) 使用时应根据具体要求选择标准型 74STD 或低功耗肖特基型 74LS。

(2) 有些器件是复合型结构，例如 7400N，在同一个封装里存在 4 个相互独立的二端与非门，这 4 个二端与非门功能完全一样。

(3) 若同一个器件有多种封装形式，例如 74LS00D 和 74LS00N，则当仅用于仿真分析时，可任选其一；当要把仿真的结果传送给其他软件时，要区分选用。

(4) 含有 TTL 数字元件的电路进行仿真时，电路窗口中要有数字电源符号和相应的数字接地端，通常电源电压 V_{CC} 为 5 V。

(5) 器件的某些电气参数，例如上升延迟时间和下降延迟时间等，可通过单击其他属性对话框上的 Edit Model 按钮，打开的 Edit Model 对话框中读取。

7. CMOS 器件库

CMOS 器件库含有 74HC 系列和 4××× 系列的 CMOS 数字集成逻辑器件，如图 10-11 所示。

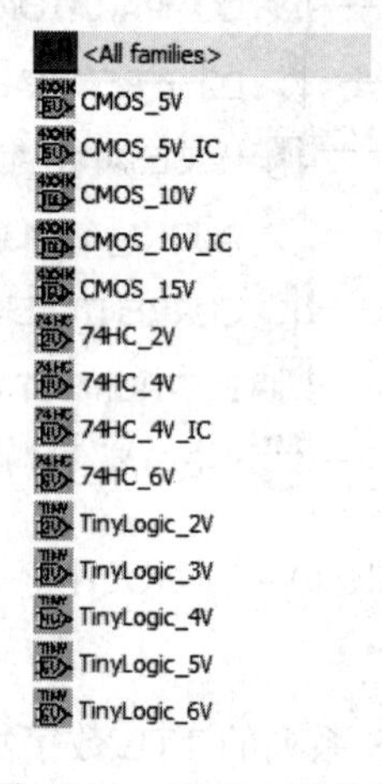

图 10-11　CMOS 器件库

8. 其他数字元件库

其他数字元件库中的元件箱是把常用的数字元件按照其功能存放的，其中许多是虚拟元件，不能转换成版图文件，主要包括各种单元门电路和触发器电路及可编程逻辑器件。

9. 混合器件库

混合器件库中存放着 7 个元件箱，其中 ADC-DAC 元件箱虽然没有绿色衬底，但却属于虚拟元件，如图 10-12 所示。

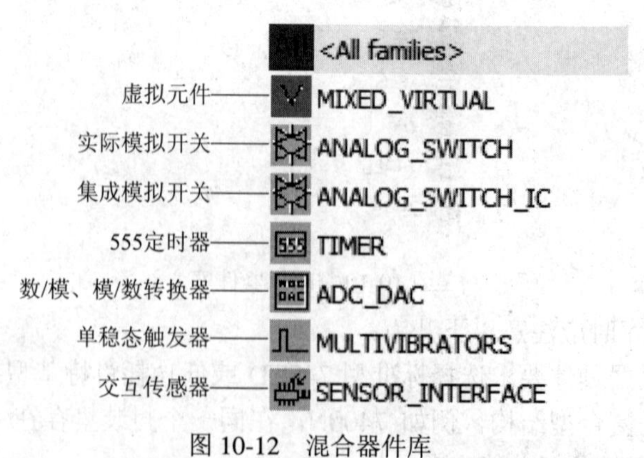

图 10-12　混合器件库

10. 指示器件库

指示器件库中有 8 种可用来显示电路仿真结果的显示器件，都为交互式元件，如图 10-13 所示。Multisim 11.0 不允许用户从模型上进行编辑修改，只能在其属性对话框中对某些参数进行设置。

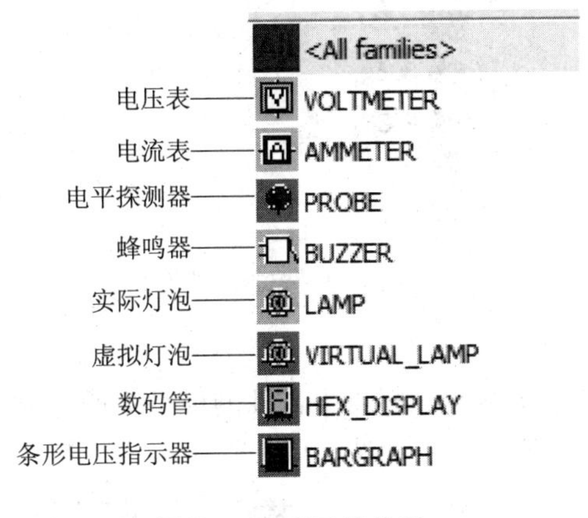

图 10-13　指示器件库

11. 其他器件库

其他器件库如图 10-14 所示，用以存放不便划归在某一类型元件库中的元件，所以也将其称之为杂散器件库。

图 10-14　其他器件库

12. 单片机件库

Multisim 的单片机模型比较少，只有 8051x、PIC 的少数模型和一些 ROM、RAM 等，如图 10-15 所示。如果要进行单片机仿真，建议使用 Proteus 软件。Proteus 可以仿真 8051/8052、AVR、PIC、HC11、MSP430、ARM7 等常用高性能的 MCU，并提供周边设备的仿真，例如 LED、LCD、示波器等。同时，Proteus 还提供了大量的元件库，例如键盘、电机、A/D 转换器、D/A 转换器、部分 SPI 器件等，它也支持 Keil 和 Mplab 等多种编译器。

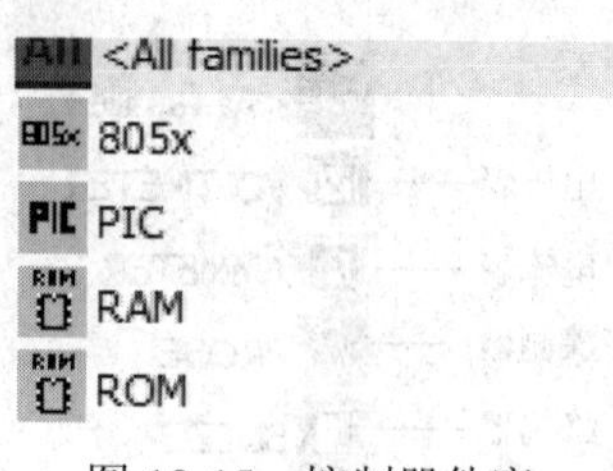

图 10-15　控制器件库

13. 射频器件库

当信号处于高频率工作状态时，电路中元件的模型会产生质的改变，射频器件库中提供 8 种能在高频电路工作的元器件，如图 10-16 所示。

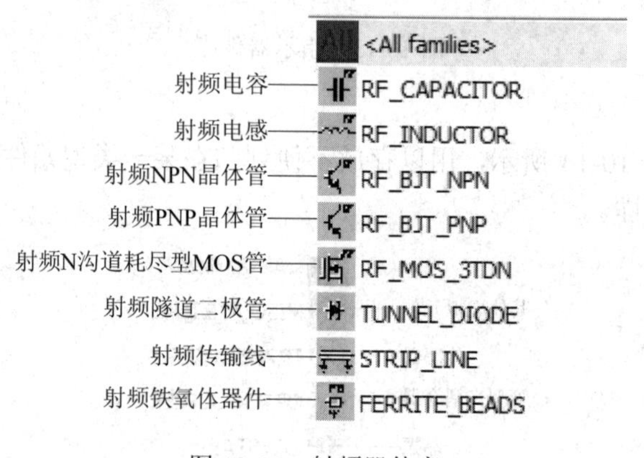

图 10-16　射频器件库

14. 机电类器件库

机电类器件库如图 10-17 所示，共包含 8 个元件箱，主要是一些电工类器件。除线型变压器外，其余都以虚拟元件处理。

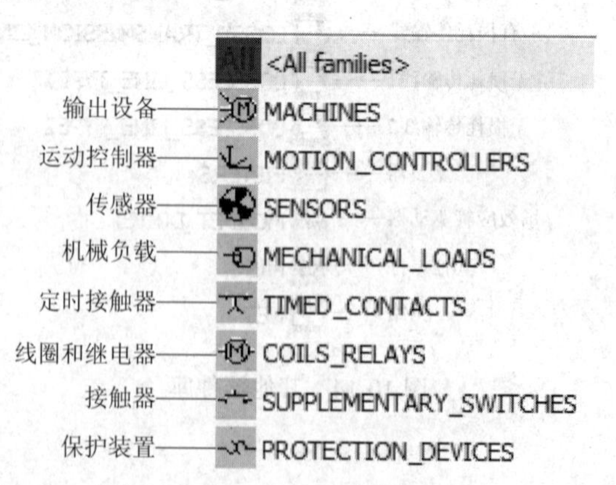

图 10-17　机电类器件库

10.3.2 Multisim 的仪器仪表库

在这一节，我们将选取几个在电路仿真中经常用到的仪器仪表进行介绍，包括它们的图标和面板上的一些按钮的功能。其他仪器在这一节中不再赘述。

1. 虚拟仿真仪器简介

Multisim11.0 的 Instrument(仪表库)中共有 11 种虚拟仪器。数字式万用表用于测量交直流电压、电流、电阻；函数发生器用于产生正弦波信号、三角波信号和方波信号；瓦特表用于测量电路的功率和功率因数；示波器用于分析电路的时域特性；波特图仪用于分析相频和幅频特性；失真度仪用于测量正弦信号的失真度；信号发生器为逻辑电路提供数字激励源；逻辑分析仪用于同时观察多路数字信号；逻辑转换器用于转变逻辑电路的表达方式；频谱分析仪用于对信号进行傅里叶分析；网络分析仪用于分析射频网络参数。这些仪器可用于电路基础、模拟电路、数字电路和高频电路的测试，使用时只需拖动仪器库中所需仪器的图标，再双击图标就可以得到该仪器的控制面板。

2. 电路分析中常用的虚拟仿真仪器

数字式万用表(Digital Multimeter)、函数信号发生器(Function Generator)、瓦特表(Wattmeter)和示波器(Oscilloscope)是一般电路分析中常用的四种虚拟仿真仪器。所以有必要先对这四种仪器的参数设置、面板操作等分别加以介绍。

1) 数字式万用表

数字式万用表(Digital Multimeter)和实际使用的数字万用表一样，是一种多用途、能自动调整量程的测量仪器。它能完成交直流电压、电流和电阻的测量及显示，还能以分贝(dB)的形式显示电压和电流，其图标如图 10-18(a)所示。图标上的正(+)、负(−)两个端子连接到所要测试的端点，使用注意事项与实际使用的万用表相同。需要注意的是测量电阻时，需打开仿真开关。数字式万用表的面板如图 10-18(b)所示，共分四个区，从上到下、从左到右的功能如下。

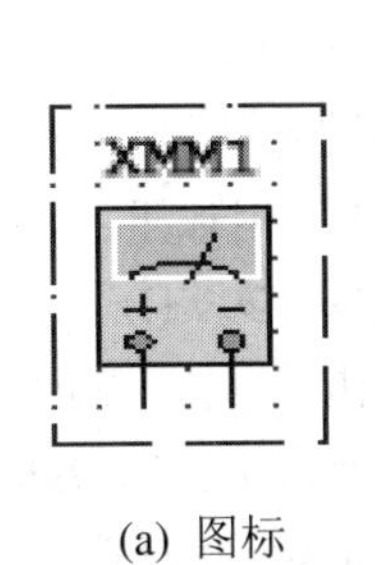

(a) 图标

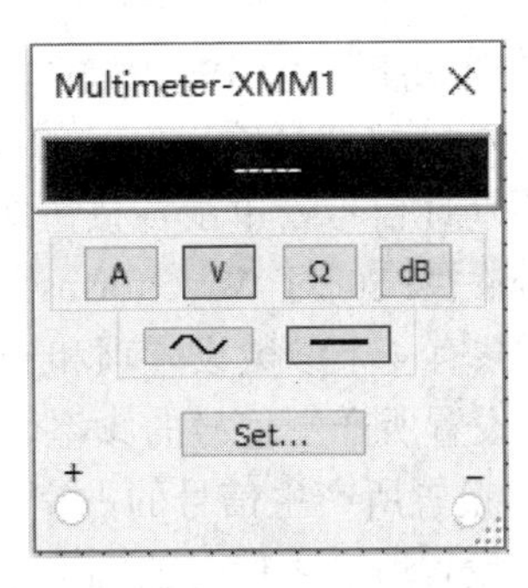

(b) 面板

图 10-18　数字万用表的图标和面板

(1) 显示区：显示万用表测量结果，测量结果由万用表自动产生。

(2) 功能设置区：单击面板各按钮进行相应测量和设置。单击 A 按钮，测量电流；单击 V 按钮，测量电压；单击 Ω 按钮，测量电阻；单击 dB 按钮，测量结果以分贝(dB)值表示。

(3) 选择区：单击～按钮，表示测量交流参数，测量值为有效值。单击—按钮，测量直流参数。如果在直流状态下去测量交流信号，则测量值为交流信号的平均值。

(4) 参数设置区：参数设置(Set)按钮用于对数字式万用表内部的参数进行设置。单击数字式万用表面板中的 Set 按钮，就会出现一个对话框，其参数设置叙述如下。

① Ammeter resistance(R)：设置与电流表并联的电阻，其大小对电流测量精度有影响。

② Voltmeter resistance(R)：设置与电压表并联的电阻，其大小对电压测量精度有影响。

③ Ohmmeter current(I)：设置用欧姆表测量时，流过欧姆表的电流。

2) 函数信号发生器

函数信号发生器(Function Generator)是产生正弦波、三角波和矩形波信号的仪器。其图标如图 10-19(a)所示。图标有 +、Common 和 – 三个输出端子，连接 + 和 Common 端子，输出信号为正极性信号；连接 Common 和–端子，输出信号为负极性信号，其输出幅值等于信号发生器的有效值。连接 + 和 – 端子，输出信号的幅度值等于信号发生器的两倍有效值。如果同时连接 +、Common 和 – 端子，并把 Common 端子与公共地(Ground)相连，则输出两个幅度、极性相反的信号。

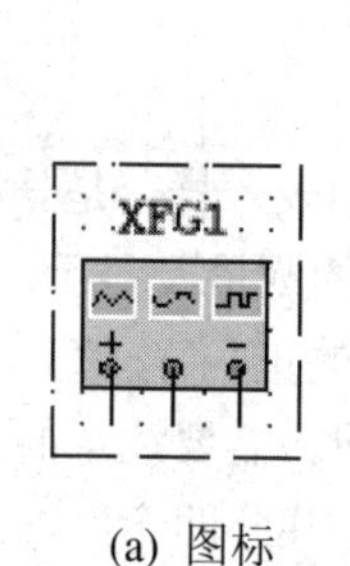

(a) 图标

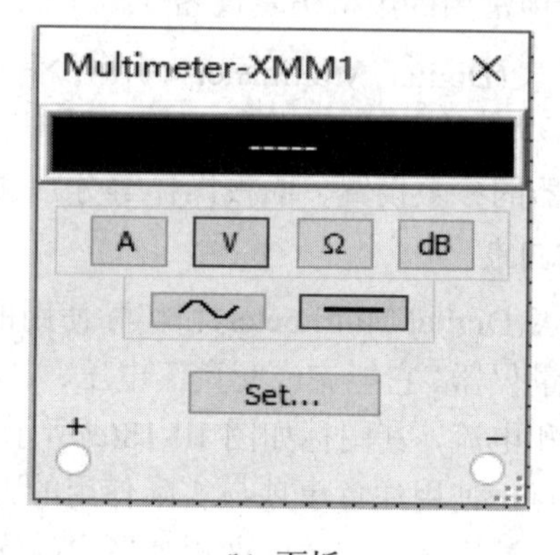

(b) 面板

图 10-19　函数信号发生器的图标和面板

函数信号发生器面板如图 10-19(b)所示，共有两栏，从上到下含义如下。

(1) Wave forms 栏：可选择输出信号的波形类型。函数信号发生器可产生正弦波、三角波和矩形波 3 种周期性信号。单击各按钮即可产生相应波形信号。

(2) Signal Options 栏：可对 Wave forms 区中选取的波形信号进行参数设置。

Signal Option 栏共有 4 个参数设置项和一个按钮，其作用如下：

① Frequency：设置所产生信号的频率，范围在 1 Hz～999 Hz。

② Duty Cycle：设置所产生信号的占空比，设定范围为 1%～99%。

③ Amplitude：设置所产生信号的幅值，其可选范围为 1 μV～999 kV。

④ Offset：设置偏置电压值，即在正弦波、三角波、矩形波信号上叠加所设置电压后输出，其可选范围为 1 μV～999 kV。

⑤ Set Rise/Fall Time 按钮：设置所产生信号的上升时间与下降时间，只在产生矩形波时有效。单击该按钮后，会出现一个对话框。该对话框中以指数格式设置上升时间与下降时间，单击 Accept 按钮确定设定。单击 Default 按钮，取默认值 1.000000E-012。

3) 瓦特表

瓦特表(Wattmeter)是测量电路交直流功率的仪器，其值是测量电压与电流的乘积。其图标如图 10-20(a)所示。瓦特表图表中有两组端子：左边两个端子为电压输入端，与所测电路并联；右边两个端子为电流输入端，与所测电路串联。瓦特表面板如图 10-20(b)所示，从上到下共分两栏：

(1) 显示栏：显示所测功率，为平常功率，能自动调整单位。

(2) Power Factor 栏：显示功率因数。

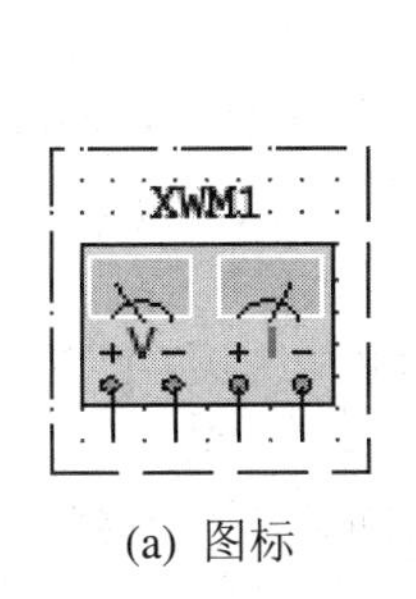

(a) 图标

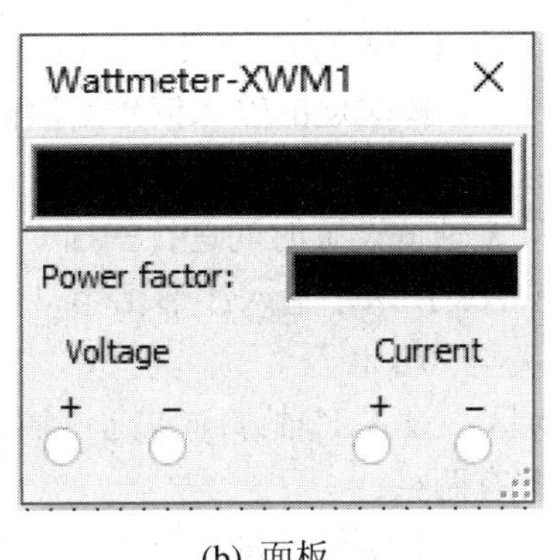

(b) 面板

图 10-20　瓦特表的图标和面板

4) 示波器

示波器(Oscilloscope)是可观察信号波形并测量其幅度、频率及周期等参数的仪器，其图标如图 10-21(a)所示。该示波器有 A、B 两个通道，G 是接地端，T 是外触发端。A、B 是两个通道，可分别用一根线与被测点相连，示波器上 A、B 两通道显示的波形即为被测点与“地”之间的波形。测量时接地端 G 需接地(如电路中已有接地符号，则可不接地)。

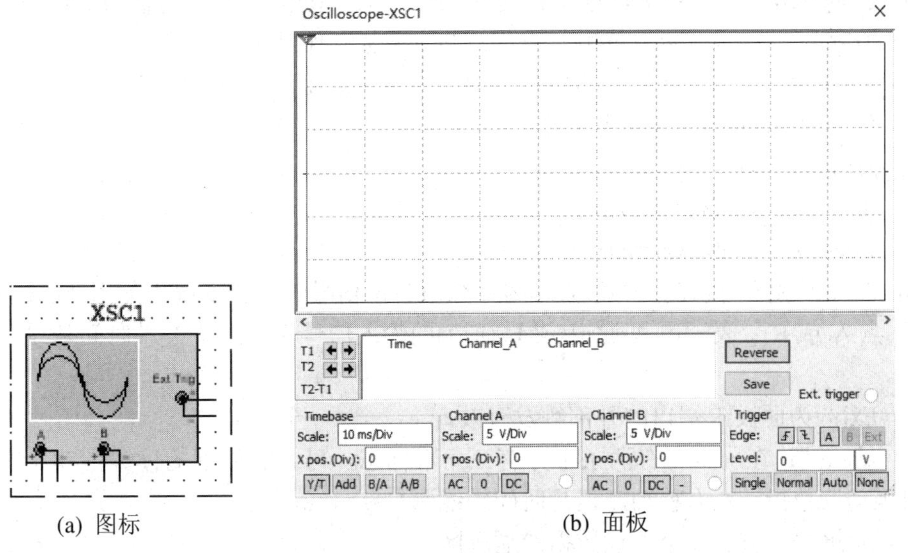

(a) 图标　　(b) 面板

图 10-21　示波器的图标和面板

示波器面板如图 10-21(b)所示。面板可分为 6 个区，各区功能如下：

(1) 显示区：显示 A、B 两个通道的波形。

(2) Time Base 区：设置 X 轴方向时间基线扫描时间。

Time Base 区共有两栏：

① Scale 栏：选择 X 轴方向每一个刻度代表的时间。单击该栏后可选择合适的数值。低频信号周期较大，当测量低频信号时，设置时间要大一些；高频信号周期较小，当测量高频信号时，设置时间要小一些，这样测量观察比较方便。

② Xposition 栏：表示 X 轴方向时间基线的起始位置。修改后可使时间基线左右移动，即波形左右移动。

Time Base 区设有 4 个按钮，含义如下：

① Y/T：表示 A、B 通道的输入信号波形幅度与时间的关系。当显示随时间变化的信号波形时，采用此种形式。

② Add：表示 X 轴按设置时间进行扫描，而 Y 轴方向显示 A、B 通道输入信号之和。

③ A/B：表示 A、B 两个输入波形相除。

④ B/A 的含义与 A/B 相反。

(3) ChannelA 区：设置 Y 轴方向 A 通道输入信号的标度。

ChannelA 区共有两栏：

① Scale 栏：表示 Y 轴偏移量。当其值大于零时，时间基线在屏幕中线上侧，反之在下侧。

② Ypes.(OW)栏：修改其设置可使时间基线上下移动，即波形上下移动。

ChannelA 区设有 3 个按钮，含义如下：

① AC：表示将信号的交流分量全部显示。

② DC：表示将信号的交直流分量全部显示。

③ 0：表示将输入信号对地短路。

(4) ChannelB 区：设置 Y 轴方向 B 通道输入信号的标度。其设置方法与 ChannelA 相同。

(5) Trigger 区：设置示波器触发方式。共有两栏，作用如下。

① Edge 栏：有两个按钮，为触发采用上升沿触发还是下降沿触发。

② Level 栏：可选择触发电平的大小。

Trigger 区设有 5 个按钮，含义如下：

① Sing：表示单脉冲触发。

② Nor：表示一般脉冲触发。

③ Auto：表示内触发，即触发信号不依赖外部信号。一般情况下使用 Auto 方式。

④ 点 A(或 B)：表示用 A 通道(或 B 通道)的输入信号作为同步 X 轴时间基线扫描的触发信号。

⑤ Ext：为面板 T 端口的外部触发有效。

(6) 显示区：在屏幕上有两条上方有三角形标志，可左右移动的读数指针。通过鼠标左键可拖动读数指针左右移动。这是时间轴线测量参考线。

在显示屏幕下方有 3 个测量数据的显示区。

① 左侧数据显示区：显示一号读数指针所处的位置和所指信号波形的数据。T1 表示 1 号读数指针离开屏幕左端(时间基线零点)所对应的时间，时间单位取决于 Time base 所设置的时间单位；VA1 和 AB1 分别表示所测位置通道 A 和 B 的信号幅度，其值为电路中测量

点的实际值，与 X、Y 轴的 Scale 位置无关。

② 中间数据显示区：显示 2 号读数指针所处的位置和所指信号波形的数据。

③ 右侧数据显示区中：T2 – T1 显示 2 号读数指针所处位置与 1 号读数指针所处位置的时间差值，一般用来测量信号的周期、脉冲信号带宽度、上升时间及下降时间等电路参数。VA2 – VA1 表示 A 通道信号两指示点测量值之差，VB2 – VB1 表示 B 通道信号两指示点测量值之差。

在动态显示时，为使测量方便准确，可单击暂停(Pause)按钮使波形“暂停”，然后再进行测量。这时改变 X position 设置，便可左右移动 A、B 通道的波形，利用指针拖动显示区下沿的滚动条也可以左右移动波形。改变 Y position 设置，可以上下移动 A、B 通道的波形。

示波器的使用技巧：为了便于观察和区分同时显示在示波器上的 A、B 两通道的波形，快速双击连接 A、B 两通道的导线，在弹出的对话框中可设置不同的导线的颜色，两路波形便以不同的颜色来显示，便于观察和测量；单击面板右下方的 Reverse 按钮即可替换显示区的背景颜色；对于读数指针测量的数据，单击面板右下方 Save 按钮可将其存储，数据存储格式为 ASCII 码。

3. 模拟电路中常用的虚拟仿真仪器

模拟电路中常用的虚拟仿真仪器有波特图仪(Bode Plotter)和失真分析仪(Analyze)。下面对这两种仪器的参数设置、面板操作等加以介绍。

1) 波特图仪

波特图仪(Bode Plotter)是用来显示和测量电路的幅频特性、相频特性的一种仪器。它类似于实验室的频率特性测试仪(或扫频仪)，不同的是波特图仪需要外加信号源，其图标如图 10-22(a)所示。波特图仪共有 4 个接线端：左边两个是输入端口，其 +、– 端分别接电路输入端的正、负端子；右边两个是输出端口，其 +、– 端分别接电路输出端的正、负端子。在电路的输入端口接入交流信号源(或函数信号发生器)，对信号源频率设置无特殊要求，可不进行参数设置。

波特图仪面板如图 10-22(b)所示，共分 5 个区，从左到右、从上到下介绍如下。

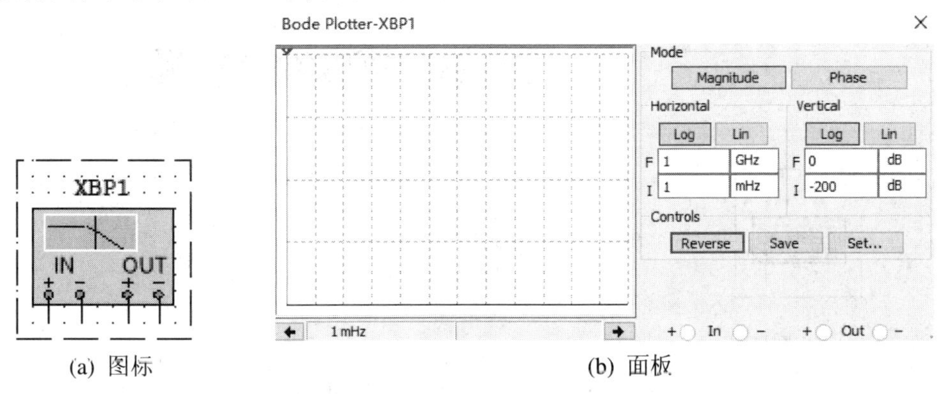

(a) 图标　　　　(b) 面板

图 10-22　波特图仪的图标和面板

(1) 显示区：显示波特图仪测量结果。

(2) Mode 区有 2 个按钮，其功能如下：

① Magnitude：显示区显示幅频特性曲线。

② Phase：显示区显示相频特性曲线。

(3) Vertical 区：设定 *Y* 轴的刻度类型。

测量幅频特性时，单击 log(对数)按钮，则 Y 轴刻度的单位是 dB(分贝)，标尺刻度为 20LogA(f)dB，其中 A(f) = Vo(f)/Vi(f)。单击 Lin(线性)按钮，Y 轴是线性刻度，一般情况下采用线性刻度。

测量相频特性时，Y 轴坐标表示相位，单位是度，是线性刻度。

该区下面的 F 栏设置 Y 轴刻度终值，I 栏设置 Y 轴刻度初值。

(4) Horizontal 区：设定频率范围。

单击 Log(对数)按钮，标尺以对数刻度表示；单击 Lin(线性)按钮，标尺以线性刻度表示。当所测信号频率范围较宽时，用 Log(对数)标尺较好。

该区下面的 F 栏用于设置扫描频率的最终值，而 I 栏则用于设置扫描频率的初始值。

为了清楚显示某一频率范围的频率特性，可将 *X* 轴频率范围设定得小一些。

(5) Controls 区。

① Reverse：改变显示区的背景颜色(黑色或白色)。

② Save：将分析结果以 BOD 格式保存。

③ Set：设置波形分析精度，单击该按钮后，将出现对话框。在 Resolution 栏中选定扫描精度，数值越大精度越高，其运行时间越长，默认值为 100。

(6) 测量区。

① 左右定向箭头：用以左右移动读数指针。

② 测量读数栏：显示读数指针所指频率点的幅值或相位。

2) 失真分析仪

失真分析仪(Distortion Analyzer)是用于测量电路总谐波失真及电路信噪比的仪器。测量时需指定某一基频，其图标如图 10-23(a)所示。接线端子(Input)连接到电路的输出信号端。失真分析仪的面板如图 10-23(b)所示，共分 5 个区。

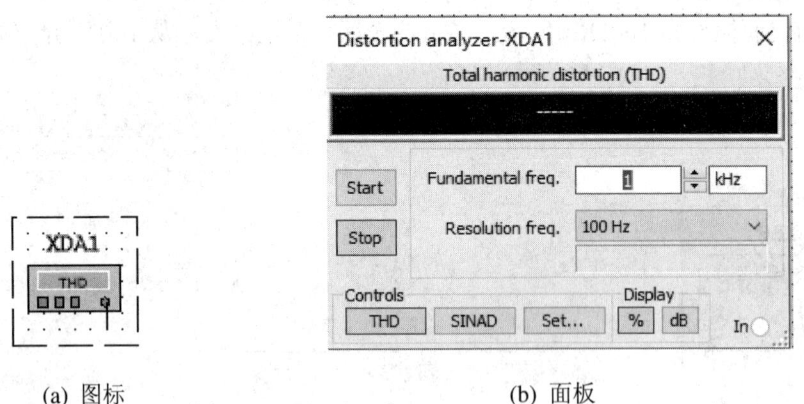

(a) 图标　　(b) 面板

图 10-23　失真度分析仪的图标和面板

(1) Total Harmonic Distortion(THD)区：用于显示测量总谐波失真的数值。其数值可用百分比显示，也可用分贝数表示。通过单击 Display Mode 区的 % 按钮或 dB 按钮来选择显示方式。

(2) Fundamental Frequency 区：用于设置基频，移动滑块可改变基频。

Resolution Frequency 区：用来设定频率分辨的最小谱线间隔，简称频率分辨率。

(3) Controls 区：该区有 3 个按钮，介绍如下。

① THD 按钮：测量总谐波的失真。

② SINAD 按钮：测量信号的信噪比。

③ Settings 按钮：设置谐波失真测量参数。单击该按钮后将出现如图 10-24 所示的对话框。各项参数的含义如下。

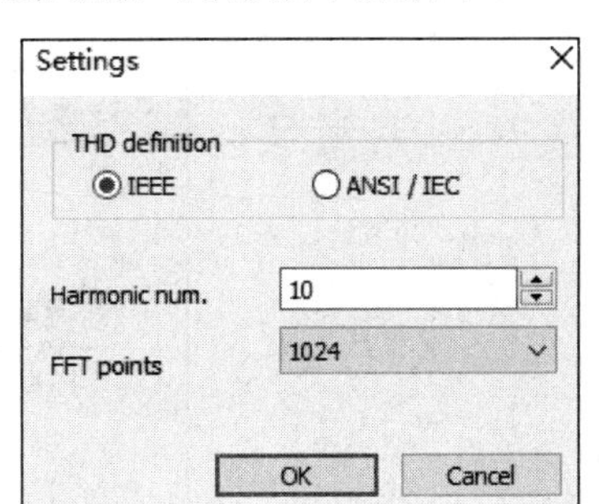

图 10-24　Setting 对话框

• THD Definition 区：总谐波失真定义，包括 IEEE 及 ANSI/IEC 两种定义方式。

• Harmonic Num 栏：取谐波次数。

• FFT points 栏：选择分析点数，应为 1024 的整数倍。

(4) Start 按钮和 Stop 按钮：单击 Start 按钮开始测试；单击 Stop 按钮停止测试，读取测试结果。当电路的仿真开关打开后，Start 按钮会自动按下，需计算一段时间才能显示稳定的数值，这时再单击 Stop 按钮，读取测试结果。

(5) Display 区：它的功能已经在 Total Harmonic Distortion 区中进行了描述。

10.4 应用实例

本节通过一个应用实例来介绍使用 Multisim 仿真电路的整个流程。下面采用模拟电路经典电路之一的单极共射放大电路进行演示，实现步骤如下：

(1) 从对应的元器件库中选取所需要的元器件，并将其放置在图纸上，按照电路原理图中元件所在的位置摆放，这样能够方便连线，如图 10-25 和图 10-26 所示。

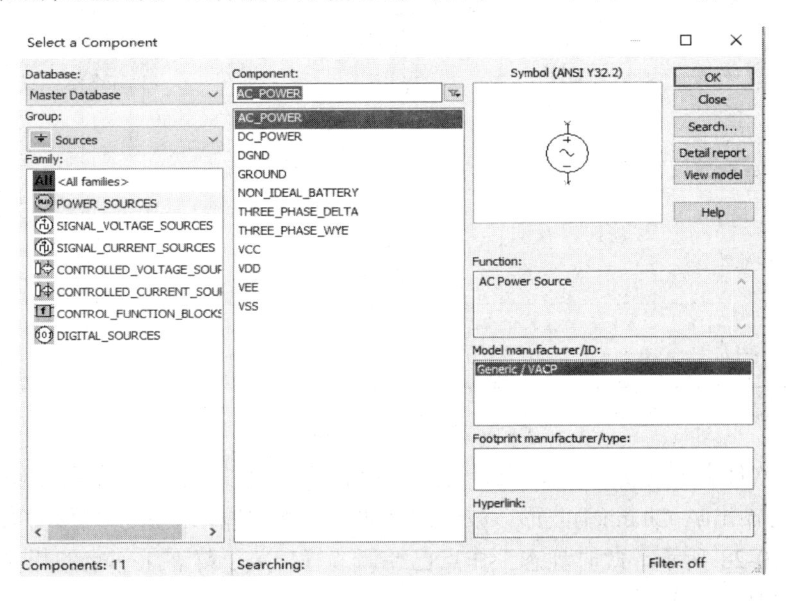

图 10-25　从元件库选取元件

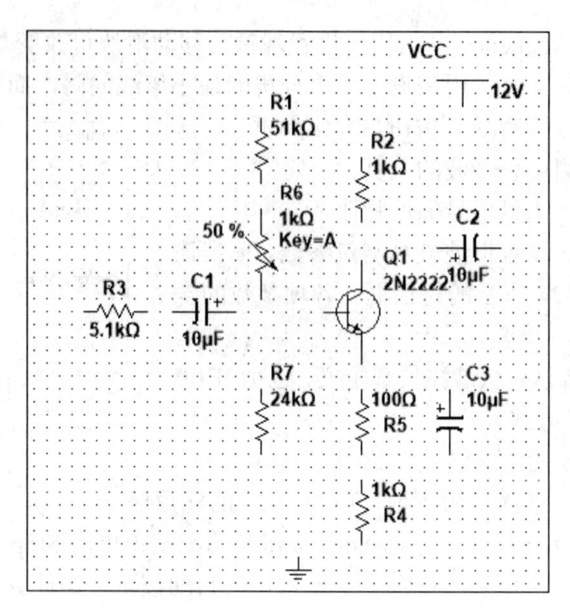

图 10-26　将元件摆放在图纸上

(2) 将各个元器件用导线连接起来之后，再用信号发生器在输入端输入一个有效值为 10 mV，频率为 1 kHz 的交流信号，并且在输出端用示波器观察输出波形，如图 10-27 所示。

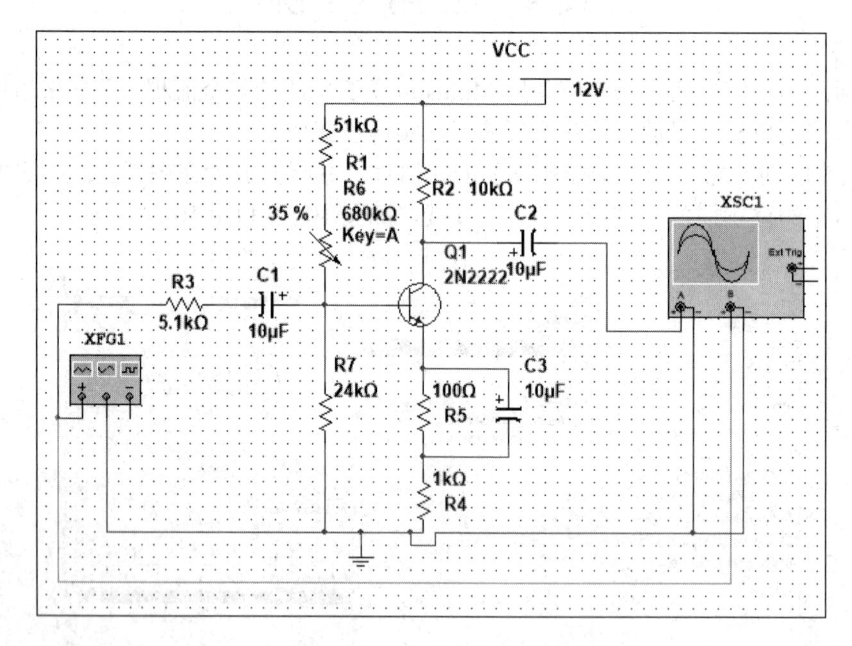

图 10-27　仿真时的电路图

(3) 单击软件上方的仿真按钮(Run 快捷键 F5)，开始仿真，打开示波器观察仿真的输入(B Channel)与输出(A Channel)波形。波形①是放大电路的输入波形，波形②为电路的输出结果，如图 10-28 所示，此时静态工作点已经调节好，关于静态工作点的相关问题可查阅模拟电路的书籍，本节不再赘述。

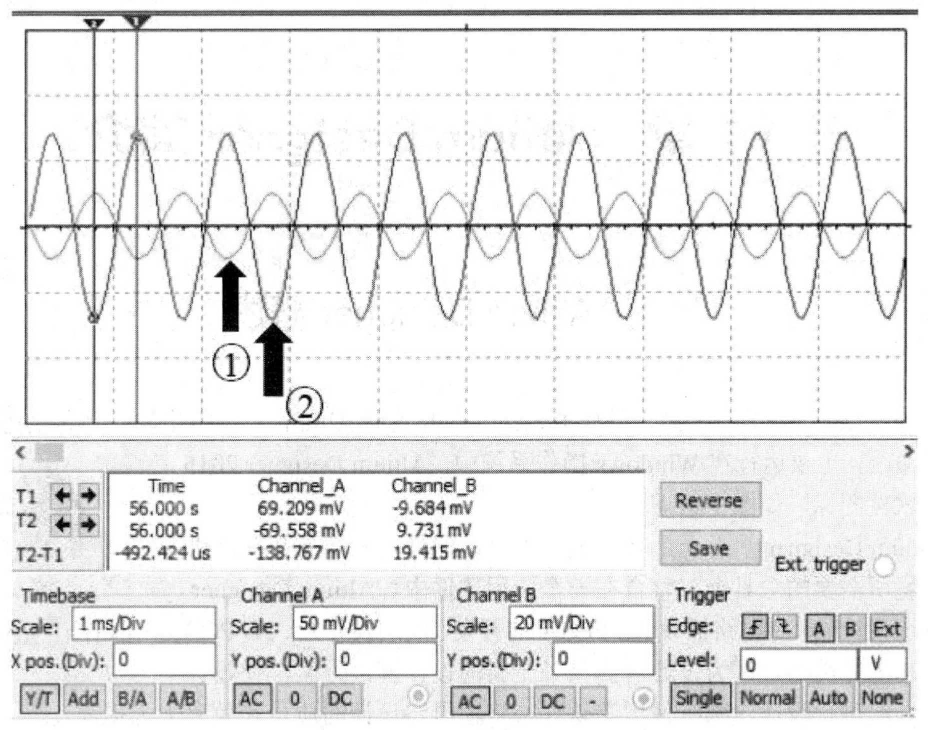

图 10-28　示波器中的仿真结果

由图 10-28 中示波器所显示的数据可知，输入波形 *V*pp = 10 mV，输出波形 *V*pp = 70 mV，因此放大电路的放大倍数为 7。

对于 Multisim 软件的进一步学习，可以参考 NI 网站中的学习教程，例如 NI 电路设计技术教程等(http：//www.ni.com/tutorial/5579/zhs/)。

思　考　题

1. 用 Multisim 软件实现共射放大电路的仿真，并用虚拟仪器万用表和示波器测量放大电路的指标。
2. 如何用 Multisim 软件测试反向滞回比较器电路，需要用到什么仪器？
3. 请用 Multisim 软件辅助设计模 60 计数器，并进行仿真。
4. 思考 Multisim 能否用于单片机控制电路的设计和仿真，如何实现？

第 11 章　Altium Designer 简介

11.1　Altium Designer 概述

Altium Designer 简称 AD，是原 Protel 软件开发商 Altium 公司推出的一体化的电子产品开发系统，主要运行在 Windows 操作系统中，Altium Designer 2015 版本的软件图标，如图 11-1 所示。

图 11-1　AD 图标

Altium Designer 基于一个软件集成平台，把为电子产品开发提供完整环境所需要的工具全部整合在一个应用软件中。Altium Designer 将原理图设计、印刷电路板设计、FPGA 的开发、嵌入式开发、3D PCB 设计等功能完美融合，为设计者提供了全新的设计解决方案，使设计者可以轻松进行设计。熟练使用该软件必将使电路设计的质量和效率大大提高。

Altium Designer 完全兼容 Protel98/Protel99SE，并对 Protel99SE 下创建的 DDB 文件提供导入功能。Altium Designer 除了全面继承包括 Protel99SE、Protel DXP 等早前一系列版本的功能和优点外，还增加了许多改进的功能。该平台拓宽了板级设计的传统界面，集成了 FPGA 设计功能和 SOPC 设计实现功能，从而允许工程设计人员能将系统设计中的 FPGA 与 PCB 设计及嵌入式设计集成在一起。由于 Altium Designer 是在 Protel 软件功能的基础上，综合了 FPGA 设计和嵌入式系统软件设计功能，因此 Altium Designer 对计算机的系统需求比先前的版本要高一些。

Altium Designer 功能强大，本章将针对软件的一些知识点和如何创建工程展开介绍，并提供了一个绘制 PCB 板的实例。本章我们使用的是 Altium Designer 15.0 版本的软件，在后面的介绍中将使用其简称 AD。

11.2　Altium Designer 基础知识

本节简要介绍 AD 使用过程中需要掌握的知识点，以方便读者在工程中能够高效地进行电路设计。本节内容包括 AD 软件的主界面、常用元件库、快捷键操作、电路板中常用各个层的含义。

11.2.1　Altium Designer 的启动

双击打开已经安装好的软件，将出现 AD 的启动界面，如图 11-2 所示。

Altium
Designer
Adding View: Vaults
Starting EDMS Interface ...
Version 15.0.8
Copyright © 2014 Altium Limited

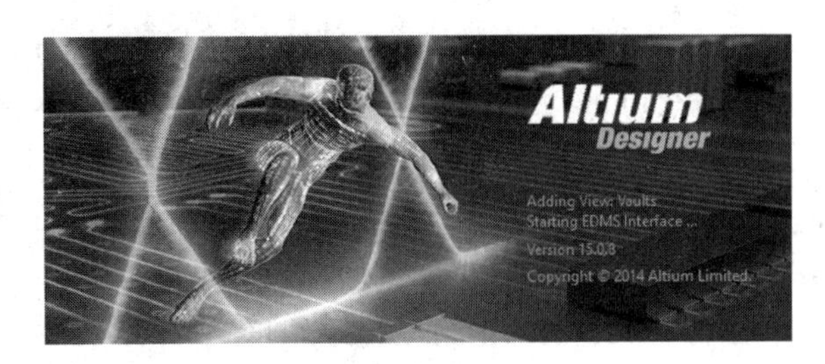

图 11-2　AD 的启动

接着就会进入 AD 的主设计界面，主界面的各工作区域，如图 11-3 所示。

系统主菜单
工作区
系统工作栏
工程区面板
工作区面板切换按钮
What's New
WHAT'S NEW
ALTIUM DESIGNER EXTENSIONS
EXPLORE DOCUMENTATION
Most Popular Topics
EXPLORE MORE EXTENSIONS

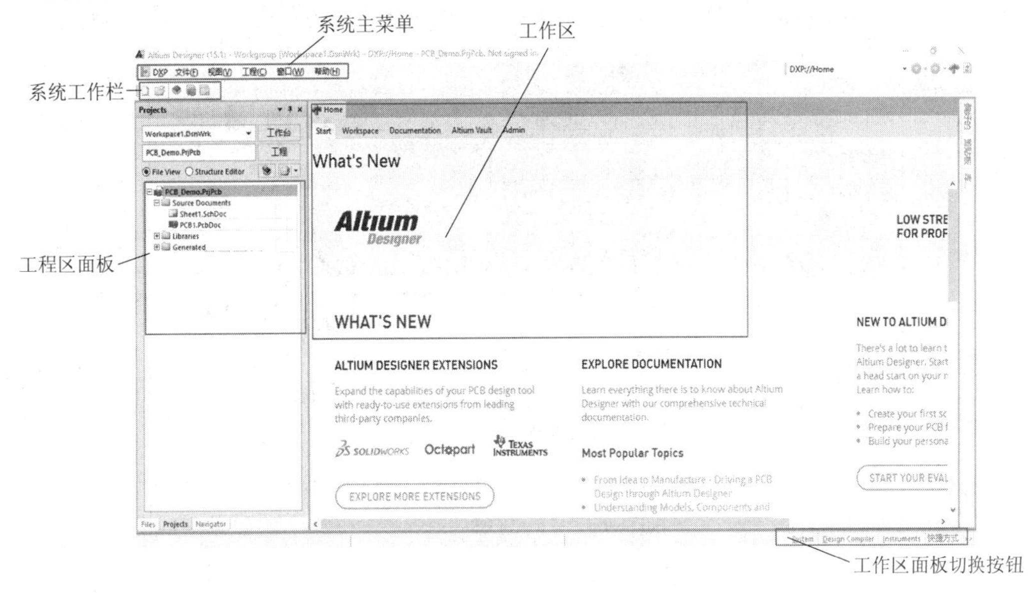

图 11-3　AD 的主设计界面

11.2.2　Altium Designer 常用元件库

本节将对各个元件库中常用的元器件进行介绍，AD 的原理图库，如图 11-4 所示。

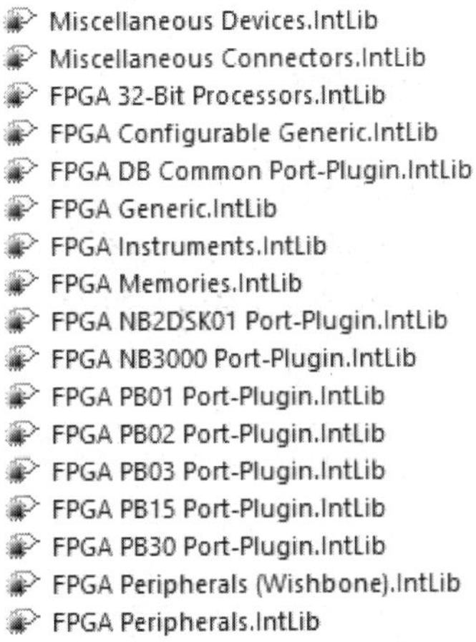

Miscellaneous Devices.IntLib
Miscellaneous Connectors.IntLib
FPGA 32-Bit Processors.IntLib
FPGA Configurable Generic.IntLib
FPGA DB Common Port-Plugin.IntLib
FPGA Generic.IntLib
FPGA Instruments.IntLib
FPGA Memories.IntLib
FPGA NB2DSK01 Port-Plugin.IntLib
FPGA NB3000 Port-Plugin.IntLib
FPGA PB01 Port-Plugin.IntLib
FPGA PB02 Port-Plugin.IntLib
FPGA PB03 Port-Plugin.IntLib
FPGA PB15 Port-Plugin.IntLib
FPGA PB30 Port-Plugin.IntLib
FPGA Peripherals (Wishbone).IntLib
FPGA Peripherals.IntLib

图 11-4　元器件库

(1) Miscellaneous Devices (分立元件库)包括电阻(res)、排组(res pack)、电感(inductor)、电容(cap，capacitor)、二极管(diode，d)、三极管(npn，pnp，mos)、运算放大器(op)、继电器(relay)、电桥(bri)、晶振(xtal)、变压器(trans)、开关(sw)。

(2) Miscellaneous Connectors(连接器库)包括双列直插元件(DIP)、电源稳压块 78 和 79 系列、集成块芯片(DIP8)。

(3) 其他类型的库，包含各自厂家生产的元器件的符号和封装，可以在安装目录下的“库”文件夹中找到。

如果库里没有所需要的器件，可以自行绘制器件的原理图和封装图。

单击进入 Miscellaneous Devices，会出现库里面所包含的一些元件，如图 11-5 所示。

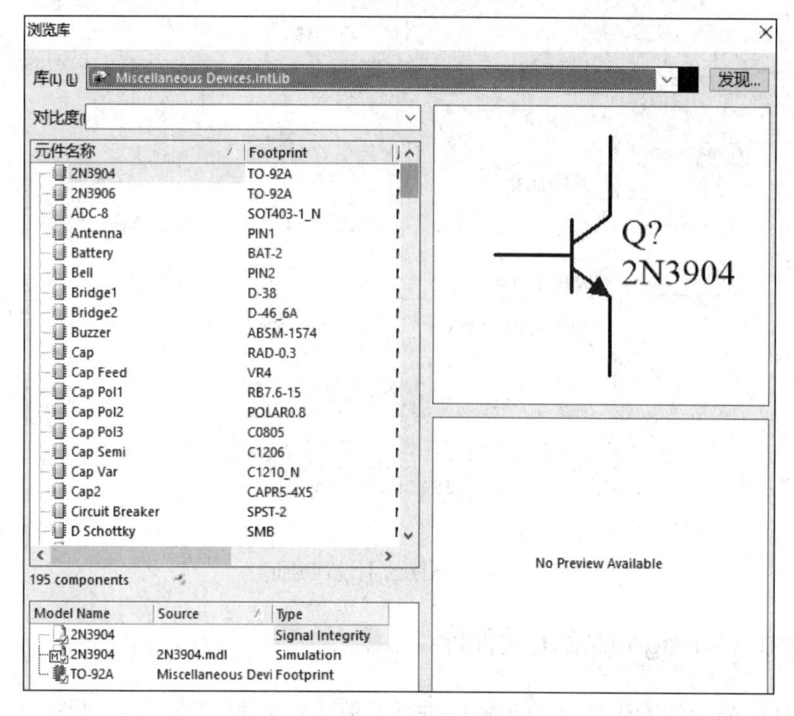

图 11-5 元器件库

11.2.3 Altium Designer 常用快捷操作

下面对使用软件时常用的快捷键进行简单的介绍，以使我们能更高效地绘制电路板。当然还有其他的一些快捷操作，如果有需要，可以自行在网上查找。

需要注意的是，快捷键要在输入法是英文的状态下才起作用。AD 常用的快捷键如下：

- Ctrl + C：复制。
  Ctrl + X：剪切。
  Ctrl + V：粘贴。
  Ctrl + R：复制多个。
  Ctrl + D：复制一个(先选中元件)。
- SA(XA)：选中(释放)所有的元件。

- 鼠标左键单击选中元件 + X：元件水平方向切换，+Y 垂直方向切换。
- 单击选中元件 + TAB 键：打开元件属性编辑器。
- 鼠标左键单击选中某元件 + 空格：元器件旋转。
- 鼠标右键 + 移动鼠标：上下左右移动视图。
- Ctrl + 滚轮：放大、缩小视图。
- 滚动滚轮(+ Shift)：视图上下(左右)移动。

11.2.4 Altium Designer 电路板中各常用层的含义

如图 11-6 所示，为电路板中各常用层在板子里面所处的位置。

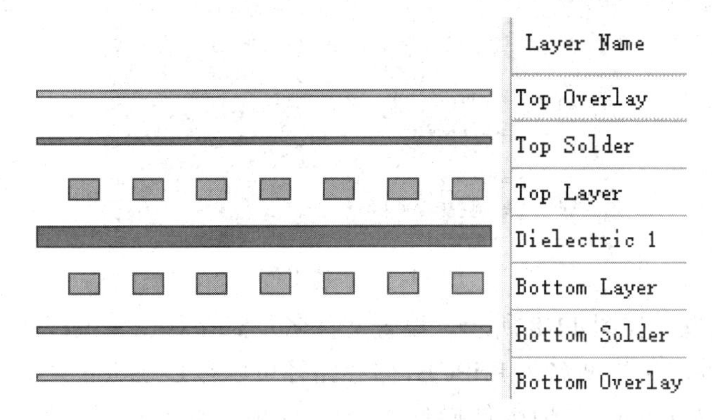

图 11-6 电路板中的常用层

各层含义如下：

- TopOverlay：顶层丝印层，用于字符的丝网露印(默认黄色)。
- Top Solder：顶层助焊层，板子顶层喷锡的地方。
- Top Layer：顶层走线层(默认红色)。
- Dielectric 1：板子的框架。
- Bottom Layer：底层走线层(默认蓝色)。
- Bottom Solder：底层助焊层，板子底层喷锡的地方。
- BottomOverlay：(可选)底层丝印层。

还有一些设置 PCB 板其他属性的层，含义如下：

- Keep-Out-layer：禁止层，用于定义 PCB 板框。
- Multi-layer：穿透层(焊盘镀锡层)。
- MechanicalLayer1～4：机械层，用于尺寸标注。

11.3 创 建 工 程

使用 AD 创建工程的具体步骤如下：

(1) 创建一个 PCB 工程文件(建立一个文件夹，将整个工程放在里面)，依次打开 File(文件)→New(新建)→Project(工程)，如图 11-7 所示。

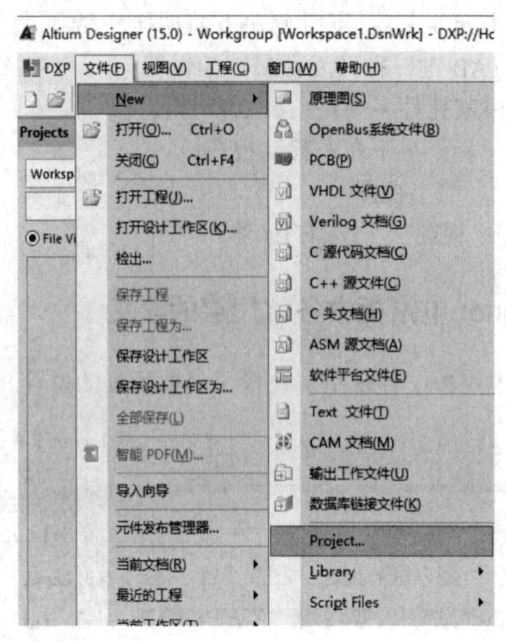

图 11-7　新建工程

下面弹出对话框，如图 11-8 所示。设置文件名及储存路径。工程文件名可在 Name 项中直接输入。此文件名的扩展名为.PrjPCB，储存路径可以在 Location 中通过 Browse Location 命令修改(方法与 Windows 其他软件操作类似)。完成上述操作后，用鼠标左键单击 OK 按钮。

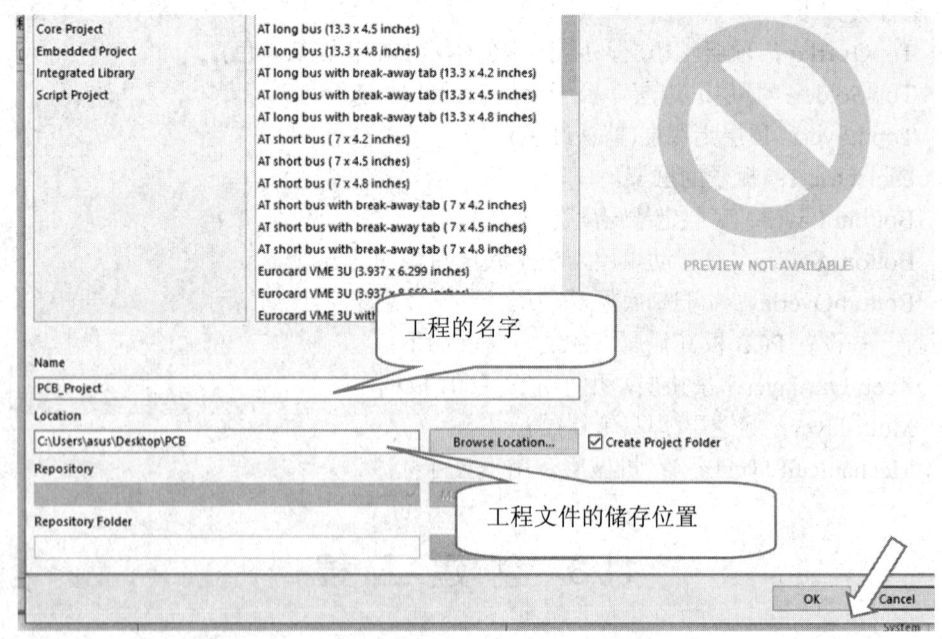

图 11-8　新建工程界面

(2) 创建 Schematic、PCB 原理图等窗口。

接下来在工作区面板出现的界面中选中刚才新建的工程，右键单击，给新建工程添加新的 Schematic 和 PCB 文件，如图 11-9 所示。

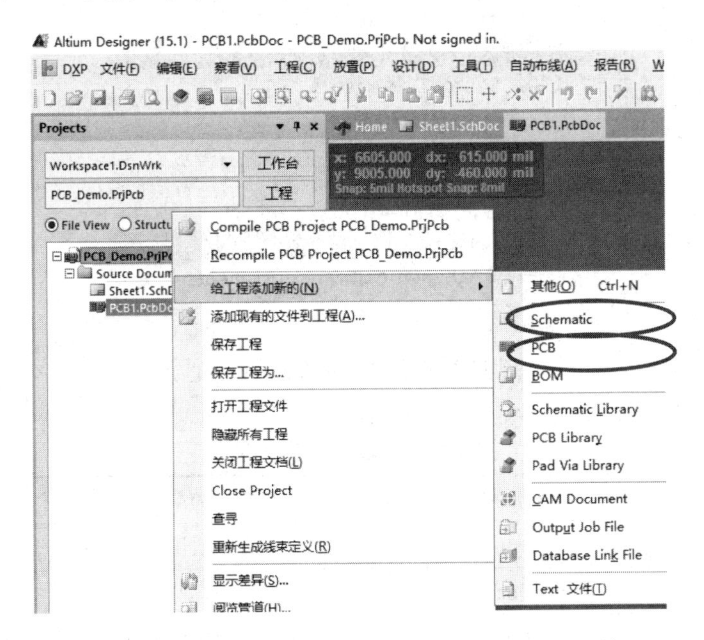

图 11-9 给新建工程添加新的 Schematic 和 PCB 文件

(3) 创建 Schematic、PCB 原理图库文件等窗口。

为工程添加原理图库文件(. Library 文件)，如图 11-10 所示。右键单击新建的工程，给新建的工程添加新的 Schematic Library 和 PCB library。

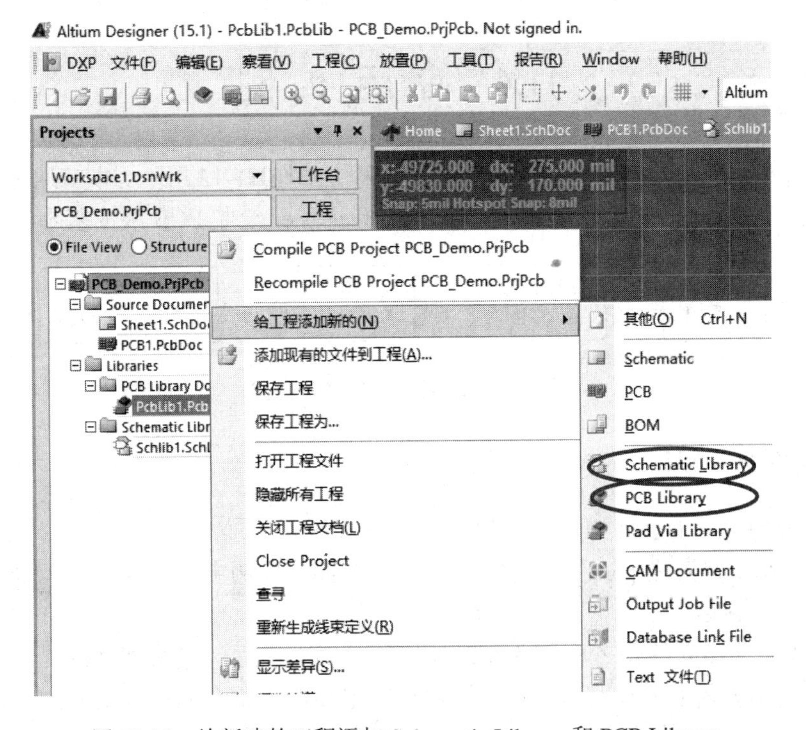

图 11-10 给新建的工程添加 Schematic Librury 和 PCB Library

(4) 工程创建完成后，工程区界面如图 11-11 所示。

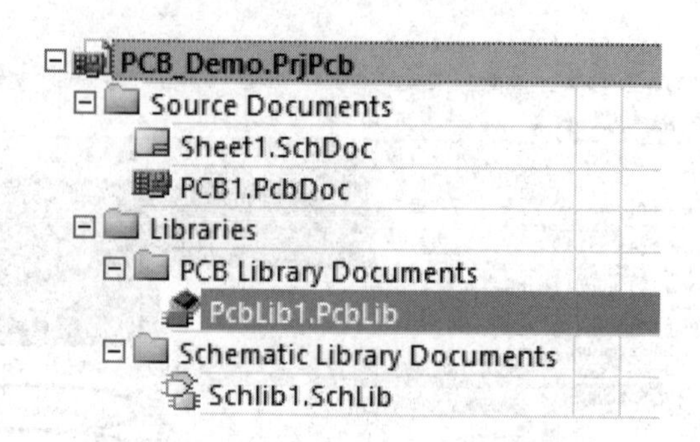

图 11-11　创建完成的工程区界面

一个工程所包含的文件，如表 11-1 所示。

表 11-1　AD 的文件类型

文档扩展名	类型说明
.PrjPcb	PCB 项目/工程文件
.SchDoc	原理图文件
.SchLib	原理图库文件
.PcbDoc	PCB 文件
.PcbLib	PCB 封装库文件
.intLib	集合库文件

11.4　应 用 实 例

使用 Altium Designer 软件绘制 PCB 板的流程，如图 11-12 所示。本节通过制作一个单极共射放大电路的 PCB 板，直观地展示 Altium Designer 绘制 PCB 板的基本流程。

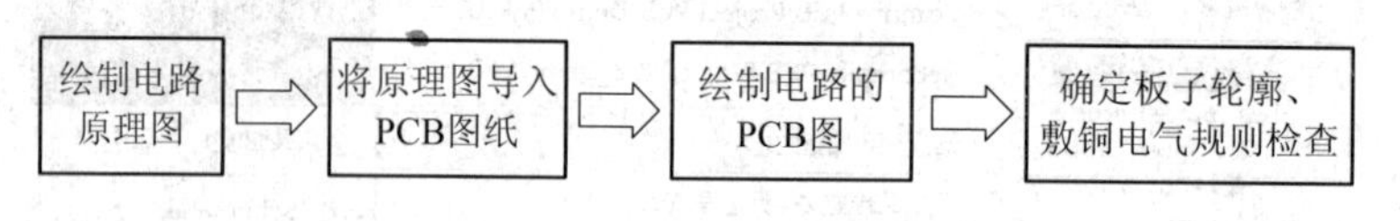

图 11-12　绘制 PCB 板流程

11.4.1　绘制原理图

绘制电路原理图的步骤如下：

(1) 在绘制电路图之前，要清楚所需要的元器件。此例中需要的电子元器件有排针、电阻、电容、三极管。

(2) 在清楚所需元器件之后，从元器件的原理图库里面选择所需器件，并将其放置在原理图上。为了方便绘制电路，可将元器件按照电路图中所在的位置摆放。

(3) 连接线路，将各个元器件按照电路图连接起来，如图 11-13 所示。

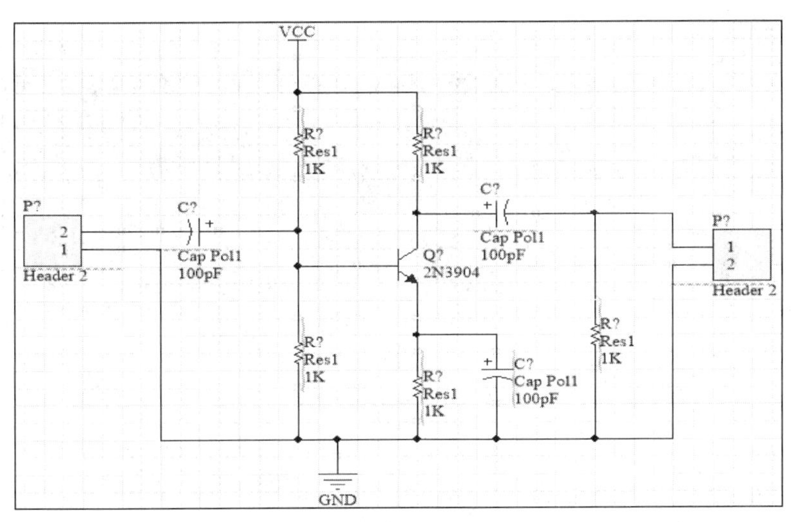

图 11-13　电路原理图

(4) 电路图连接完成后，对各个元件进行注解，可使用 AD 的快速注解功能。在软件上方单击“工具”→“注解(A)”，就进入了自动注解的界面。第一步，选中所有未被标识的元器件；第二步，单击界面下方的“更新更改列表”；第三步，单击“接收更改(创建 ECO)”，如图 11-14 所示，此时会弹出“工程更改顺序”的窗口；第四步，单击下方的“生效更改”；第五步，单击“执行更改”，如图 11-15 所示。

提议更改列表

当前的			被提及的		器件位置
	标识	Sub	标识	Sub	原理图页面
✔	C1	☐	C?		Sheet1.SchDoc
✔	C2	☐	C?		Sheet1.SchDoc
✔	C3	☐	C?		Sheet1.SchDoc
✔	P1	☐	P?		Sheet1.SchDoc
✔	P2	☐	P?		Sheet1.SchDoc
✔	Q1	☐	Q?		Sheet1.SchDoc
✔	R1	☐	R?		Sheet1.SchDoc
✔	R2	☐	R?		Sheet1.SchDoc
✔	R3	☐	R?		Sheet1.SchDoc
✔	R4	☐	R?		Sheet1.SchDoc
✔	R5	☐	R?		Sheet1.SchDoc

注释摘要

Annotation is enabled for all schematic documents. Parts will be matched using 2 parameters, all of which will be strictly matched. (Under strict matching, parts will only be matched together if they all have the same parameters and parameter values, with respect to the matching criteria. Disabling this will extend the semantics slightly by allowing parts which do not have the specified parameters to be matched together.) Existing packages will not be completed. All new parts will be put into new packages.

更新更改列表　Reset All　返回注释(B) (B)　接收更改(创建ECO)

图 11-14　对元器件快速注解

工程更改顺序

使能	作用	受影响对象		受影响文档	检测	完成	消息
	Annotate Component(11)						
✔	Modify	C1 -> C?	In	Sheet1.SchDoc	✔	✔	
✔	Modify	C2 -> C?	In	Sheet1.SchDoc	✔	✔	
✔	Modify	C3 -> C?	In	Sheet1.SchDoc	✔	✔	
✔	Modify	P1 -> P?	In	Sheet1.SchDoc	✔	✔	
✔	Modify	P2 -> P?	In	Sheet1.SchDoc	✔	✔	
✔	Modify	Q1 -> Q?	In	Sheet1.SchDoc	✔	✔	
✔	Modify	R1 -> R?	In	Sheet1.SchDoc	✔	✔	
✔	Modify	R2 -> R?	In	Sheet1.SchDoc	✔	✔	
✔	Modify	R3 -> R?	In	Sheet1.SchDoc	✔	✔	
✔	Modify	R4 -> R?	In	Sheet1.SchDoc	✔	✔	
✔	Modify	R5 -> R?	In	Sheet1.SchDoc	✔	✔	

图 11-15　元器件快速注解完成

11.4.2　生成 PCB 电路图

在完成上面的步骤后，对原理图的操作就全部结束。接下来，要将上面所绘制的原理图导入到 PCB 图纸上，从而对其进行 PCB 电路图的绘制与布局。

首先进入到 PCB 图纸界面，单击软件上方的“设计”工具栏，选择“Import Changes From”选项，如图 11-16 所示。

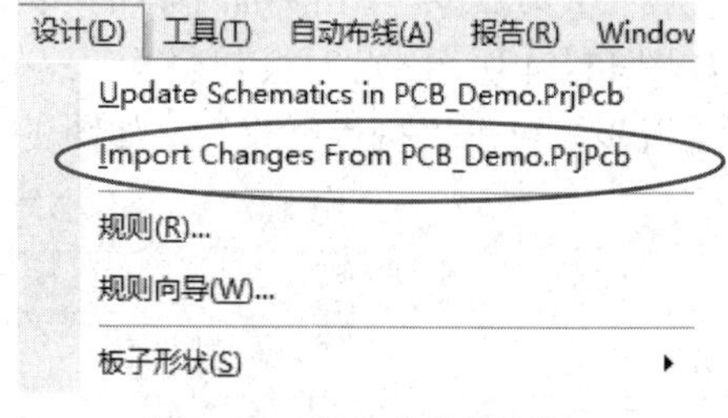

图 11-16　导入电路原理图

软件界面弹出“工程更改顺序”，将界面最下方的“Add Componet Classes(1)”和“Add Rooms(1)”下面的“√”去掉，然后单击界面下方的“生效更改”，再单击右边的“执行更改”，如果没有错误，则电路原理图导入成功，如图 11-17 所示。

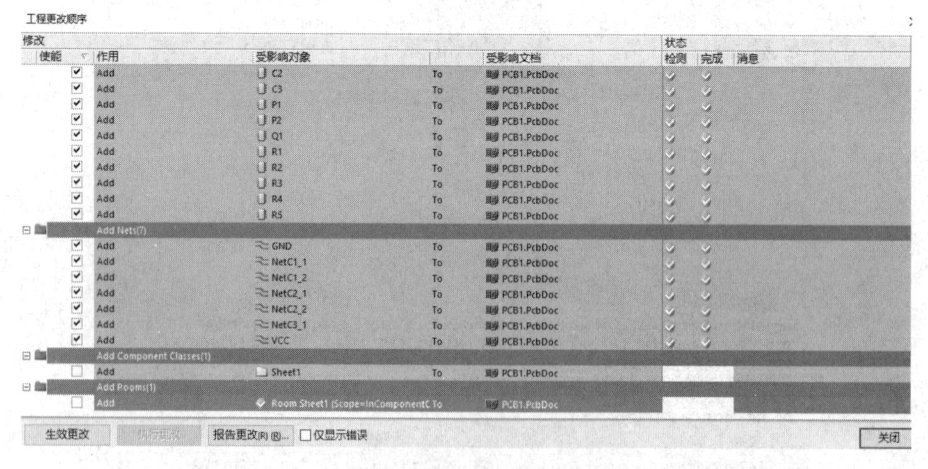

工程更改顺序

使能	作用	受影响对象		受影响文档	检测	完成	消息
✔	Add	C2	To	PCB1.PcbDoc	✔	✔	
✔	Add	C3	To	PCB1.PcbDoc	✔	✔	
✔	Add	P1	To	PCB1.PcbDoc	✔	✔	
✔	Add	P2	To	PCB1.PcbDoc	✔	✔	
✔	Add	Q1	To	PCB1.PcbDoc	✔	✔	
✔	Add	R1	To	PCB1.PcbDoc	✔	✔	
✔	Add	R2	To	PCB1.PcbDoc	✔	✔	
✔	Add	R3	To	PCB1.PcbDoc	✔	✔	
✔	Add	R4	To	PCB1.PcbDoc	✔	✔	
✔	Add	R5	To	PCB1.PcbDoc	✔	✔	
	Add Nets(7)						
✔	Add	GND	To	PCB1.PcbDoc	✔	✔	
✔	Add	NetC1_1	To	PCB1.PcbDoc	✔	✔	
✔	Add	NetC1_2	To	PCB1.PcbDoc	✔	✔	
✔	Add	NetC2_1	To	PCB1.PcbDoc	✔	✔	
✔	Add	NetC2_2	To	PCB1.PcbDoc	✔	✔	
✔	Add	NetC3_1	To	PCB1.PcbDoc	✔	✔	
✔	Add	VCC	To	PCB1.PcbDoc	✔	✔	
	Add Component Classes(1)						
☐	Add	Sheet1	To	PCB1.PcbDoc			
	Add Rooms(1)						
☐	Add	Room Sheet1 (Scope=InComponentC	To	PCB1.PcbDoc			

生效更改　执行更改　报告更改(R) (R)...　仅显示错误　关闭

图 11-17　导入电路原理图

在导入成功后，PCB 原理图界面会出现如图 11-18 所示的界面。

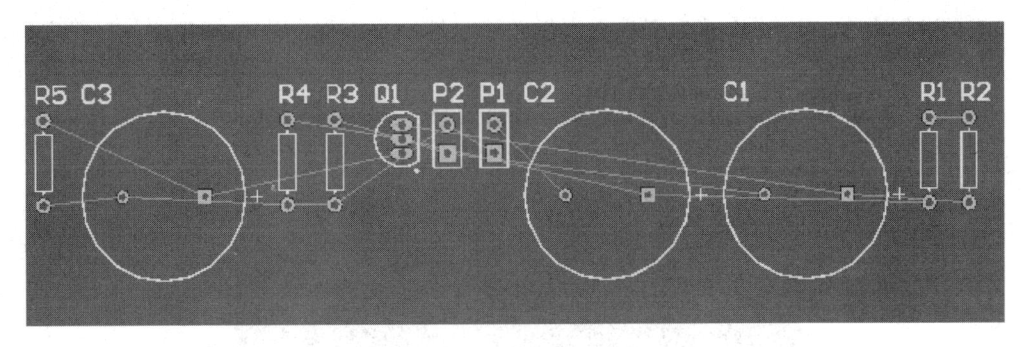

图 11-18　导入电路原理图

到此导入 PCB 电路图的操作就完成了。

11.4.3　绘制 PCB 电路图

用导线连接各个元器件，并对元器件进行布局。对此，AD 带有自动布线和手工布线功能。由于电路较为简单，本例选择手工布线。在此选择 TopLayer 单层布线即可，PCB 布线，如图 11-19 所示。

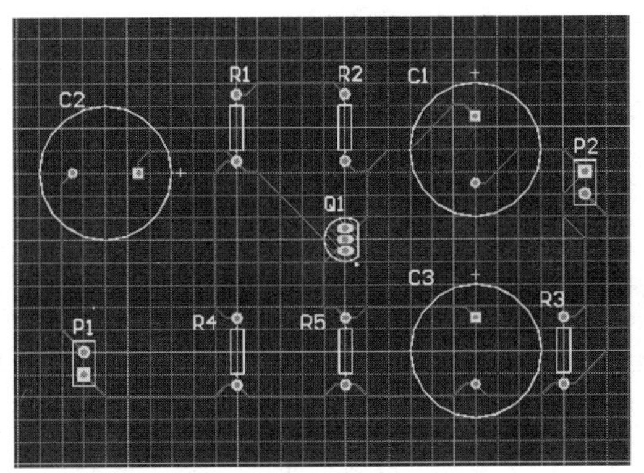

图 11-19　导入电路原理图

PCB 板的外形由机械层——Mechanical 确定，也可以用禁止布线层——Keep-Out layer 在机械层上面再画一层，这样会使板子性能更加稳定，如图 11-20 所示。

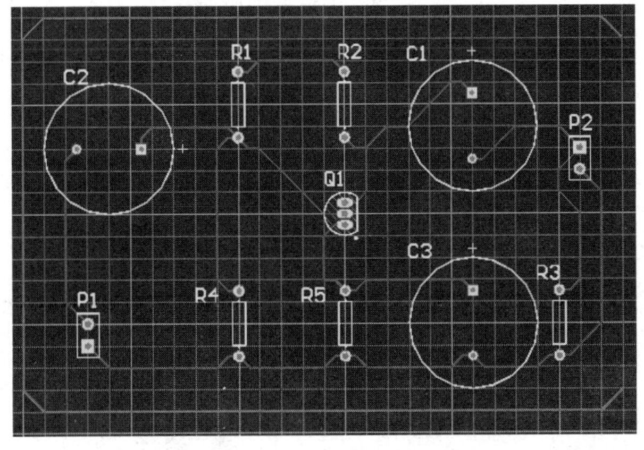

图 11-20　确定外形后的 PCB 电路图

下面进行敷铜，这一步是为了提高系统的稳定性增强干扰能力，一般来说只对高频电路进行敷铜，这里只是为了举例说明敷铜操作，如图 11-21 所示。

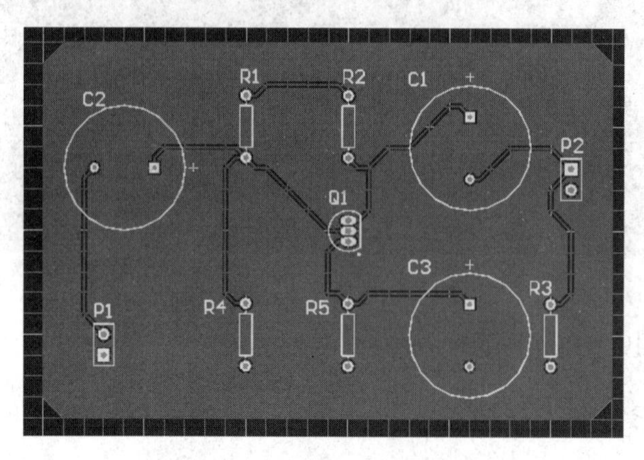

图 11-21　敷铜后的 PCB 板

电气规则检查。单击“工具”→“设计规则检查”。这个里面有很多选项，一般选择系统默认的即可。单击左下方的“运行 DRC”，运行结果如图 11-22 所示。一般情况下只要无电气连接错误即可，其他错误暂且可以忽略。

What's new　Getting Started

Net Antennae (Tolerance=0mil) (All)	0
Silk to Silk (Clearance=10mil) (All),(All)	0
Silk To Solder Mask (Clearance=10mil) (IsPad),(All)	8
Minimum Solder Mask Sliver (Gap=10mil) (All),(All)	2
Hole To Hole Clearance (Gap=10mil) (All),(All)	0
Hole Size Constraint (Min=1mil) (Max=100mil) (All)	0
Height Constraint (Min=0mil) (Max=1000mil) (Prefered=500mil) (All)	0
Width Constraint (Min=10mil) (Max=10mil) (Preferred=10mil) (All)	0
Power Plane Connect Rule(Relief Connect)(Expansion=20mil) (Conductor Width=10mil) (Air Gap=10mil) (Entries=4) (All)	0
Clearance Constraint (Gap=10mil) (All),(All)	0
Un-Routed Net Constraint ((All))	0
Short-Circuit Constraint (Allowed=No) (All),(All)	0

图 11-22　电气规则检查

思　考　题

1．Altium Designer 软件的设计规则有哪些？

2．Altium Designer 软件如何验证 PCB 板的正确性？

3．如何建立 PCB 元器件封装库？

第 12 章　Quartus Ⅱ应用软件

在现代数字系统的设计中，EDA(Electronic Design Automation，电子设计自动化)技术已经成为一种普遍的工具。所谓 EDA 就是以计算机为工作平台，以 EDA 软件工具为开发环境，以可编程逻辑器件(PLD)和专用集成电路(ASIC)为目标器件设计实现电路系统的一种技术。与以往的 EDA 工具相比，本章介绍的 Quartus Ⅱ软件更适合基于模块的层次化设计。

12.1 QuartusⅡ软件概述

Quartus Ⅱ是 Altera 公司推出的一套完整的多平台设计环境，能够完成可编程逻辑器件从设计输入到硬件配置的所有设计开发流程。Quartus Ⅱ软件可以在 Windows、Linux 以及 Unix 上使用。除了可以使用 Tcl 脚本完成设计流程外，它还提供了完善的用户图形界面设计方式，具有运行速度快、界面统一、功能集中、易学易用等特点。Quartus Ⅱ软件通过结合集成的开发环境 SOPC Builder(Quartus Ⅱ最新版本中改为 Qsys)可以提供片上可编程系统设计，通过结合 DSP Builder、ModelSim-Altera 和 Nios Ⅱ EDS 等软件可以完成数字信号处理、嵌入式系统开发、系统仿真功能，是一种综合性的开发平台。

Altera 公司在提供设计工具的同时，还提供了大量的 IP core(Intellectual Property core，知识产权内核)以加速系统的设计开发。IP core 是用于专用集成电路(ASIC)或可编程逻辑器件(FPGA)设计的逻辑块或数据块。将一些在数字电路中常用，但比较复杂的功能块，例如 FIR 滤波器、SDRAM 控制器、PCI 接口等设计成可修改参数的模块，让其他用户可以直接调用这些模块，这就大大减轻了工程师的负担，避免重复劳动。随着 FPGA 的规模越来越大，设计越来越复杂，使用 IP core 是一个发展趋势。IP core 可以分为硬核和软核两种。硬核是知识产权构思的物质表现，例如著名的 ARM 处理器就属于这一类。软核主要用于 FPGA 设计，它以硬件描述语言的形式存在，例如 Altera 公司提供的 Nios Ⅱ处理器就属于一种软核处理器。

Quartus Ⅱ软件可利用原理图、结构框图、Verilog HDL、AHDL 和 VHDL 等完成电路描述，并将其保存为设计实体文件；支持芯片(电路)平面布局连线编辑；提供 Logic Lock 增量设计方法，用户可建立并优化系统，添加对原始系统的性能影响较小或无影响的后续模块；配备了功能强大的逻辑综合工具，完备的电路功能仿真与时序逻辑仿真工具；支持定时/时序分析与关键路径延时分析；可使用 Signal Tap Ⅱ逻辑分析工具进行嵌入式的逻辑分析；支持软件源文件的添加和创建，并将它们链接起来生成编程文件；可读入标准的 EDIF 网表文件、VHDL 网表文件和 Verilog HDL 网表文件；能生成第三方 EDA 软件使用的 VHDL 网表文件和 Verilog HDL 网表文件。

12.2 Quartus Ⅱ设计流程

基于 Quartus Ⅱ进行 EDA 设计开发的流程如图 12-1 所示，具体步骤如下：

(1) 设计输入。它包括原理图输入、HDL 文本输入、EDIF 网表输入及波形输入等几种方式。

(2) 编译。先根据设计要求设定编译方式和编译策略，例如器件的选择、逻辑综合方式等。然后根据设定的参数和策略对设计项目进行网表提取、逻辑综合、器件适配，并产生报告文件、延时信息文件及编程文件，供分析、仿真和编程使用。

(3) 仿真。仿真包括功能仿真、时序仿真和定时分析，用以验证设计项目的逻辑功能和时序关系是否正确。

(4) 编程与验证。用得到的编程文件通过编程电缆配置可编程逻辑器件，加入实际激励，进行在线测试。

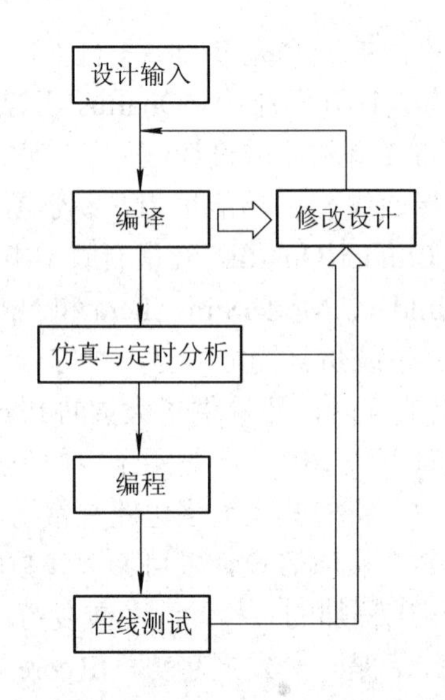

图 12-1　一般设计流程

在设计过程中，如果出现错误，则需要回到设计输入阶段改正错误或调整电路，然后重复上述过程。

12.2.1　创建工程

当安装完 Quartus Ⅱ软件后，双击桌面上的 Quartus Ⅱ图标，即可打开如图 12-2 所示的开发环境。

开发环境包含了以下内容：上方的菜单栏和工具栏，左边的两个窗口为工程浏览窗口和进度窗口，下面的窗口为信息窗口。Quartus Ⅱ和其他的集成开发环境一样，在进行开发之前，先要创建一个工程。

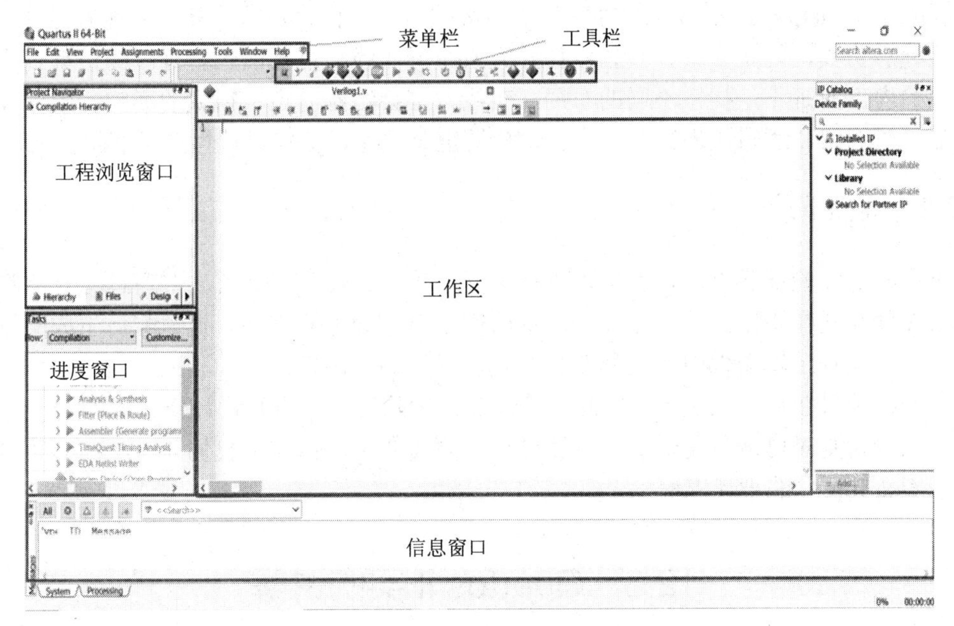

图 12-2　Quartus Ⅱ开发环境

12.2.2　设计输入

设计输入是将设计者所设计的电路以开发软件要求的某种形式表达出来，并输入到相应软件中的过程。设计输入有多种表达方式，最常用的两种是原理图方式和硬件描述语言文本方式。

原理图输入是图形化的表示方式，使用元件符号和连线来描述设计。利用 EDA 工具进行原理图设计的优点是，设计者能迅速入门，并完成较大规模的电路系统设计。然而，由于原理图方式的输入本身不如代码输入方便，在逻辑比较复杂的情况下，通常不推荐采用，但原理图输入方式比较直观，有利于理解，适合初学者使用。

硬件描述语言输入是一种用文本形式来描述和设计电路的语言。设计者用 HDL 语言来描述自己的设计，然后利用 EDA 工具进行综合和仿真，最后变为某种目标文件，再用 ASIC 或 FPGA 具体实现。VHDL 和 Verilog HDL 先后成为 IEEE 标准，是目前电子设计领域普遍认同的标准硬件描述语言。

12.2.3　编译

当原理图输入或者文本输入完成后，就需要对工程文件进行编译，检查在输入过程中存在的错误。这是所设计的工程文件能否实现所期望的逻辑功能的重要步骤，直接决定着工程的步骤能否继续。所以该过程要认真细心，发现错误后按照提示信息认真读图，检查源代码，修改源文件，重新编译，直到编译通过。

12.2.4　仿真验证

仿真是对所设计电路的功能的验证。仿真包括功能仿真(Function Simulation)和时序仿真(Timing Simulation)。不考虑信号时延等因素的仿真，称为功能仿真，又称前仿真。时序仿真又称后仿真，它是在选择具体器件并完成布局布线后进行的包含延时的仿真。由于不同器件的内部时延不一样，不同的布局、布线方案会给延时造成很大的影响，因此在设计实现后，对网络和逻辑块进行时延仿真、分析定时关系、估计设计性能是非常必要的。

12.2.5　编程下载

编译和仿真验证通过后，就可以进行编程下载了。在下载前首先要通过综合器将产生的网表文件配置在指定的目标器件中，从而产生最终的下载文件。把适配后生成的编程文件装入到可编程逻辑器件中的过程即为下载，以便进行硬件调试和验证。通过硬件测试最终验证设计项目在目标系统上的实际工作情况，排除错误，进行设计修正。

以上步骤是对可编程逻辑器件设计过程的简要介绍，接下来我们通过具体的实例来详细说明 Quartus Ⅱ的设计流程。

12.3　Quartus Ⅱ 实例讲解

本节通过一个 1 位半加器的设计和仿真实例来学习 Quartus Ⅱ的设计流程。

12.3.1　原理图设计输入

1. 创建工程

启动 Quartus Ⅱ，出现如图 12-3 所示的界面。Quartus Ⅱ界面分为几个区域，分别是工作区、设计项目层次显示区、信息提示窗口、各种工具按钮栏等。Quartus Ⅱ界面也可以根据个人喜好来调整。

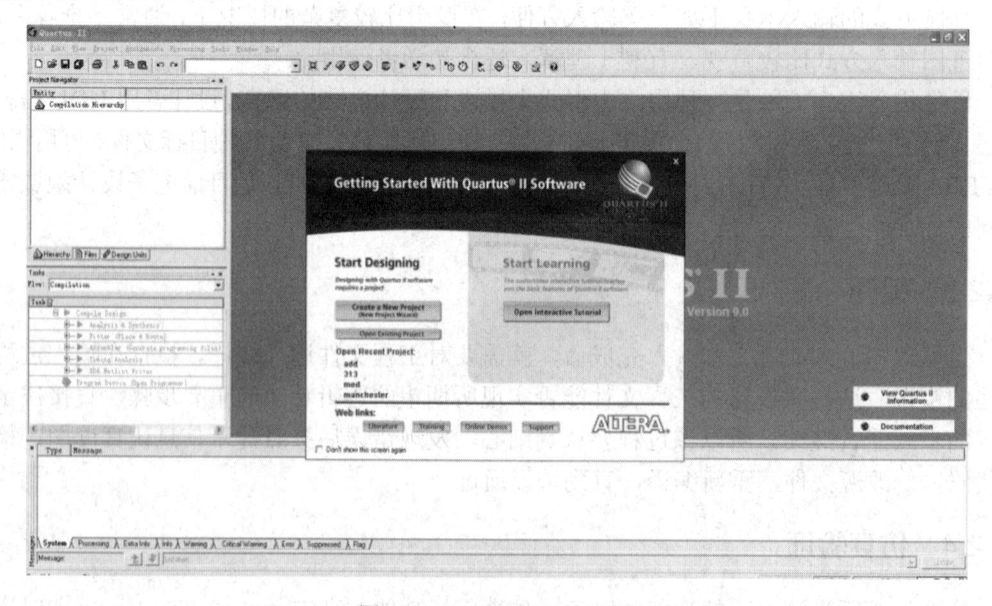

图 12-3　Quartus Ⅱ的界面

单击 Create a New Project 选项，弹出如图 12-4 所示的对话框。单击该框最上一栏右侧的 ... 按钮，设置当前的工作目录。第二栏的 adder 是当前工程的名字，一般将顶层文件的名字作为工程名；第三栏是顶层文件的实体名，一般与工程名相同。

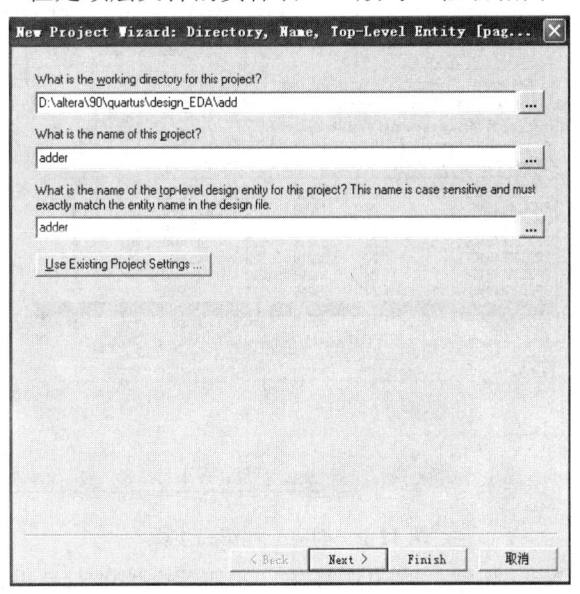

图 12-4　创建工程第一步骤

单击图 12-4 中的 Next 按钮，弹出如图 12-5 所示的对话框。该对话框可将所有有关的文件都加入到当前工程中。

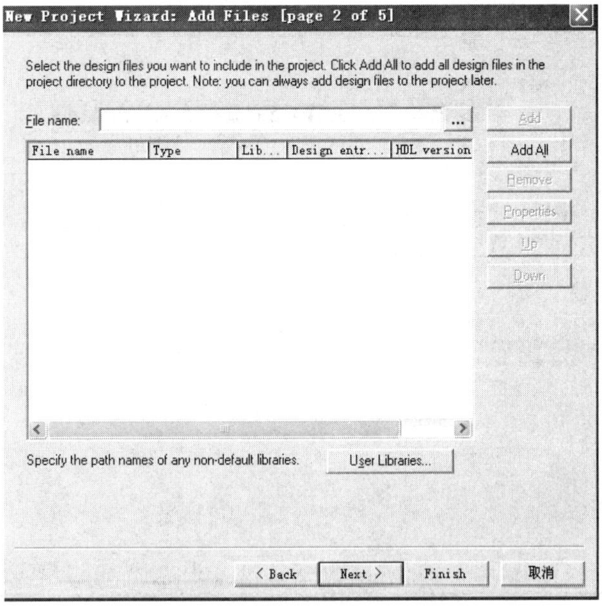

图 12-5　创建工程第二步骤

单击图 12-5 中的 Next 按钮，弹出选择目标器件的对话框，如图 12-6 所示。本例选择 Cyclone 下拉菜单中的 EP2C35F672C6 器件。

New Project Wizard: Family & Device Settings [page 3 of 5]
Select the family and device you want to target for compilation.
Device family
Family: Cyclone II
Devices: All
Show in 'Available device' list
Package: Any
Pin count: Any
Speed grade: Any
Show advanced devices
HardCopy compatible only
Target device
Auto device selected by the Fitter
Specific device selected in 'Available devices' list
Available devices:
Name Core v... LEs User I/... Memor... Embed... PLL
EP2C20F484I8 1.2V 18752 315 239616 52 4
EP2C20Q240C8 1.2V 18752 142 239616 52 4
EP2C35F484C6 1.2V 33216 322 483840 70 4
EP2C35F484C7 1.2V 33216 322 483840 70 4
EP2C35F484C8 1.2V 33216 322 483840 70 4
EP2C35F484I8 1.2V 33216 322 483840 70 4
EP2C35F672C6 1.2V 33216 475 483840 70 4
Companion device
HardCopy:
Limit DSP & RAM to HardCopy device resources
< Back
Next >
Finish
取消

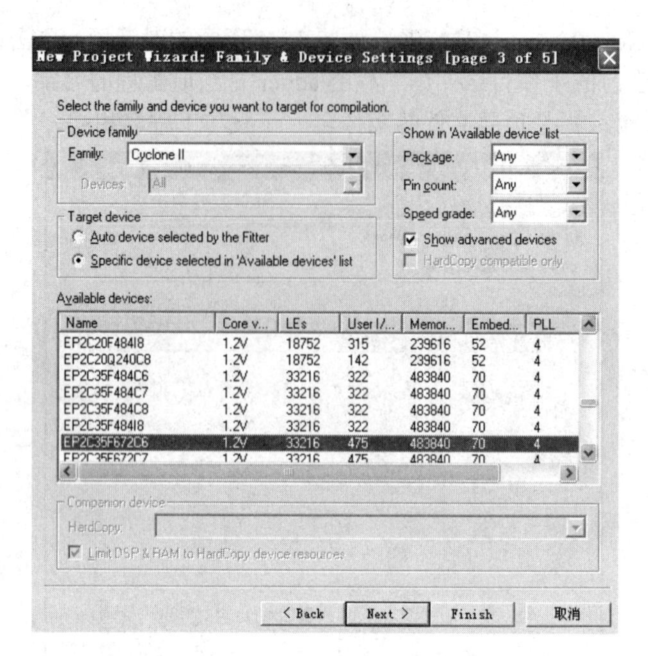

图 12-6　创建工程第三步骤

单击图 12-6 中的 Next 按钮，弹出选择仿真器和综合器的对话框，如图 12-7 所示。如果选择默认的 None，则表示选择 Quartus Ⅱ自带的综合器和仿真器。设计者也可以选择其他第三方综合器和仿真器等专业的 EDA 工具。

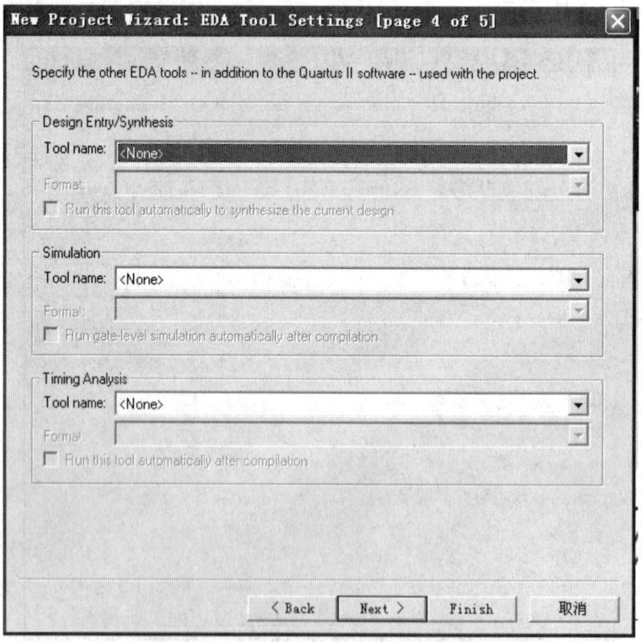

New Project Wizard: EDA Tool Settings [page 4 of 5]
Specify the other EDA tools -- in addition to the Quartus II software -- used with the project.
Design Entry/Synthesis
Tool name: <None>
Format:
Run this tool automatically to synthesize the current design
Simulation
Tool name: <None>
Format:
Run gate-level simulation automatically after compilation
Timing Analysis
Tool name: <None>
Format:
Run this tool automatically after compilation
< Back
Next >
Finish
取消

图 12-7　创建工程第四步骤

单击 Next 按钮，弹出工程设置信息显示对话框，如图 12-8 所示。该界面显示的内容是对前面所做的设置情况的汇总。单击图中的 Finish 按钮，即完成了当前工程的创建。

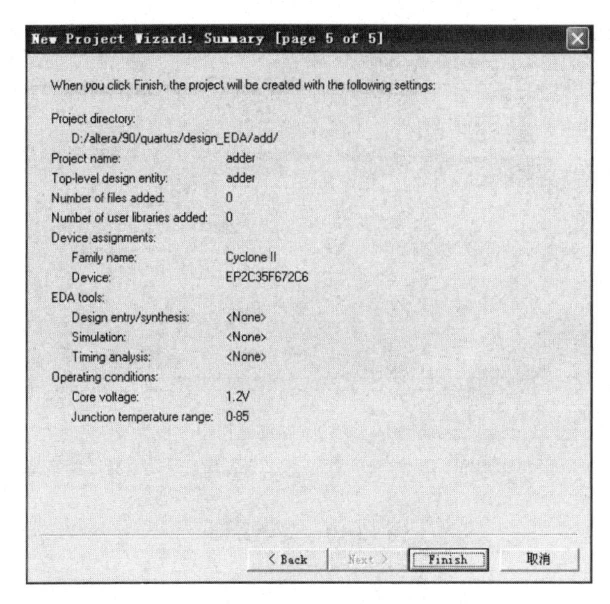

图 12-8　工程创建完成

2．输入源文件

单击 File→New 菜单，在弹出的 New 对话框中的 Device Design File 页面中选择源文件的类型。本例演示的是原理图设计输入方法，因而选择原理图文件的编辑界面。在原理图中调入与门、异或门、输入引脚、输出引脚等元件，在 Name 栏中直接输入元件的名字，在元件库中直接寻找，调入元件。将这些元件进行连接，构成半加器。半加器原理图，如图 12-9 所示。

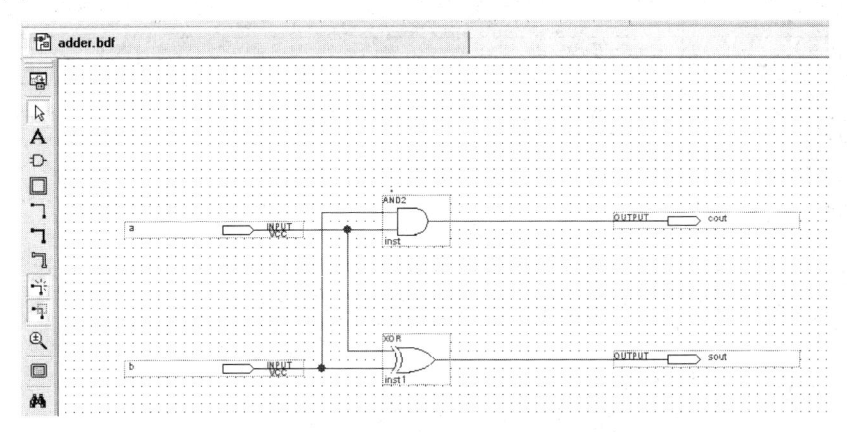

图 12-9　原理图设计输入 1 位半加器

3．编译

Quartus Ⅱ的编译器是由几个处理模块构成的，若对设计文件分别进行分析检错、综合、适配等，则会产生多个输出文件，例如定时分析文件、器件编程文件、各种报告文件等。单击菜单 Processing→Start Compilation，即启动了完全编译，包括分析与综合、适配、装配文件、定时分析、网表文件提取等过程。编译完成后，会将有关的编译信息显示在窗口中，设计者可查看其中的相关内容，如图 12-10 所示。

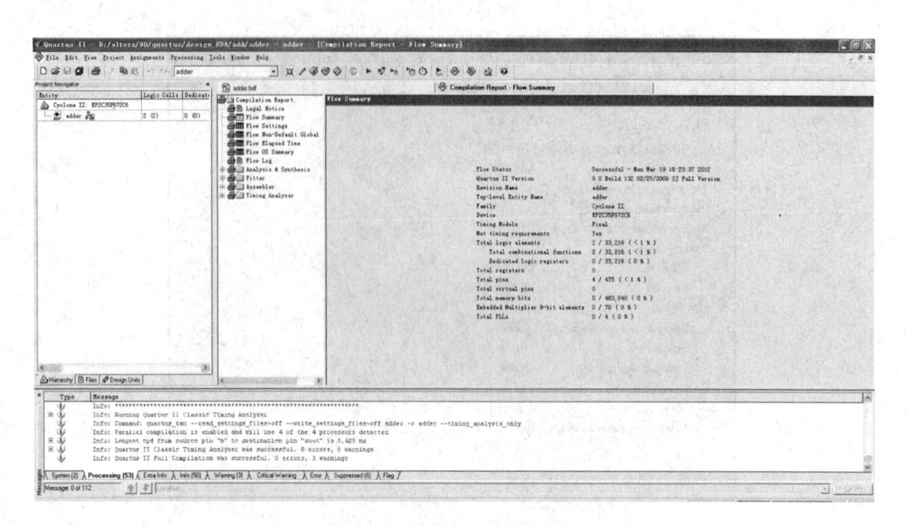

图 12-10　编译界面

4．波形仿真

Quartus Ⅱ支持功能仿真和时序仿真。功能仿真只检验设计项目的逻辑功能。时序仿真则将延时信息也考虑在内，更符合系统的实际工作情况。仿真时，应设定仿真类型、矢量激励源等。在进行仿真之前，要对仿真器进行设置。在仿真类型 Simulation mode 列表框中可以选择功能仿真或时序仿真，完成设置后即可启动仿真。仿真完成后可查看输出波形，以检验所设计电路的功能是否正确。1 位半加器的时序仿真输出波形，如图 12-11 所示。

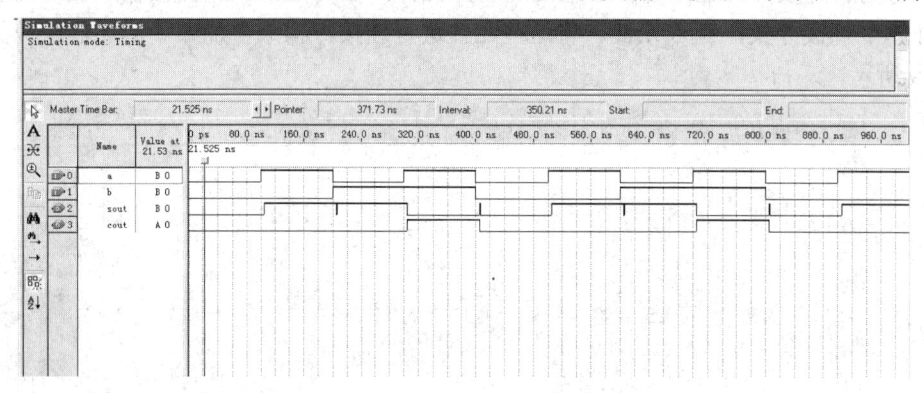

图 12-11　1 位半加器仿真波形图

12.3.2　HDL 文本设计输入

本节将介绍 Quartus Ⅱ的另一种常用的设计输入方式：HDL(硬件描述语言)文本输入。目前最常用的硬件描述语言是 VHDL 和 Verilog HDL，它们都已经成为 IEEE 标准。下面运用 Verilog HDL 描述 1 位半加器设计，使读者对运用硬件描述语言进行数字电路设计有一个初步的了解。

新建一个工程，并在当前工程下新建一个 Verilog HDL File，将文件命名为“add_HDL”。Verilog HDL 描述的 1 位半加器如下：

```
module add_HDL(sum, cout, a, b);
```

```
    input a, b;
    output sum, cout;
    assign sum = a^b;
    assign cout = a&b;
endmodule
```

该描述产生的时序仿真波形图，如图 12-12 所示。

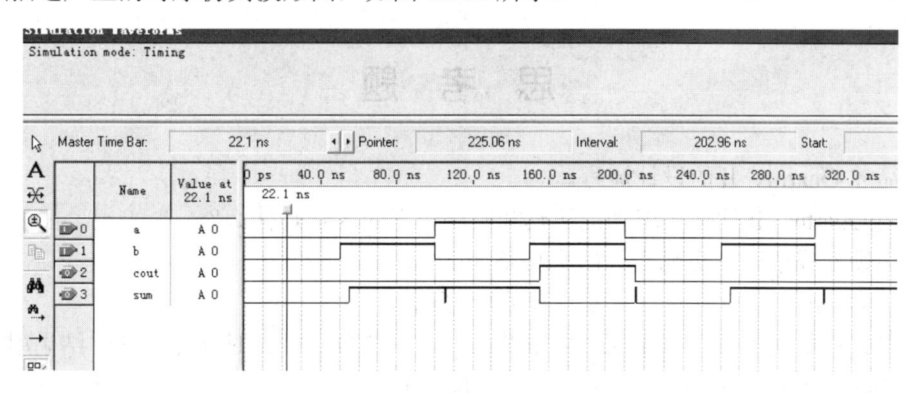

图 12-12　Verilog HDL 生成的 1 位半加器时序仿真波形图

12.3.3　下载/在线测试

仿真验证结束后，用户就可以将工程下载到实际的开发板上进行硬件测试。下载过程需要完成管脚分配、完全编译和下载程序等步骤。管脚分配的作用在于将设计输入文件的端口与实际的器件进行映射，实现设计输入模块端口在实际器件管脚上的实例化。在 Quartus Ⅱ软件中可以在管脚分配主窗口中对管脚的分配进行设置。完全编译后选择 Tools →Programmer 选项，打开下载器界面，如图 12-13 所示。

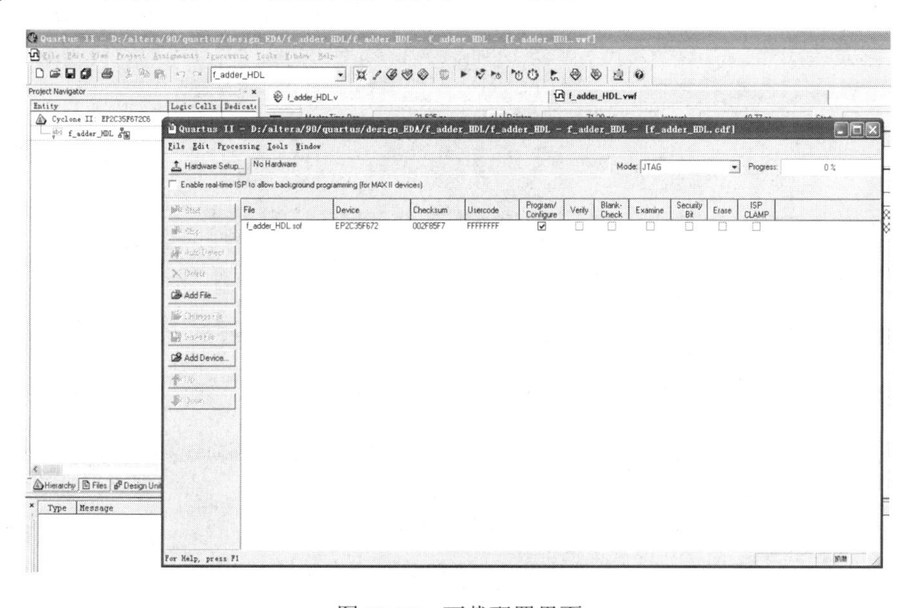

图 12-13　下载配置界面

首先单击 Hardware Setup 按钮，选择下载电缆，然后选择下载模式为 JTAG(在线调试)模式或者 AS(固化至 EPCS 配置芯片)模式，并选择对应的下载文件。连接好下载电缆后，选中 Program/Configure 复选框即可下载。

本章简要介绍了 EDA 硬件开发工具 Quartus Ⅱ软件，更多学习视频可以在英特尔 FPGA 工程师在线教程中观看：

https：//www.altera.com.cn/support/training/videos/how-to-videos.html。

思 考 题

1. 简述 Quartus Ⅱ的设计流程。

2. 用 Quartus Ⅱ软件实现功能仿真和时序仿真的区别是什么？

3. 用硬件描述语言实现设计的优势是什么？

4. 用 Quartus Ⅱ软件设计并实现模 60 计数器。

5. 设计并实现电子数字跑表，要求其具有正确的分、秒计时功能；计时结果用 4 位数码管分别显示分和秒的十位、个位；具有复位功能。

第 13 章　单片机基础知识

13.1　单片机概述

13.1.1　概念

单片机(Microcontroller Unit，MCU)又称单片微控制器，它是把一个计算机系统集成到一块芯片上。初学者最容易混淆开发板与单片机这两个概念。单片机只是一块芯片，不包含任何外围电路，而开发板是在单片机外围添加一些电路，例如按键电路、点阵、数码管、蜂鸣器等。

13.1.2　分类

单片机种类繁多，自 20 世纪 80 年代以来，市场上先后涌现出一大批具有代表性的单片机：51、MSP430、TMS、STM32、PIC、AVR 等。在全国高校之间的一些学科竞赛中，比如全国大学生电子设计竞赛、全国高校物联网应用创新大赛等，选用的单片机多为 51、MPS430、STM32 等系列。

下面简单介绍一下这三类单片机的特点。

1．51 单片机

51 单片机是对所有兼容 Intel 8031 指令系统的单片机的统称，最早由 Intel 推出，其代表型号是 Atmel 公司的 AT89 系列，被广泛应用于工业测控系统之中，是应用最广泛的 8 位单片机之一。51 单片机是入门的一个单片机，初学者们容易学习掌握。需要注意的是 51 系列的单片机一般不具备自编程能力，其内存、处理速度、IO 带负载能力相对较差，适合做一些简单的项目。51 单片机一般用于教学场合。

图 13-1 是一块红晶科技的型号为 STC89C52RC 的单片机。图 13-2 是一块 51 单片机的最小系统板。

图 13-1　STC89C52RC 单片机

图 13-2　51 单片机最小系统板

2．MSP430 单片机

MSP430 系列单片机是德州仪器 1996 年推向市场的一种 16 位超低功耗的处理器，最大的亮点是低功耗而且速度快，汇编语言用起来很灵活，寻址方式很多，指令少。MSP430 单片机是 16 位单片机，程序以字为单位。虽然程序表面上简洁，但与 PIC 单片机相比，其空间占用很大。MSP430 单片机在低功耗及超低功耗的工业场合应用得比较多。

图 13-3 是一块型号为 MPS430 的单片机。图 13-4 是一块 MPS430 单片机最小系统板。

图 13-3　MPS430 单片机

图 13-4　MPS430 单片机最小系统板

3．STM32 单片机

STM32 单片机是为要求高性能、低成本、低功耗的嵌入式应用设计的 ARM Cortex-M 内核，最高工作频率为 72 MHz，指令执行速度为 1.25DMIPS/MHz，具有单周期乘法和硬件除法，片上集成 32～512 KB 的 Flash 存储器。6～64 KB 的 SRAM 存储器，在近几年的全国大学生电子设计竞赛中极为常用，深受高校学生的喜爱。

图 13-5 是一块型号为 STM32F103ZET6 的单片机。图 13-6 是一块 STM32F103ZET6 单片机的最小系统板。

图 13-5　STM32F103ZET6 单片机

图 13-6　STM32F103ZET6 单片机最小系统板

13.1.3 单片机的应用

单片机的应用非常广泛，例如智能仪器仪表、工业控制、计算机网络和通信、医用设备等领域。本书作为大学本科的基础教材，旨在为电子信息专业方向的大学生夯实基础，为有意愿参加全国大学生电子设计竞赛、全国高校物联网应用创新大赛等学科竞赛的学生提供帮助。本节着眼于项目需求方面，使读者认识并理解在何种情况下应用单片机。

♦ 项目一

(1) 功能：利用温度传感器测量温度，并且显示在液晶屏上面。

(2) 需要器材：

STC89C52RC 单片机最小系统：用于整个系统的控制核心，存储代码。

LCD1602 液晶：显示测量得到的温度数据。

DS18B20 温度传感器：进行对温度的感知与测量。

(3) 制作流程：

① 利用提供的参考代码检验各个模块的好坏。

② 实现单片机控制液晶并能够显示一些数字。

③ 利用单片机实现温度的测量。

④ 将各个模块进行整合，使测量的温度能够显示在液晶屏上面。

♦ 项目二

(1) 功能要求：利用 STM32 单片机实现下位机与计算机客户端数据的传输。

(2) 需要器材：

STM32F103ZET6 最小系统板：用于整个系统的控制核心，存储代码。

ESP8266 WIFI 模块：用于实现单片机与计算机客户端的数据通信，内置 TCP/IP 协议栈，实现局域网内的通信。

计算机客户端：用于接收来自下位机的数据，并根据需要进行一定的数据返回。

(3) 制作流程：

① 利用提供的参考代码检验各个模块的好坏。

② 利用 WIFI 模块，通过 TCP/IP 协议进行串口通信，实现与串口调试助手的数据传输。

③ 使用 C# 语言进行计算机客户端的编写，把客户端当作简单的服务器。

④ 通过设置使 Wi-Fi 模块与服务器在同一个路由器下面，以便实现局域网的通信。

⑤ 使用系统实现单片机与客户端之间互发消息。

13.2 Keil C51 软件环境搭建

Keil C51 是美国 Keil Software 公司出品的 51 系列兼容单片机 C 语言软件开发系统。

支持 8051 微控制器体系结构的 Keil 开发工具，适合每个阶段的开发人员，不管是专业的应用工程师，还是刚学习嵌入式软件开发的学生都能操作。Keil C51 软件环境搭建步骤如下：

(1) 双击 Keil C51 的安装文件，弹出安装对话窗，如图 13-7 所示。单击 Next 按钮，进行下一步。

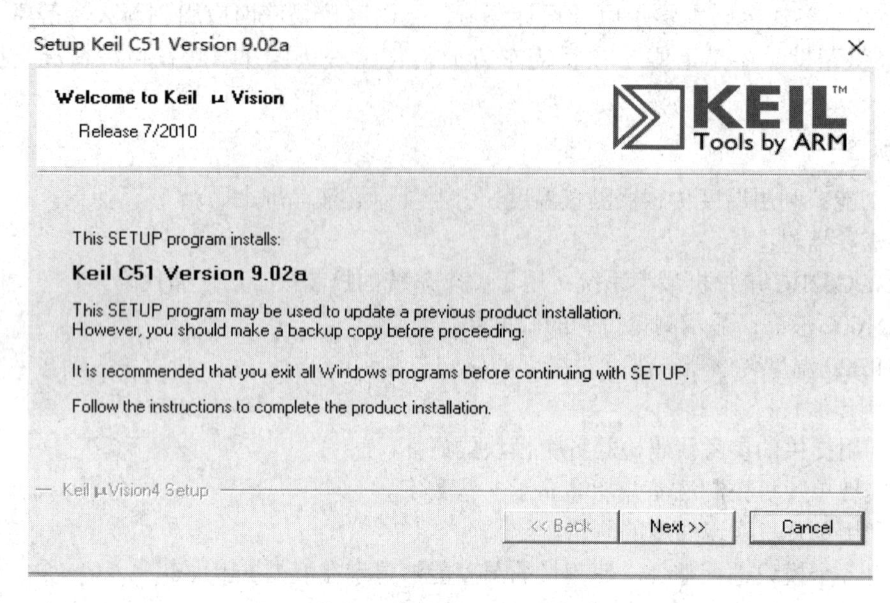

图 13-7　Keil C51 的安装(1)

(2) 如图 13-8 所示，选中 I agree to all the terms of the preceding License Agreement 前面的复选框，单击 Next 按钮。

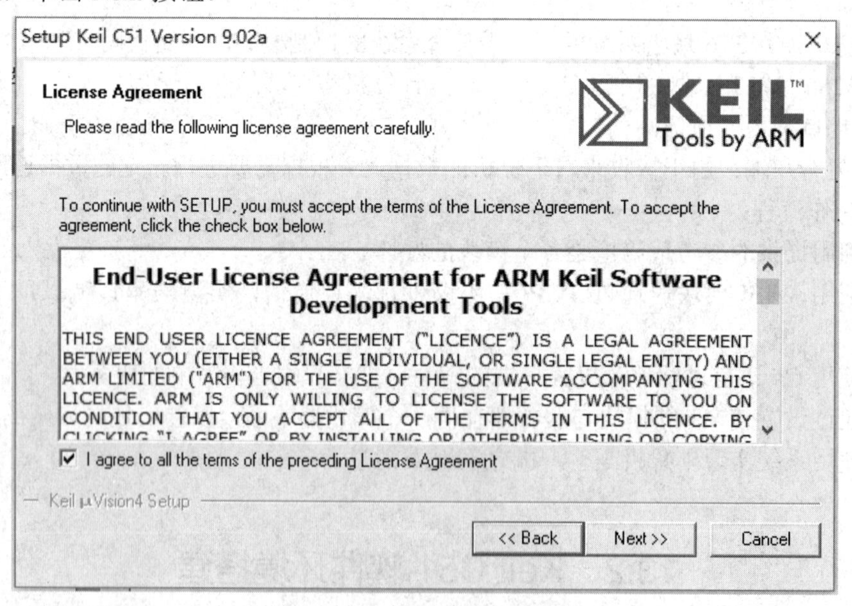

图 13-8　Keil C51 的安装(2)

(3) 如图 13-9 所示，选择安装路径，单击 Next 按钮。

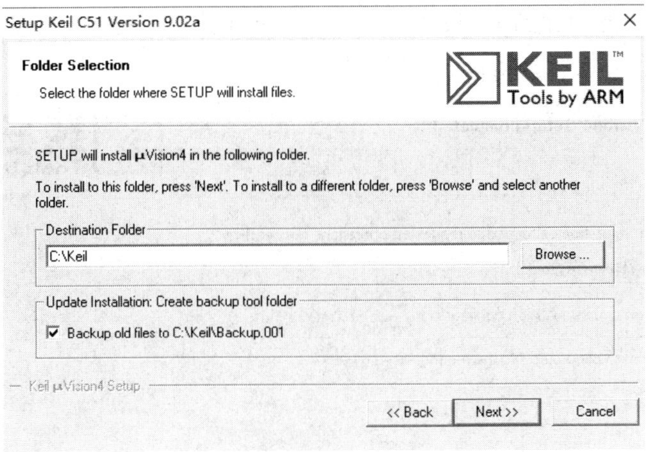

Setup Keil C51 Version 9.02a

Folder Selection

Select the folder where SETUP will install files.

KEIL™ Tools by ARM

SETUP will install µVision4 in the following folder.

To install to this folder, press 'Next'. To install to a different folder, press 'Browse' and select another folder.

Destination Folder

C:\Keil　Browse ...

Update Installation: Create backup tool folder

☑ Backup old files to C:\Keil\Backup.001

Keil µVision4 Setup

<< Back　Next >>　Cancel

图 13-9　Keil C51 的安装(3)

(4) 如图 13-10 所示，填写 First Name、Last Name、Company Name，E-mail 各项的内容，单击 Next 按钮，进行下一步。

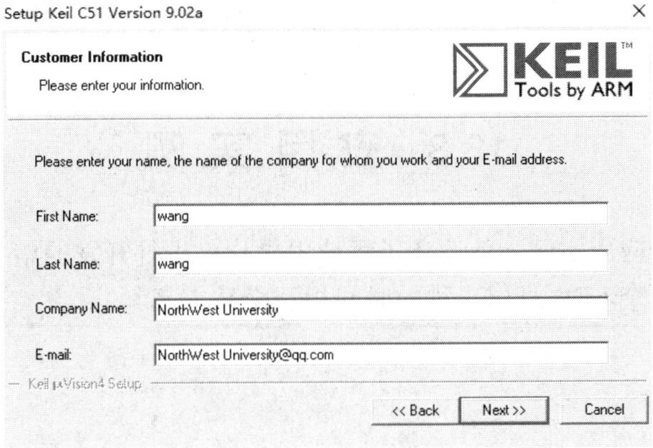

Setup Keil C51 Version 9.02a

Customer Information

Please enter your information.

KEIL™ Tools by ARM

Please enter your name, the name of the company for whom you work and your E-mail address.

First Name: wang

Last Name: wang

Company Name: NorthWest University

E-mail: NorthWest University@qq.com

Keil µVision4 Setup

<< Back　Next >>　Cancel

图 13-10　Keil C51 的安装(4)

(5) 软件安装过程，如图 13-11 所示。

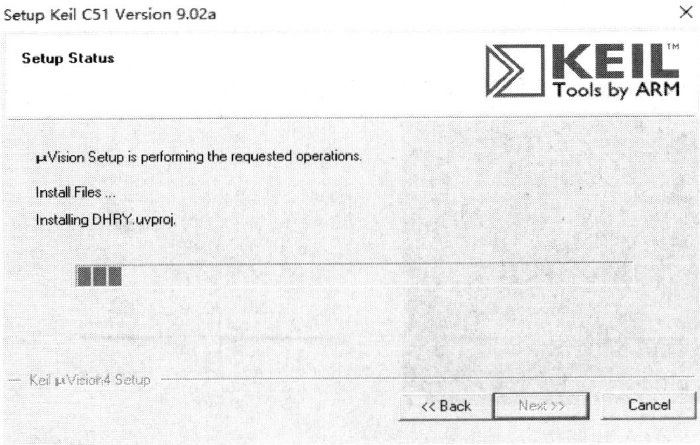

Setup Keil C51 Version 9.02a

Setup Status

KEIL™ Tools by ARM

µVision Setup is performing the requested operations.

Install Files ...

Installing DHRY.uvproj.

Keil µVision4 Setup

<< Back　Next >>　Cancel

图 13-11　Keil C51 的安装(5)

(6) 安装成功，界面如图 13-12 所示。单击 finish 按钮，完成 Keil C51 软件的安装。

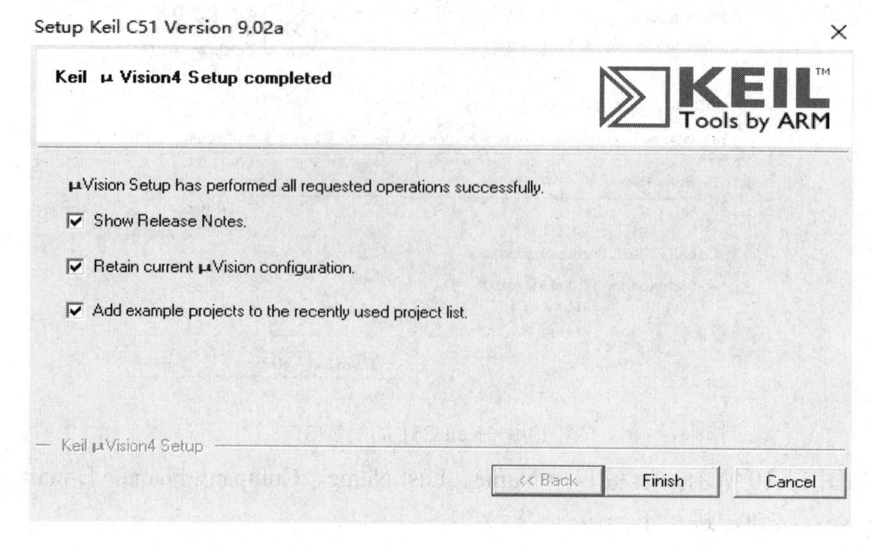

图 13-12　Keil C51 的安装(6)

13.3 应用实例

本节将讲解一个应用实例，使读者了解使用单片机进行开发的整个流程。

实现功能：使两个 LED 灯以 1 秒的时间相互交替点亮。

13.3.1 硬件部分

1．硬件

硬件：51 单片机最小系统板、300Ω 的电阻、杜邦线、发光二极管、排针、万能板、USB 转 TTL 模块。关于 51 单片机最小系统板的制作此处不再赘述，读者可自行查找相关资料。

2．硬件系统组装

(1) 利用元器件焊接一个简单的 LED 灯的回路，如图 13-13 所示。

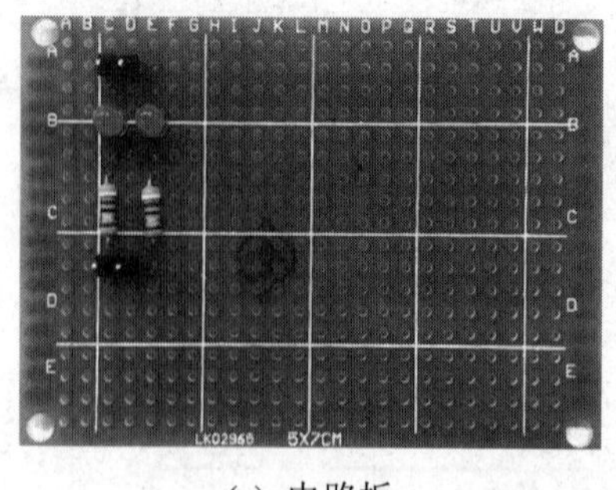

(a) 电路板

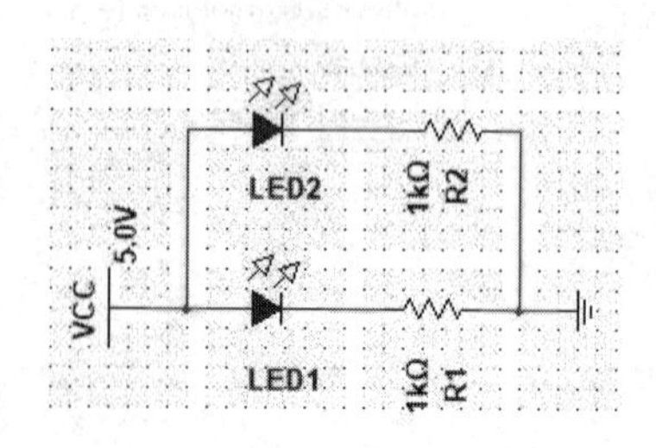

(b) 电路图

图 13-13　LED 灯电路

(2) 将上面的回路与单片机最小系统板进行连接，如图 13-14 所示。

图 13-14　LED 灯与单片机最小系统连接电路

(3) 使用 USB 转 TTL 模块连接计算机的 USB 端口，如图 13-15 所示。

图 13-15　LED 灯、单片机最小系统、USB 转 TTL 模块连接图

13.3.2　软件部分

1．建立工程

(1) 双击打开 Keil C51 软件，单击 Project→New μVision Project，如图 13-16 所示。

图 13-16　新建工程

(2) 将工程命名为“demo_51”，软件会自动添加扩展名.uvproj。单击“保存”按钮，如图 13-17 所示。

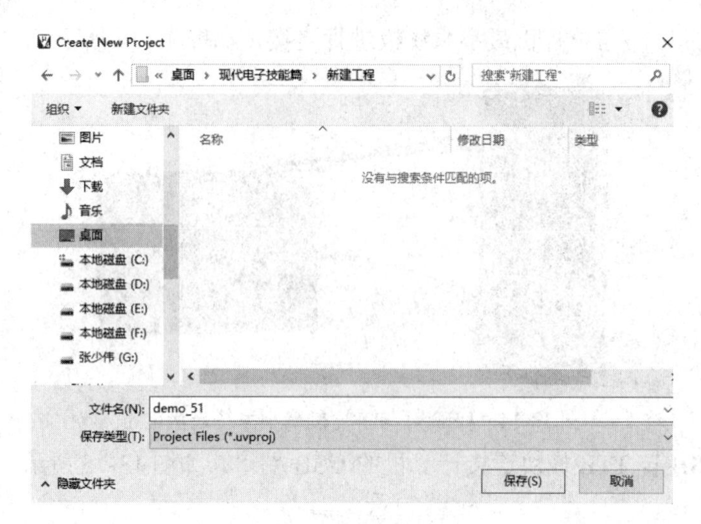

图 13-17　命名工程

(3) 选择单片机型号。选择和 STC89C52RC 同型号的就可以。例如 Intel 公司名下的 80/87C52，如图 13-18 所示。

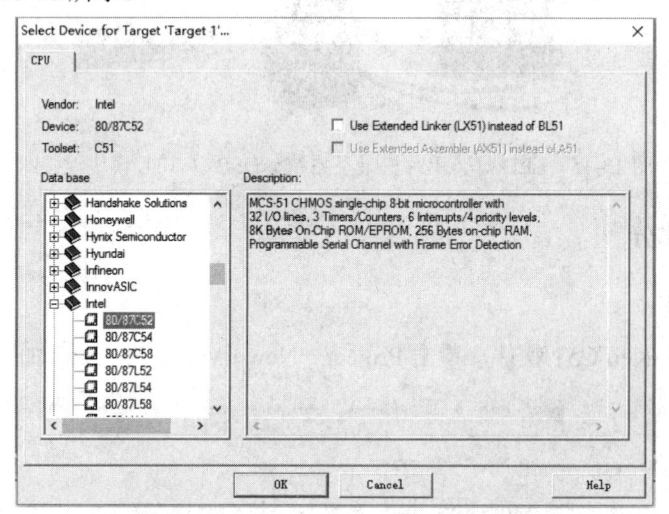

图 13-18　选择单片机的型号

(4) 询问是否将型号复制到工程中，单击“是”按钮即可，如图 13-19 所示。

图 13-19　询问对话框

(5) 单击新建文件，如图 13-20 所示。弹出图 13-21 所示的窗口，输入“demo_51.c”，生成 .c 文件，然后单击第二个文件进行保存。

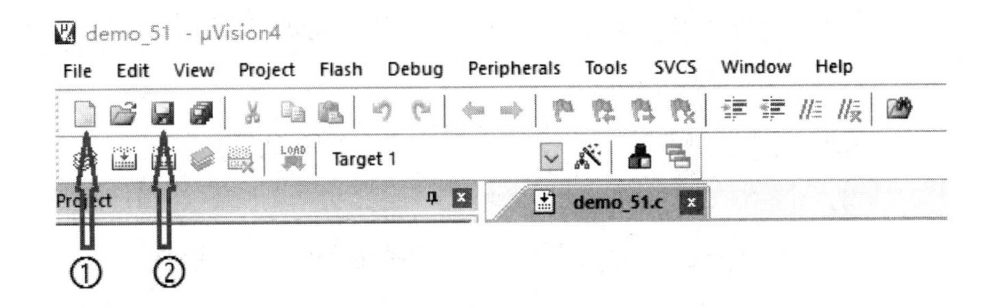

图 13-20　新建工程

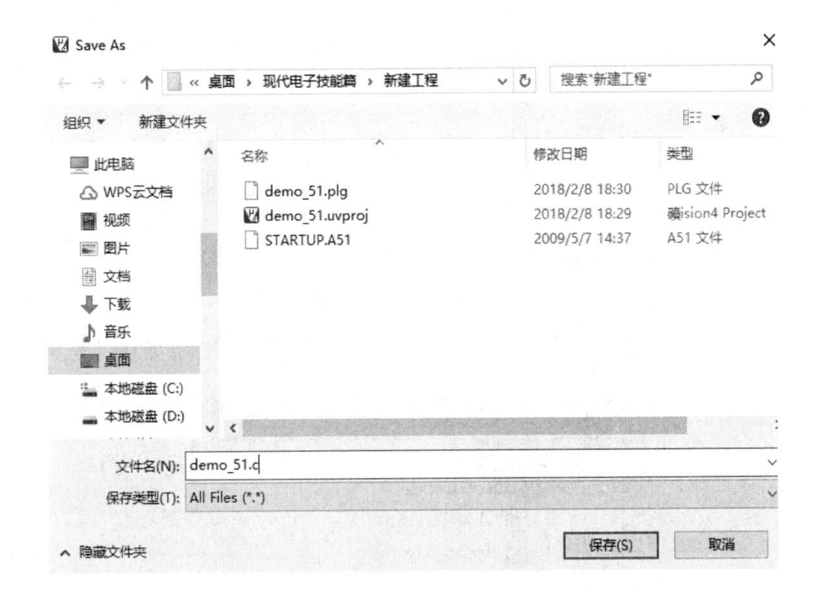

图 13-21　保存工程

(6) 选择 Add Files to Group ‘Source Group 1’选项，如图 13-22 所示。

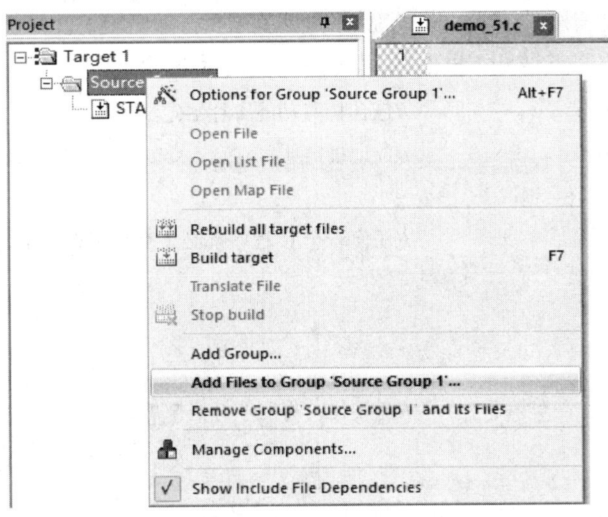

图 13-22　选择 Add Files to Group ‘Source Group 1’选项

(7) 双击 .c 文件，将建立的 .c 文件添加到工程之中，如图 13-23 所示。

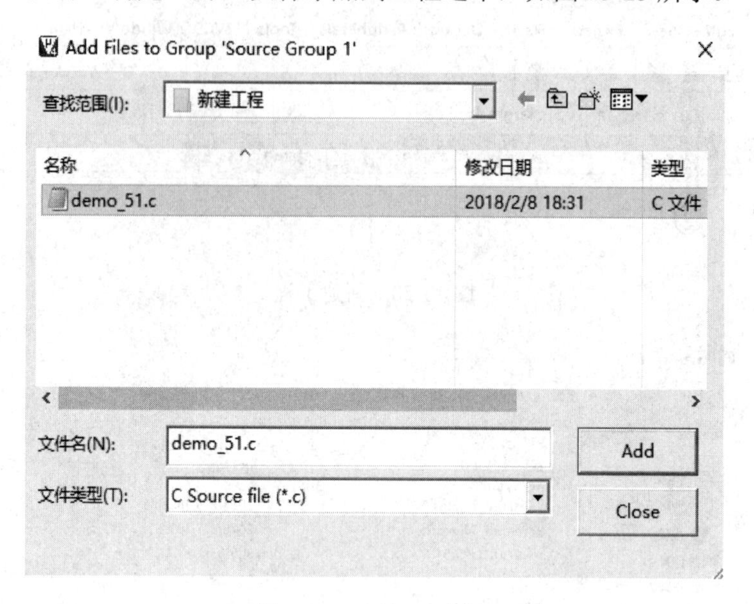

图 13-23　添加 .c 文件

(8) 工程创建好后就可以在代码区进行编程了，工程区会出现如图 13-24 所示的界面。

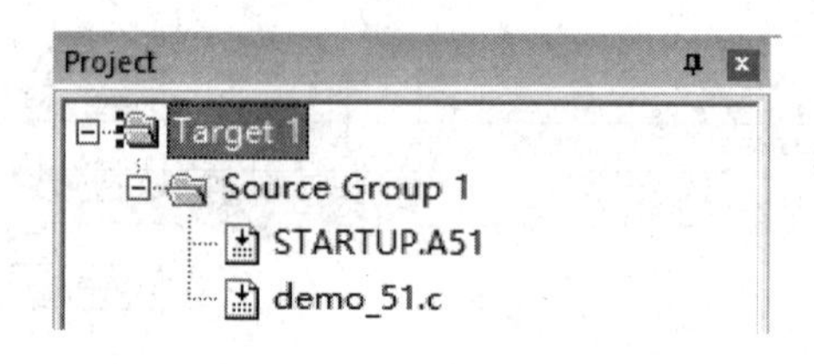

图 13-24　新建工程

2．编写代码

单片机编程不仅与软件有关，也与硬件电路有关系。两个 LED 灯分别与单片机的 P0.0 和 P0.1 口直接相连，结合 keil4 里面的库文件，代码编写如下：

```
#include "reg52.h"                  //包含特殊功能寄存器定义的头文件
sbit LED0 = P0^0;                   //位地址声明，注意：sbit 必须小写、P 大写
sbit LED1 = P0^1;
void main()                         //任何一个 C 程序都必须有且仅有一个 main()函数
{
    int I, j;
    LED0 = 0;
    LED1 = 0;                       //初始化，将两个灯全部熄灭
    while(1)
    {
        LED0 = 1;                   //点亮第一个 LED 灯
```

```
            LED1 = 0;                    //熄灭第二个LED灯
            for(j=0; j<20; j++)
            {
                for(i=0; i<20000; i++);
            }                            //进行1秒的时间延时
            LED0 = 0;                    //熄灭第一个LED灯
            LED1 = 1;                    //点亮第二个LED灯
            for(j=0; j<20; j++)
            {
                for(i=0; i<20000; i++);
            }                            //进行1秒的时间延时
        }
    }
```

程序编写完成后要进行编译。编译成功时输出框会出现 0 Error(s)，0 Warning(s)。同时还要生成 hex 文件，生成后会出现 creating hex file from "demo_51"。输出框界面如图 13-25 所示。

```
Build Output
Build target 'Target 1'
assembling STARTUP.A51...
compiling demo_51.c...
linking...
Program Size: data=9.0 xdata=0 code=90
creating hex file from "demo_51"...
"demo_51" - 0 Error(s), 0 Warning(s).
```

图 13-25　编译输出信息

3. 下载程序

(1) 使用 USB 转 TTL 模块进行程序下载，详细单片机接口连接，如图 13-26 所示。

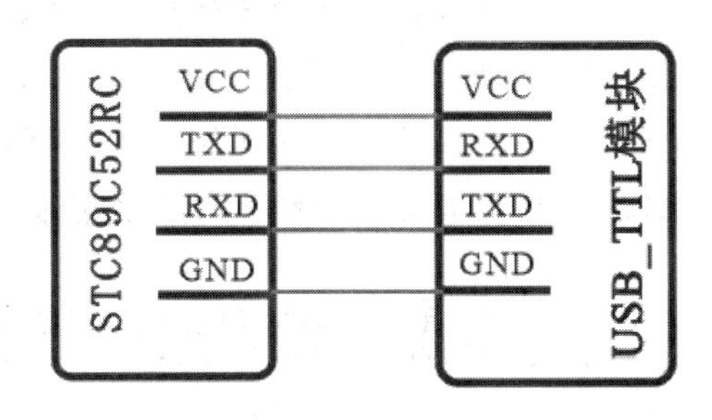

图 13-26　单片机与 USB 转 TTL 模块的连接图

(2) 双击打开软件 STC_ISP，软件主要界面如图 13-27 所示。

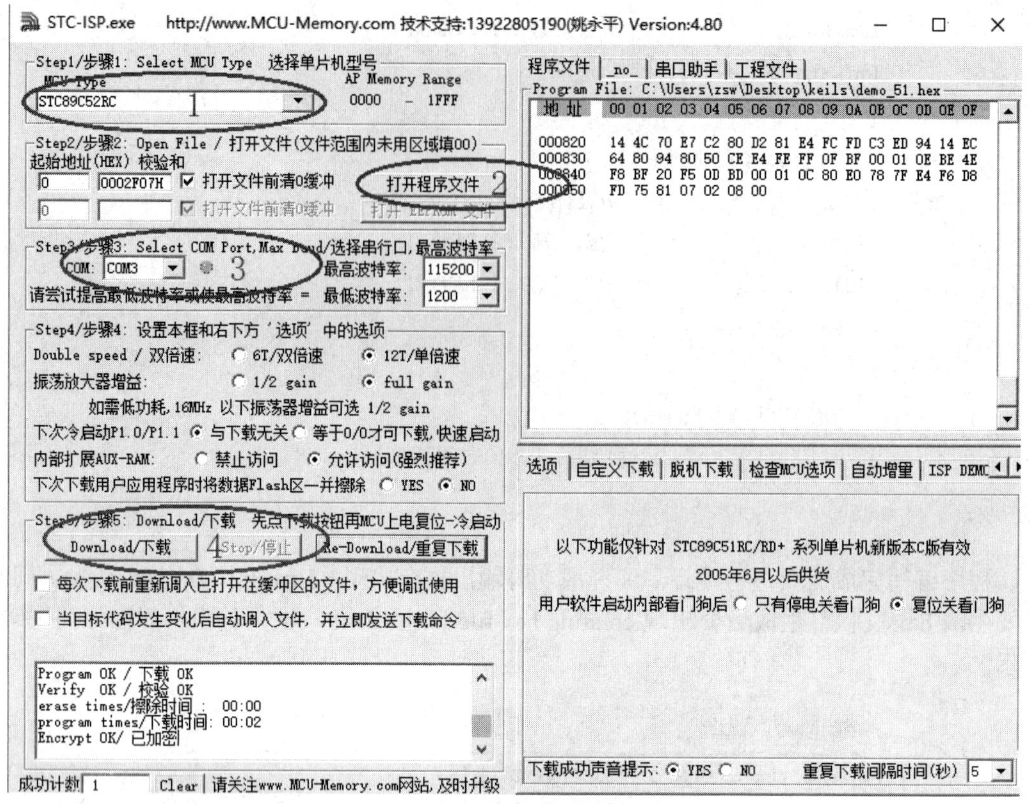

图 13-27 STC_ISP 软件界面

下载程序步骤如下：

① 在 1 区域选择单片机的型号 STC89C52RC；

② 在 2 区域选择要下载的文件，即工程所在的文件夹里面的 hex 文件 demo_51.hex；

③ 在 3 区域选择合适的 COM 口；

④ 这里的所有选项都使用默认设置，不要随便更改，有的选项改错了以后可能会产生麻烦；

⑤ 因为 STC 单片机要冷启动下载，就是先单击下载，然后再给单片机上电。单击 4 区域 Download/按钮，等待软件提示上电，如图 13-28 所示，再给单片机供电。

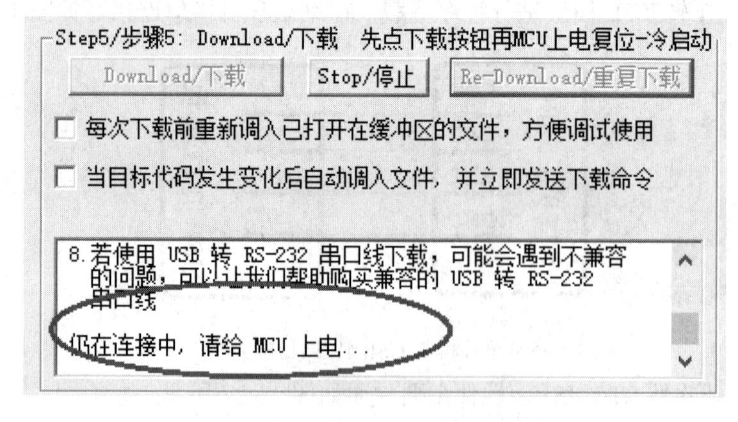

图 13-28 STC_ISP 软件提示上电

程序下载成功界面如图 13-29 所示。

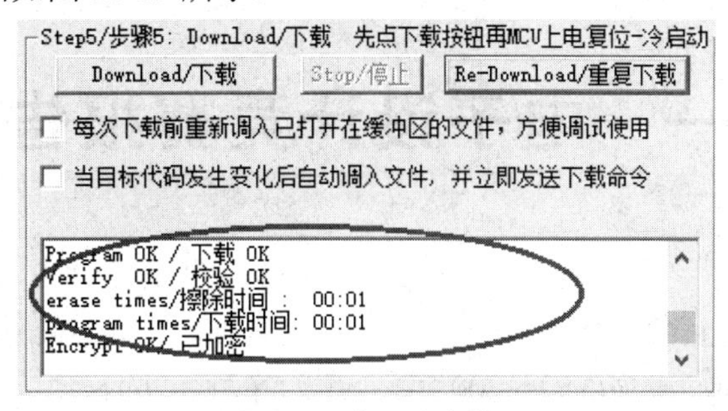

图 13-29 程序下载完毕界面

13.3.3 结果演示

在硬件部分与软件部分开发完成后下载程序。如果设计成功，就会出现题目要求的结果：单片机上电，两个 LED 灯全部熄灭；LED0 先点亮，1 秒之后，LED0 熄灭，LED1 点亮；1 秒之后，LED0 点亮，LED1 熄灭；以此往复循环。

思 考 题

1．什么是单片机？
2．单片机与开发板的区别是什么？
3．单片机一般有哪些种类？它们之间的区别是什么？
4．如何使用 Keil C51 软件创建一个工程？

附录一　电子设计竞赛报告模板

一、封面：单独1页(见样件)。

二、摘要、关键词：中文(150～200字)、英文(单独1页)。

三、目录：内容必要对应页码号。

四、设计报告正文

1．前言

2．总体方案设计

包括方案比较、方案论证、方案选择(以方框图的形式给出各方案，并简要说明)

3．单元模块设计

(1) 各单元模块功能介绍及电路设计；

(2) 电路参数的计算及元器件的选择；

(3) 特殊器件的介绍；

(4) 各单元模块的连接，以一个模块为一个框，画出框的连接图并简要说明。

4．系统调试

说明调试方法与调试内容，软件仿真放这里。

5．系统功能、指标参数

(1) 说明系统能实现的功能；

(2) 系统指标参数测试，说明测试方法，要求有测试参数记录表；

(3) 系统功能及指标参数分析(与设计要求对比进行)。

6．设计总结

(1) 对设计的小结；

(2) 设计收获体会；

(3) 对设计的进一步完善提出意见或建议。

7．竞赛作品上交及包装密封要求

2011年9月3日晚20:00竞赛结束时，参赛队需要上交的材料包括：

(1) 设计报告；

(2) 制作实物；

(3) 《2011全国大学生电子设计竞赛登记表》，必须封入由各校自备的纸箱。密封后的纸箱。密封后的纸箱内部所有物品及纸箱外部不得出现任何校名、参赛队员姓名及其他暗记，否则视为无效。纸箱封条由赛区组委会自备，各参赛学校必须按照赛区组委会要求的时间、地点上交。

8．设计报告写作与装订要求

设计报告文字应控制在8000字以内，第一页为300字以内的设计中文摘要，正文采用小四号宋体字，标题字号自定，一律采用 A4 纸纵向打印。设计报告每页上方必须留出 3 cm 空白，空白内不得有任何文字，每页右下端注明页码。报告用纸由参赛学校自备。

9. 设计报告的密封方法

竞赛结束时，参赛队应将设计报告密封纸在距设计报告上端约 2 cm 处装订，然后将参赛队的代码(代码由赛区组委会统一编制，在发放题目时通知各参赛队)写在设计报告密封纸的最上方。设计报告装订好后将密封纸掀起并折向报告背面，最后用胶水在后面粘牢。设计报告上不允许出现参赛队的学校、姓名等文字。

附录二　历届全国大学生电子设计竞赛赛题

第一届(1994 年)全国大学生电子设计竞赛题目

题目一　简易数控直流电源

题目二　多路数据采集系统

第二届(1995 年)全国大学生电子设计竞赛题目

题目一　实用低频功率放大器

题目二　实用信号源的设计与制作

题目三　简易无线电遥控系统

题目四　简易电阻、电容和电感测试仪

第三届(1997 年)全国大学生电子设计竞赛题目

A 题　直流稳定电源

B 题　简易数字频率计

C 题　水温控制系统

D 题　调幅收音机

第四届(1999 年)全国大学生电子设计竞赛题目

A 题　测量放大器

B 题　数字式工频有效值多用表

C 题　频率特性测试仪

D 题　短波调频接收机

E 题　数字化语音存储与回放系统

第五届(2001 年)全国大学生电子设计竞赛题目

A 题　波形发生器

B 题　简易数字存储示波器

C 题　自动往返电动小汽车

D 题　高效率音频功率放大器

E 题　数据采集与传输系统

F 题　调频收音机

第六届(2003 年)全国大学生电子设计竞赛题目

A 题　电压控制 *LC* 振荡器

B 题　宽带放大器

C 题　低频数字式相位测量仪

D 题　简易逻辑分析仪

E 题　简易智能电动车

F 题　液体点滴速度监控装置

第七届(2005 年)全国大学生电子设计竞赛题目

A 题　正弦信号发生器

B 题　集成运放参数测试仪

C 题　简易频谱分析仪

D 题　单工无线呼叫系统

E 题　悬挂运动控制系统

F 题　数控直流电流源

G 题　三相正弦波变频电源

第八届(2007 年)全国大学生电子设计竞赛题目

A 题　音频信号分析仪

B 题　无线识别装置

C 题　数字示波器

D 题　程控滤波器

E 题　开关稳压电源

F 题　电动车跷跷板

G 题　积分式直流数字电压表(高职高专组)

H 题　信号发生器(高职高专组)

I 题　可控放大器(高职高专组)

第九届(2009 年)全国大学生电子设计竞赛题目

A 题　光伏并网发电模拟装置

B 题　声音导引系统

C 题　宽带直流放大器

D 题　无线环境监测模拟装置

E 题　电能收集充电器

F 题　数字幅频均衡功率放大器

G 题　低频功率放大器(高职高专组)

H 题　LED 点阵书写显示屏

I 题　模拟路灯控制系统

第十届(2011 年)全国大学生电子设计竞赛题目

A 题　开关电源模块并联供电系统

B 题　基于自由摆的平板控制系统

C 题　智能小车

D 题　*LC* 谐振放大器

E 题　简易数字信号传输性能分析仪

F 题　帆板控制系统(高职高专组)
G 题　简易自动电阻测试仪(高职高专组)
H 题　波形采集、存储与回放系统(高职高专组)

2012 年 TI 杯大学生电子设计竞赛题目

A 题　微弱信号检测装置
B 题　频率补偿电路
C 题　简易直流电子负载
D 题　音频定位系统
E 题　激光枪自动设计装置

第十一届(2013 年)全国大学生电子设计竞赛题目

A 题　单相 AC/DC 变换电路
B 题　四旋翼自主飞行器
C 题　简易旋转倒立摆及控制装置
D 题　射频宽带放大器
E 题　简易频率特性测试仪
F 题　红外光通信装置
G 题　手写绘图板
J 题　电磁控制运动装置(高职高专组)
K 题　照明线路探测仪(高职高专组)
L 题　直流稳压电源及漏电保护装置(高职高专组)

2014 年 TI 杯大学生电子设计竞赛题目

A 题　四旋翼飞行器(未公布)
B 题　金属物体探测系统
C 题　锁定放大器
D 题　啸叫检测抑制功放
F 题　无线电能传输
G 题　风洞控制系统(高职高专组)
H 题　自动增益控制放大器(高职高专组)

第十二届(2015 年)全国大学生电子设计竞赛题目

A 题　双向 DC/DC 变换器
B 题　风力摆控制系统
C 题　多旋翼自主飞行器
D 题　增益可控射频放大器
E 题　80～100 MHz 频谱分析仪
F 题　数字频率计
G 题　短距视频信号无线通信网络
H 题　LED 闪光灯电源(高职高专组)

I 题　风摆控制装置(高职高专组)

J 题　小球滚动控制系统(高职高专组)

2016 年 TI 杯大学生电子设计竞赛题目

A 题　降压型直流开关稳压电源

C 题　自动循迹小车

D 题　单相正弦波变频电源

E 题　脉冲信号参数测量仪

G 题　简易电子秤

第十三届(2017 年)全国大学生电子设计竞赛题目

A 题　微电网模拟系统

B 题　滚球控制系统

C 题　四旋翼自主飞行器探测跟踪系统

E 题　自适应滤波器

F 题　调幅信号实验处理电路

H 题　远程幅频特性测试装置

I 题　可见光室内定位装置

K 题　单相用电器分析检测装置

L 题　自动泊车系统

M 题　管道内钢球运动测量装置(高职高专组)

O 题　直流电动机测速装置(高职高专组)

P 题　简易水情检测系统(高职高专组)

2018 年 TI 杯大学生电子设计竞赛题目

A 题　电流信号检测装置

B 题　灭火飞行器

C 题　无线充电电动小车

D 题　手势识别

E 题　能量回收装置

F 题　无线话筒扩音系统

G 题　简易数字信号时序分析装置(高职高专组)

H 题　简易功率测量装置(高职高专组)

参 考 文 献

[1] 林理明. 电子技术基础与技能. 北京：机械工业出版社，2011.
[2] 杨兴见. 电子技术基础与技能. 重庆：重庆大学出版社，2014.
[3] 陈振源. 电子产品制造技术. 北京：人民邮电出版社，2007.
[4] 伍湘彬. 电子技术基础与技能. 北京：高等教育出版社，2010.
[5] 赵景波. 电工电子技术. 北京：机械工业出版社，2008.
[6] 曹海平. 电工电子技能实训教程. 北京：电子工业出版社，2011.
[7] 高吉祥. 基本技能训练与单元电路设计. 北京：高等教育出版社，2013.
[8] 钟名湖. 电子产品结构工艺. 2 版. 北京：高等教育出版社，2008.
[9] 韩克. 电子技能与 EDA 技术. 广东：暨南大学出版社，2005.
[10] 赵全利，李会萍. Multisim 电路设计与仿真. 北京：机械工业出版社，2016.
[11] 宋雪松. 手把手教你学 51 单片机. 北京：清华大学出版社，2014.
[12] SDS1000X-E系列数字示波器用户手册(UM0101X-C03A). http://www.siglent.com/.
[13] SDG6000X 脉冲/任意波形发生器用户手册(UM0206X-C01B). http://www.siglent.com/.
[14] SPD3000 可编程线性直流电源用户手册(2012). http://www.siglent.com/.
[15] SDM3055 数字万用表用户手册(UM06035-C02A). http://www.siglent.com/.
[16] SM2000A全自动数字交流毫伏表用户使用指南(2711012JS). http://www.suintest.com/.